高等师范院校数学专业教材

数学教育学

主　编　沈南山
副主编　周其明
编　委　(按姓氏笔画排序)
王宽明　王朝辉
李孝诚　沈南山
周其明　栾庆芳
程向阳

中国科学技术大学出版社

内容简介

本书是高等师范院校数学教育专业必修课程“数学教育学”教材，主要介绍数学教育基本理论和中小学数学教学改革的理论与实践，特别是当前新一轮基础教育数学课程改革若干重大问题的探讨。全书共分八章，内容包括：数学教育的发展、当代主要数学教育理论、数学课程基本理论、数学学习基本理论、数学教学基本理论、中学数学逻辑基础、数学教育评价和数学教育研究与实践等。

本书以现代教育的最新观点阐述中小学数学教育基本理论，力图反映数学教育理论体系的概貌。本书特色在于紧密结合我国基础教育改革与发展的基本问题，凸显现实性、应用性和学术性，融理论研究与实践教学于一体。

本书可作为高等师范院校本科生“数学教育学”课程的教学用书，也可作为攻读数学课程与教学论专业的研究生、教育硕士的学习用书，还可作为中学数学教师继续教育以及其他各类数学教育工作者的教学参考用书。

图书在版编目(CIP)数据

数学教育学/沈南山主编. —合肥：中国科学技术大学出版社，2012.8(2014.1重印)
ISBN 978-7-312-03043-7

Ⅰ.数…　Ⅱ.沈…　Ⅲ.数学教学—教育学—师范大学—教材　Ⅳ.O1-4

中国版本图书馆CIP数据核字(2012)第160390号

出版　中国科学技术大学出版社
　地址　安徽省合肥市金寨路96号，230026
　网址　http://press.ustc.edu.cn
印刷　安徽省瑞隆印务有限公司
发行　中国科学技术大学出版社
经销　全国新华书店
开本　710 mm × 960 mm　1/16
印张　17.75
字数　345千
版次　2012年8月第1版
印次　2014年1月第2次印刷
定价　30.00元

前　言

"数学教育学"是高等师范院校数学教育专业的一门必修课程,对培养合格的中学数学教师具有其他课程不可替代的作用。当前我国正在稳步推进基础教育课程改革,教师专业化是新时期教师教育的中心任务。高等师范院校是实现教师专业化的源头和基地,这门课有突出的针对性和重要性。

本书的编写意图在于,结合高等师范院校数学教育专业的培养目标,系统介绍数学教育的基本理论与实践问题,使其既可以作为数学教育专业学生学习数学教育学的教材,也可作为中小学教师、数学教育工作者了解和研究数学教育理论与实践的参考用书。为此,本书的设计与编写力图凸显应用性、实践性和学术性,注重理论联系实际,突出强调四个特点:

(1) 力图反映数学教育学理论体系的基本构架,充分吸收和借鉴国内外有关数学教育理论和实践已有的研究成果;

(2) 以新课程改革的基本理念为指导,立足数学教师专业发展的实践要求,关注当前数学课程改革实际,注重理论与实践的融合;

(3) 关注中学数学课程改革中的重大理论问题和实践困惑,进行探讨与争鸣;

(4) 注重学术性和可读性。

为此,与其他同类"数学教育学"教材相比,本书既不倾向于一般的理论介绍,也不倾向于仅仅分析教学实践,而是立足理论分析,以实践案例为支撑,在介绍数学教育理论的同时,将理论与中学数学教学实践融为一体。因而编写时我们力求体现如下原则:① 继承与发展并重的原则。即选材既选取一般"数学教育学"中对数学教师培养起基础作用的内容,又注重"数学教育学"的理论发展,构建起这门学科的理论体系;② 理论与实践统一的原则。即既反映"数学教育学"课程所包含的"数学课程论"、"数学教学论"、"数学学习论"、"数学教育测量与评价"等内容中的基础理论,又注重这些基础理论对中学数学教学实践的指导作用,达到理论与实践的统一;③ 借鉴与批判整合的原则。即既吸收与借鉴国内外数学教育中重要的新思想、新观念,又注重总结与反思我国中学数学教育中的成功与不足,体现教育的时代性和先进性。

全书分八章。其中,第一章"数学教育的发展",主要介绍数学教育发展悠久的历史，中国璀璨夺目的数学文化以及数学教育的科学发展等内容；第二章“当代主要数学教育理论”，主要介绍波利亚数学解题理论、弗赖登塔尔数学教育思想、建构主义数学学习理论和具有中国特色的数学“双基”教学理论等内容；第三章“数学课程基本理论”，主要介绍国内外数学课程改革的基本概况以及我国数学课程标准的基本内容等；第四章“数学学习基本理论”，主要介绍数学学习的过程及其发生发展的心理机制等；第五章“数学教学基本理论”，主要介绍数学教学的基本要素、基本特点、基本模式，数学教学内容设计，数学教学过程设计等；第六章“中学数学逻辑基础”，主要介绍数学概念、数学命题、数学推理与证明、中学数学思想方法等；第七章“数学教育评价”，主要介绍数学教育评价观、数学课堂教学评价和数学学业成就评价等；第八章“数学教育研究与实践”，主要介绍数学教育实习、数学说课、数学微格教学以及数学教育论文写作等。

本书由沈南山任主编。参加编写的有程向阳（阜阳师范学院）、栾庆芳（合肥师范学院）、李孝诚（淮北师范大学）、沈南山（皖西学院）、王宽明（贵州师范大学）、王朝晖（黄山学院）、周其明（皖西学院）。其中，沈南山撰写前言、第三章和第七章，栾庆芳撰写第一章，王宽明撰写第二章，李孝诚撰写第四章，程向阳撰写第五章，王朝晖撰写第六章，周其明撰写第八章。全书由沈南山负责统稿总纂。

由于时间仓促，编者水平有限，列于参考文献中的数学教育理论著作，恐有挂一漏万之嫌，欢迎读者批评指正。

编者

2012 年 4 月 20 日

目　录

第 1 章　数学教育的发展

数学教育的发展有着悠久的历史，自从有了人类就有了数学教育。中国是世界文明古国之一，创造了璀璨夺目的数学文化，孕育了不断发展的数学教育。

1.1　数学教育发展的历史沿革

数学教育的发展，可以上溯到古代。因为中国古代的“六艺”(礼、乐、射、御、书、数)教育和西方的“七艺”(文法、修辞、逻辑学、算术、几何、天文、音乐)教育中都包含了数学内容。数学教育的发展大致可划分为三个阶段：古代数学教育时期(19 世纪以前)、近代数学教育时期(19 世纪至 20 世纪 50 年代)和现代数学教育时期(20 世纪 50 年代以后)。①

1.1.1　古代的数学教育

中国古代数学教育是在社会实践中产生而逐渐形成的，早在商代甲骨文中已有十进制数字和记数法的记载。西周时期各级官办学校正式提出了“六艺”教育。这样，数学作为“六艺”之一，成为一门“学科”。艺指技艺，官学把数学作为一门技艺来传授是中国古代数学教育比较独特的教育观念，说明数学教育的目的是“经世致用”，即使官吏具有测量、计算等数学知识与技能，以便更好地管理国家。“六艺”中的数学教育是中国古代数学教育形成和发展的一个重要标志，规定了后世数学教育发展的方向。

中国古代的数学教育与数学科学的发展密切联系在一起，经历了两汉时期、魏晋南北朝时期、宋元时期三个发展高峰，这三个时期的数学成就在世界数学发展史上都占有重要的历史地位。

---

①　田万海. 数学教育学[M]. 杭州：浙江教育出版社，1993.

两汉时期是中国古代数学教育发展的第一个高峰。这一时期数学教育的杰出成就是《周髀算经》(图 1.1)和《九章算术》(图 1.2)两部著作的问世。

图 1.1 《周髀算径》　　图 1.2 《九章算术》

《周髀算经》是我国流传至今最早的一部数学著作,也是一部天文学著作,为西汉赵君卿所作,北周时期甄鸾重新著述,唐代李淳风等人为此书作过注解。

《周髀算经》在数学上的主要贡献之一是记述了勾股定理及其在测量上的应用。相传勾股定理在商代就被商高发现,故又称“商高定理”。《周髀算经》中记载:“商高曰,数之法出于圆方,圆出于方,方出于矩,矩出于九九八十一。故折矩,以为勾广三,股修四,径隅五,既方其外,半之一矩,环而共盘,得成三、四、五,两矩共长二十有五,是谓积矩……”它表明了我国古代数学家早已知道了勾股定理,展示了他们卓越的数学成就。三国时期的赵爽对勾股定理又作出了详细注释,并拼出“赵爽弦图”给以证明,为中国古代“几何与代数统一”数学思想的创立树立了一个典范。

《九章算术》是中国古代第一部综合性的数学专著,是《算经十书》[①]中最重要的一种。该书从先秦至西汉中叶经众多学者编纂、修改而成,内容十分丰富,系统总结了战国、秦汉时期的数学成就,它的出现标志着中国古代数学初步形成了完整的体系。

《九章算术》全书采用问题集的形式,收录了 246 个与生产、生活实践有联系的应用性问题,其中每道题有问(题目)、答(答案)、术(解题的步骤)。有的是一题一术,有的是多题一术或一题多术,共有 202 个“术”。这些问题依照性质和解法分为“九章”编纂,分别隶属于“方田”、“粟米”、“衰分”、“少广”、“商功”、“均输”、“盈不足”、“方程”及“勾股”。《九章算术》在许多方面的数学成就都居于世界领先地位,如解联立方程组、分数四则运算、正负数的运算、几何图形的面积和体积的计算等。

魏晋南北朝时期,中国数学的发展出现了飞跃,这一时期是中国古代数学教育

① 《算经十书》是指《九章算术》、《海岛算经》、《孙子算经》、《五曹算经》、《张邱建算经》、《周髀算经》、《五经算术》、《缀术》、《缉古算经》及《夏侯阳算经》。

发展的第二个高峰。魏晋时期的刘徽不仅用“析理以辞，解体用图”的科学方法，重新整理了《九章算术》，而且从他所创立的“割圆术”中，已经可以清晰地看到现代积分学思想的萌芽。南北朝时期的祖冲之关于圆周率的计算，有效数字已经达到七位，是当时世界上圆周率计算的最高水平。祖冲之和其子祖暅，在刘徽工作的基础上圆满解决了球体积计算问题，并提出了“幂势既同，则积不容异”的祖暅原理。这个原理直到17世纪才被意大利数学家卡瓦列利(1598～1647)重新提出。这一时期的数学教育著作也十分丰富，多达上百种，如《孙子算经》、《海岛算经》、《张邱算经》、《五曹算经》等。

隋朝统一中国以后，创立了科举制度。随着科举制度的产生，数学教育有了较大的发展和完善，建立了全国最高学府，史称“国子寺”。国子寺里设立了专门的官方机构“明算学”(相当于现在的数学系)，招收学生百余人，并设有算学博士(教师)两人，算学助教两人，从事数学教学工作，这是我国专门的数学教育的开始。到了唐代，官办的数学教育制度有了进一步的发展，在全国最高办学机构“国子监”里设置明经、进士、秀才、明法、明书、明算等六科，其中明算科的教材就是李淳风等人编注的《算经十书》。明算科的学制为七年，学生学习期满后，要参加考试，考试合格的人员送交吏部录用，授予九品以下的官级。由此可见，我国唐朝已形成了一套比较完善的数学教育制度。

宋元时期，我国数学及数学教育的发展走在世界的前列。与唐朝相比，宋代的官方数学教育规模更加宏大、管理更为完善。而且从宋朝到元初，我国民间数学非常活跃，出现了专门从事数学研究的人员和学术团体。这段时期涌现出像贾宪、秦九韶、李冶、杨辉、朱世杰等一大批卓有成就的数学家，其中秦九韶、李冶、杨辉和朱世杰的成就最为突出，被誉为“宋元数学四大家”。宋元时期的数学成就也很突出，如北宋的贾宪撰写《黄帝九章算法细草》等书，给出了“求任意高次幂正根的增乘开方法”以及“指数为正整数的二项式定理系数表”，这两项成果都早于欧洲几百年。南宋的秦九韶在他所著的《数书九章》①中，推广“增乘开方法”，给出了高次方程的数值解法，并列举了26个二次和三次以上方程的数值解法，是当时数学高次方程数值解法的最高水平。《数书九章》是对《九章算术》的继承和发展，概括了宋元时期中国传统数学的主要成就。总之，中国古代数学经过先秦、两汉至隋唐的持续发展，在宋元时期达到了顶峰，并在相当长的时期内居于世界领先地位。

明清时期，由于当时受社会政治经济、文化思想以及传统数学自身内在局限性

---

①《数书九章》共列算题81问，分为9类，每类9个问题。主要内容如下：① 大衍类：一次同余式组解法。② 天时类：历法计算、降水量。③ 田域类：土地面积。④ 测望类：勾股、重差。⑤ 赋役类：均输、税收。⑥ 钱谷类：粮谷转运、仓窖容积。⑦ 营建类：建筑、施工。⑧ 军旅类：营盘布置、军需供应。⑨ 市物类：交易、利息。

等因素的综合影响,我国数学及数学教育开始逐渐衰落。与此同时,西方经过漫长的中世纪之后,资本主义生产获得了蓬勃发展,科学技术也迅速发展起来。在数学方面,16 世纪笛卡儿创立了解析几何学,此后牛顿和莱布尼茨创立了微积分学,从而完成了由常量数学到变量数学,由初等数学到高等数学,由古典数学到近代数学的转变,西方数学走在了世界数学的前面。从此我国开始引进西方数学,追赶世界数学主流,为改变数学及数学教育的落后局面不断努力。

1.1.2 近现代的数学教育

中国近代数学教育开始于“西学东渐”,即西方学术思想逐渐向中国传播。19 世纪中叶西方传教士来到中国,带来了很多数学书籍,这样西方数学和数学教育逐渐在中国流传。从 1852 年到 1859 年期间,李善兰(1811～1882)在上海墨海书馆与英国传教士、汉学家伟烈亚力(A. Wylie)等人合作翻译了《几何原本》(图 1.3)后九卷①,此外,李善兰还翻译《代数学》、《代微积拾级》等数学论著,对中国接受现代数学教育起了积极的作用。

幾何原本十五卷
第一界
直線形居他直線形內而此形之各角切
形內切形
此卷將論切形在圜之內外及作圜在
形之切在形內及切在形外者先以直
圜丁戊己角形之丁戊己三角切甲乙

图 1.3 《几何原本》

从 1842 年起,传教士在中国创办教会学校,开设数学课程,主要有几何、代数、三角、解析几何和微积分等。这样,从近代学校教育的产生到 19 世纪末,随着班级授课制的学校教育制度的出现,近代数学教育产生了。19 世纪末到 20 世纪中叶的中国数学教育,应当说是在晚清颁布“癸卯学制”,废除科举,兴办小学、中学后才开始的。当时小学设算术课,中学设数学课(包括算术、代数、几何、三角、簿记)。民国初年颁布“壬子癸丑学制”,中学学制由五年改为四年。1922 年颁布“壬戌学制”,将小学、中学学制都改为六年,各分初、高两级,初小四年,高小二年,初中、高中皆为三年。初中数学讲授算术、代数、平面几何,高中数学讲授平面三角、高中几何、高中代数、平面解析几何等,这种数学教育课程与教学体制一直延续到新中国成立。

新中国成立之后,我国的数学教育迅速发展,取得了巨大成就,但其间走过的道路也是曲折的。新中国成立初期,从 1952 年到 1957 年,我国的数学教育全面学

① 《几何原本》是古希腊数学家欧几里得大约于公元前 300 年所著的一部数学著作,共 13 卷,奠定了现代数学基础。中国最早的译本是 1607 年意大利传教士利玛窦和徐光启根据德国人克拉维乌斯校订增补的拉丁文本《欧几里得原本》(15 卷)合译的,并定名《几何原本》,几何的中文名称就是由此而得来的,但他们只翻译了前 6 卷。

习苏联。数学教育总体目标是“贯彻新民主主义教育的一般任务”,即形成学生辩证唯物主义的世界观,培养他们新的爱国主义以及民族自尊心,锻炼他们坚强的意志和性格。1952年颁布《中学数学教学大纲(草案)》,提出要“教给学生以数学的基础知识,并培养他们应用这种知识解决各种实际问题所必需的技能和熟练技巧”,即数学教育强调“双基”教学,从此“双基”成为中国数学教育的一大特色。这一时期我国数学教育的指导思想是把半殖民地半封建性质的数学教育改造为新型的社会主义性质的数学教育,基本特征是学习苏联教育体制,建立全国统一的数学课程体系,这个课程体系奠定了我国中学数学教育的基础。

1958～1960年,我国数学教育掀起了教育革命高潮,进行了各种数学教学改革试验。广大数学教育工作者和师生进一步探索和研究了我国的数学教育课程体系,提出了数学教学内容现代化的主张。如对课程内容进行了更新,强调了函数思想在中学数学教学中的地位,增补了解析几何,微积分初步等内容,删减了欧氏几何。但由于对教材不适当地大删大改,尤其是几何,削弱了知识的科学性和系统性,同时部分内容对学生要求较高,超出了学生的认知水平,使数学教学质量受到了一定影响。

1961～1965年,数学教育改革宗旨是贯彻党的“调整、巩固、充实、提高”的方针,总结全面学习苏联和群众性数学教育革命的经验教训,使数学教学质量稳步提高。1963年,先后两次修订《全日制中学数学教学大纲(草案)》,指出要“培养学生正确而且迅速的计算能力、逻辑推理能力和空间想象能力”,数学教学首次提出要全面培养学生的“三大能力”。这一阶段,由于加强了教育领导,学校教学秩序趋于正规,大纲、教材编写得比较科学,有利于加强数学教学研究和教学经验的积累。因此,中小学数学教学质量稳步提高,逐步缩短了和世界先进国家数学教育的差距。

1966年,“文化大革命”开始,数学教育十年停滞不前,教育质量大为下降。1977年迎来教育的春天,整个教育界拨乱反正,复兴改革,开创了我国数学教育现代化建设新的历史阶段。1986年,重新修订《全日制中学数学教学大纲》,强调要培养“运用数学知识来分析和解决实际问题的能力”。至此,我国数学教育基本形成了“双基+三大能力+应用能力”的教育模式。

1.1.3 数学教育学的发展

数学教育学学科的产生与发展大致经历了四个阶段:

1. 萌芽期(1897～1921年)

数学教育学最初是由数学教学法的发展而兴起的。数学教学法随着师范教育的产生而产生。1897年,清朝天津海关道盛宣怀创办南洋公学,内设师范学院,开设“教授法”课,讲授教学的秩序和法则。1904年,清政府颁布了《奏定学堂章程》,

确定了“癸卯学制”，是中国近代第一个由中央政府以法令形式公布并推行的学校教育制度。规定小学开设“算术”，中学开设“算学”（包括算术、几何、代数、三角），初级、高级师范学堂分别开设“教授法”、“各科教学法”。

2. 形成期（1922～1948 年）

1922 年颁布了一个正式文件《学校系统改革令》，提出师范学校开设“普通教授法”、“各科教学法”等。20 世纪 20 年代前后，陶行知提出“教授法”改为“教学法”的主张，从此“数学教学法”一直延续到 20 世纪 50 年代末。其实，无论是“数学教授法”还是“数学教学法”，实际上只是讲授各学科通用的一般教学法。20 世纪 30 年代至 40 年代，我国陆续出版了一些“数学教学法”著作，如 1941 年商务印书馆出版了余竹平编著的我国第一部教学法著作《中学数学教学法》；1949 年商务印书馆又出版了刘开达编著的《中学数学教学法》。这些著作对我国数学教育学研究具有积极意义，但这些著作多半是对前人或国外关于教学法研究所得，并根据自己教学实践进行修补而总结的经验，数学教育理论尚不成熟。

3. 徘徊期（1949～1977 年）

20 世纪 50 年代我国的数学教学法从学习欧美转向学习苏联，教材是从苏联翻译的伯拉基斯（Брадис，В. М.）的《中学数学教学法》，它是苏联政府颁布的法律性文件《国家数学教学大纲》的说明书，其主要内容是介绍中学数学教学大纲的内容和体系，以及中学数学中的主要课题的教学法。这些内容比以往只学一般的教学方法有所进步，成为专门的中学数学教学方法，但教学理论仍然停留在经验上。数学课堂教学采用了凯洛夫教育学中所倡导的“五个环节”的教学模式，即组织教学、复习旧课、讲授新课、巩固新知、布置作业。

1966 年“文化大革命”开始，我国数学教育发展停滞。

4. 发展期（1978 至今）

改革开放以后，中国数学教育逐渐走向世界历史舞台。数学教育不仅与国际数学教育共同发展，而且数学教育理论研究方面也形成了自己的特色，如“双基”教学以及在数学教学改革实践中形成的各种教学理论模式都是具有中国特色的数学教育理论。更重要的是，数学教育研究的学术地位得到空前的提高，如将“学科教学论”作为一个二级学科置于一级学科“教育学”的门类下，从而使数学教育学的学科地位得到了确认。

20 世纪 80 年代中期“数学教育学”研究在我国广泛兴起，国内一些高等师范院校成立了专门的数学教育研究机构，对数学教育学开展了跨学科、跨专业、跨理论研究。1985 年，人民教育出版社出版发行苏联著名数学教育学家 A·A·斯托利亚尔的《数学教育学》一书的中译本，对建立中国特色的数学教育学起到很大的推动作用。20 世纪 90 年代以来，国内外数学教育发展迅速，数学教育研究极为活跃，我国的数学教育学研究在已构筑的框架基础上不断深入和扩大。1990 年，曹才翰编著的《中学数学教学概论》问世，标志着我国数学教育理论学科已由数学教学法演变为数学教育学，由经验实用型转为理论应用型。与此同时，我国数学教育制度逐渐完善，加紧培养数学教育学学科专业人才，国内各师范大学纷纷招收中小学数学教师攻读数学教育硕士专业学位，并逐步申报（数学）课程与教学论硕士、博士学位授权点，培养出了一批年轻的数学教育工作者和研究人员。可以说 20 世纪 90 年代我国的数学教育学研究形成了一个高潮，数学教学活动实践和数学教育学理论的结合产生了丰硕的成果，出版了一系列数学教育学著作，研究内容包括"数学教学理论"、"数学课程理论"、"数学学习理论"、"数学思维论"、"数学方法论"、"数学习题理论"等多个方面，其内容已远远超过中学数学教学法所包含的知识内容。

当前，我国正进行新一轮基础教育课程改革，数学教育的基本理念是从"应试教育"转向素质教育，培养新世纪的全面发展的人才，以适应社会发展，国际竞争和经济全球化、信息化的新形势的需要。随着素质教育改革的不断深入，对新世纪的中学数学教师的专业素养、教学理论、能力水平诸方面都提出了更高的要求，"专家学者型"教师的培养是新时期数学教育的根本任务。因此，高等师范院校数学教育课程改革只有适应这一发展趋势，积极投身于国内外数学教育的改革与发展之中，及时地更新课程教学内容，才能更好地体现高等师范院校数学教育的先进性和时代性。当然，需要说明的是，数学教育学是一门不断发展的新学科，它的内容、体系还不成熟，需要数学教学与数学教育研究工作者的共同努力。随着我国数学教育事业不断发展，成果大量涌现，一门具有中国特色的数学教育学学科体系正在逐步形成。概括地说，数学教育学已经形成了自身的学科特点，它从数学科学的发展中分化出来，其研究范畴囿于"教育"的学科视野，成为专门研究数学教育的学科。今天，数学教育真正作为一门科学加以研究与发展，形成了"数学教育学"这门独立的学科分支。

1.2 数学教育学的学科特点

1.2.1 数学教育学的研究对象

数学教育学是专门研究数学教育特有规律的一门科学。这是一门新兴学科，其学科体系正在形成和发展中。一般认为，数学教育学是一门以"数学教学论"、

“数学课程论”和“数学学习论”为基本框架的学科分支。

数学教学论以教师的教育教学为主要研究对象，揭示数学教育教学的基本规律，从理论和实践等不同层面探讨数学教学的基本原理，主要包括数学教学过程规律、数学教学方法、数学教学原则、数学教学策略、数学教学组织形式、数学教学信息技术、数学教学实践等内容的研究与讨论，是数学教育学的重要组成部分。

数学学习论以学生的数学学习为主要研究对象，探索在学校教育的条件下，学生的数学知识、技能和能力的获得规律。学生的数学学习是一个特殊的认识过程，涉及学生对学习情境的感知、记忆、思维和想象等心理过程。在这个认识过程中，学生将头脑中输入的感性材料如何加工组织，其心理机制如何，都需要从学习心理学的角度进行分析，探索其中的规律。可以说一切数学教育研究最终都聚焦在学生的数学学习活动上，因而从根本上说，深入开展数学学习心理学的研究，直接关系到数学教育学能否成为一门真正的科学。

数学课程论以数学课程的目标、数学课程的设计原则、数学课程的实施与评价等问题为研究对象。数学课程是数学教育的中心课题，国内外数学教育改革的历史表明，数学课程的改革历来是数学教育改革的焦点。

应当指出，尽管数学教育学的主体是数学教学论、数学课程论和数学学习论，“三论”分别有各自的研究对象，但是它们之间又有不可分割的联系。数学教学论是根据一定的课程内容来进行研究的，数学课程论的研究是数学教学论研究的基础，而数学课程的编制又受教与学双方的制约，相应地要受数学教学论与学习论的影响。

一般来说，数学教育学学科具有综合性、实践性、科学性、教育性等特点。

1. 综合性

数学教育学是一门与数学、教育学、心理学、思维科学、逻辑学、哲学等学科相关联的综合性学科。数学教育学是一门正在完善的学科，学科理论体系的建构不是也不可能孤立地发展，而与其他相关学科有着千丝万缕的联系。首先，研究具体的数学教育教学理论，如数学教育目的、教学内容、教学方法、教学原则等，既要与数学的内容、特点、方法和语言发生横向联系，又要与教育心理学描述的一般教学目的、教学规律、教学原则方法等发生纵向联系；其次，研究学生的数学学习理论，如数学思维、数学学习心理、数学学习方法等，不仅与心理学密切相关，而且与脑科学、逻辑学、系统方法论、控制论等学科紧密关联；再次，数学教育学研究具有时代性，数学教育理念要有先导性，教育教学手段与时俱进，这与教育技术学、计算机科学息息相关；最后，哲学是一切科学研究的本源科学。同样，数学教育学一切重大理论和实践问题的解决在宏观上都离不开唯物辩证法的指导。可见，数学教育学是一门综合性的学科。

2. 实践性

数学教育学的实践性表现在以下三个方面：

第一，数学教育学理论研究要以现实的数学教育教学实践为背景。实践始终是数学教育学的源泉，离开了实践，数学教育就成为无源之水、无本之木。例如，在数学概念的教学中，要揭示数学概念的本质，概念形成和概念同化都离不开概念原型的实际背景。离开了这些背景，数学教学只是从理论到理论的论述，是不能有效地解决教学实际问题的，也不会取得很好的教学效果。但是，任何实践经验都缺乏一定的概括性，需要升华为理论。因此，数学教育学研究的任务之一就是将数学教育教学实践经验加以提炼、概括，把它们上升为具有一定概括性的数学教育理论。

第二，数学教育学所研究的问题来自于实践。数学教育学问题的研究起点在实践。例如，数学学习就有许多现实的问题需要去研究，数学学习具有怎样的心理规律，数学问题解决的心理机制是什么，现代化教学手段对学生学习态度、学习方法有何影响等，都是数学教育学应该研究的问题。

第三，数学教育学的理论要能指导数学教学实践，并接受实践检验。数学教育学的研究范畴涉及对学生学习数学知识、发展数学思维的规律以及数学教学规律的研究，其理论必将对中学教师的教学实践提供依据，指导教师的教学实践，并受中学数学教学实践的检验。

3. 科学性

数学教育学的科学性体现在数学教育要符合数学教育发展的一般规律，符合事物发展的趋势，符合教育实际。科学性是任何一门学科最基本的特点。数学教育的一般规律是客观存在的，数学教育理论的内容、方法具有规律性，数学教育学研究就是要用科学的手段去揭示这些规律。就数学教学论而言，根据教学原理对数学教学提出的教学原则就有几十种之多，由于人们认识问题的思维角度和深度不同，对同一个问题就有可能有多种不同的认识途径，但目标却是相同的，都是以科学的方式去揭示数学教学规律，使教学过程最优化。

数学教育研究的科学性，还体现在它受到科技发展水平的制约。如人工智能理论直接促进了现代认知心理学的理论研究，从而扩展了数学学习心理学的研究领域。又如计算机广泛地用于数学辅助教学，这就使对数学内容的选择、教学方法的改革和教学形式的更新等提出了新的研究因素。

4. 教育性

数学教育说到底是一门“育人”的学科。它肩负着培养各级各类数学教育人才为基础教育服务的功能，其培养目标是掌握数学教育基本理论、基本知识与基本方法，具备数学教育教学能力和应用数学能力，能够适应国家基础教育改革的需要。

1.2.2 数学教育的研究方法

数学教育学是一门综合性和实践性较强的理论学科，对它的研究应该遵循理论性、实践性和综合性原则。数学教育研究“上通数学、下达课堂”，因而数学教育研究过程与方法也就显得比较宽泛和复杂。一般地，从事数学教育研究，既要研究宏大叙事，又要研究微观事例；既要用动态的观点看整体，又要用静态的观点看局部；既要用定性的方法作质的判断，又要用定量的方法作量的分析；既要有理论研究，又要有实践研究。因此数学教育研究的方法大致可以归纳为如下几种：

1.2.2.1 文献研究法

文献研究法是通过理论文献研究，从数学和数学教育的历史中吸取数学教育思想，把现实的数学教育研究问题放到数学和数学教育的历史中加以对比分析，从历史的全局上把握数学教育本质的研究方法。一般说来，数学教育研究可以划分为理论研究、实践研究、应用发展研究等层次。数学发展史是人类认识数学的历史，给我们提供了数学概念、理论、思想、方法、体系发展的历史过程，而且越是远离数学实际功用，强调反映数学教育本质和规律的理论研究，越能体现文献研究的价值和意义。

1.2.2.2 理论研究法

理论研究法是一种哲学思辨性的研究方法。数学教育学是一门实践性很强的理论学科，凸显理论研究的重要性，它同其他任何理论学科一样，往往需要用思辨性的研究作理论分析，从众多资料中作理论概括，抽出规律，建构出研究问题的性质、结构、构成因素等，从而形成理论体系或研究假说，再回归实践检验。因此，数学教育研究需要教育理论工作者具有扎实的数学教育专业素养，适应本学科的教学和科研。

1.2.2.3 实证研究法

实证研究法是客观认识数学教育现象，超越个人价值判断，揭示数学教育现象的本质及其运行规律，概括归纳其内在联系和抽象关系，向人们提供确定的数学教育科学理论的研究方法。

实证研究法的基本途径是通过收集相关数学教育信息资料，进行调查研讨、统计、分析、比较和剖析典型数学教育事例，来研究构成数学教育问题现象的基本因素，以把握数学教育问题的实质和规律。常用的方法有观察、调查访谈、问卷测试等。比如通过自己的数学课堂教学实践,或通过调查了解有关中学的数学教学工作,发现一些有价值的问题,对这些问题进行深入全面的分析,制订解决方案,进行实践,通过解决问题,总结出数学教育教学现象的规律性,升华为数学教育理论。

一般,在数学教育的实证研究中,常常需要对大量的数据进行统计处理,这是一项细致而繁琐的工作,如果完全依靠手工来进行,工作量较大,且难以保证准确性,也得不到较高的精度。为了减轻整理和计算大量数据的负担,提高工作效率,我们必须充分利用现代化的分析技术手段。随着计算机软件技术的发展,计算机在分析数据方面发挥了相当大的作用,它功能多、速度快、计算精确、较易利用,并且计算机统计软件可以完成更为精确系统的数据分析与统计计算。在对数学教育研究资料统计处理中,常采用的统计软件有 SPSS(Statistics Package for Social Sciences)统计软件系统和 Excel 软件等。SPSS 是社会科学研究人员实用的统计软件,也是目前世界上最流行的统计软件之一,因而被广泛应用于数学教育研究领域中。

1.2.2.4　实验研究法

实验研究法是针对某一数学教育问题,根据一定的理论或假设进行有计划的实践,从而得出一定的科学结论的研究方法。在实验研究中也采用许多实证研究的方法,如观察和调查,但与实证研究法有本质的区别。实验研究中有严格的控制条件,首先要提出和论证实验课题,作出实验假说,再根据实验假说确定实验类型、取样、控制实验条件,进行教学实验;基本手段也是采用研究性谈话、问卷、测试、系统观察与个案研究等方法收集资料;使用经验归纳法、统计分析法等分析处理资料,得出结论,最后写出实验报告或论文,提炼实验结论和观点。具体地说,数学教育实验研究,必须满足这样几个基本条件:

1. 必须建立变量之间因果关系的假设

数学教育研究的重要目的是要探讨变量间的关系,而变量之间的关系可有多种,实验研究的中心目标则是要探讨变量之间的因果关系,因为它最能说明变量之间联系的性质。因此,一项数学教育实验中至少要有两个变量:自变量和因变量。自变量是引起其他变量变化的变量,它是实验者所操纵和控制的变量,是对实验起影响和刺激作用的变量,故也称作实验变量、原因变量;因自变量的变化而产生的现象变化或结果称为因变量,也称结果变量、反映变量等,它是由实验者观察的或记录的变量。在进行具体数学教育实验时,研究者必须事先确定他所要引入的自变量是什么,他要测量的因变量是什么,并应明确地建立起这两个变量之间因果关系的假设。

2. 自变量要求尽量独立

一般来说,数学实验中除了自变量和因变量之外,还有其他的变量可能对实验的结果发生影响，这类变量统称为无关变量或干扰变量，如进行两种数学教学法效果的对比实验时，自变量是数学教学方法，因变量是数学教学效果，而数学教材的难度，数学教师的业务水平、教学能力、工作态度，学生的基础、智力水平、复习时间、家庭辅导等都是无关变量。因此，在数学实验中，所要引入和观测其效果的自变量必须能够与其他无关变量尽量隔离开，即实验环境能够很好地“封闭”起来。隔离自变量的方法有很多，最基本的是通过实验组与控制组的对比来进行。实验组是实验过程中接受实验自变量作用的那一组对象。控制组也称为对照组，它是各方面与实验组都相同，但在实验过程中并未给予实验自变量作用的一组参照对象。控制组的作用是向人们显示，如果不接受实验自变量作用的处理，那么其结果是怎样的，以此与实验组形成对比，凸现出实验自变量的作用和影响。

3. 自变量是可变的和可测的

在一项具体数学实验中，通常需要对因变量（或结果变量）进行前后两次相同的测量：第一次在给予实验自变量作用之前，称为前测（pretest）；第二次则在给予实验自变量作用之后，称为后测（posttest）。研究者通过比较前测和后测的结果，来衡量因变量在给予实验自变量作用前后所发生的变化，推断出实验自变量作用对因变量所产生的影响。这种测量既可以是一次问卷调查，也可以是一项测验或实际操作。

4. 实验程序和操作必须能够重复进行

实验作为教育科学与自然科学在研究方法中最接近的一种方法，而且其程序和操作也是最严格的一种研究方法，可重复性是它必须具备的重要条件之一。从另一个角度说，实验的可重复性也是实验结果所具有的确定性（或信度）的重要基础。

1.2.2.5 案例研究法

数学教育研究的目标是揭示数学教育的客观规律，从而更好地指导数学教育实践。案例研究法就是一门科学的、有效的、实用的方法。案例研究法是运用典型的数学教育事例引路，启发研究者或学习者进行创造性思考的研究方法。通过案例分析，从个别到一般，透过现象看本质来揭示某一侧面的教学规律和数学思想，以便从中推导出具有指导意义的原则或方法。

从方法论的角度说，案例研究法是一种调查研究或经验研究，它是对某个已发生的数学事件或数学现象的观察或回顾，并通过叙事性的语言而不是数量化的方式予以表达的一种研究方法。但在实践研究过程中，案例还可以包容正在进行和发展着的事件和状态，因而又表现出行动研究的某些特征。正是由于这些特点，叙事和案例研究在一定程度上满足了数学教育实践研究的综合性和复杂性的需求，从而成为数学教育研究的一个重要途径。

作为研究者的数学教师，将以研究的思路和视角来看待自己的数学教育教学工作，他的工作和研究是融合的，而不是分割的。案例研究与教师个体的数学教育实践过程有着密不可分的关系，因而比较有利于发挥教师作为研究者的主体作用。这种主体性主要体现在三个方面：① 在研究内容和对象上，以自己经历的数学教育教学事例为主，数学教育教学工作亲历及其感受是教师案例研究的主要资源。② 在研究人员的组成上，以个人独立研究为主；在独立研究的基础上，开展个体间的交流和集体研究。③ 在研究项目的构建形式上，以对数学教育教学实践的反思为主。数学案例研究带有一定的工作研究的性质，大多不属于正式立项的课题研究。概括地说，案例研究以数学教师的日常工作为基础，在教师个体的经验背景中展开，因而使教师作为研究者的主体作用的发挥有了一个广泛的依托，有助于激发教师进行研究的主动性、积极性和创造性。

问题与讨论

1. 列举我国古代数学教育的主要杰出成就。
2. 简述中国近现代数学教育的基本特征。
3. 简要说明数学教育学学科的基本特点。
4. 数学教育研究通常有哪些基本方法？

第 2 章　当代主要数学教育理论

数学教育理论是发展的，它既具有一般教育理论的特点，又具有自己独特的理论特质。当代数学教育理论具有不完备性，需要我们对已有的数学教育学术思想、理论成果和一些引领数学教育思潮的主流观点加以提炼与整理，并反省检验、辩证吸收。

2.1　波利亚数学解题理论

许多学生学习都有这样的经历，有时冥思苦想一道题目，却总是毫无进展，翻阅参考答案或经老师指点顿时茅塞顿开。究竟是什么原因呢？要回答这个问题，实际上牵涉对揭示数学问题解决方法论的认识。

波利亚

早在 20 世纪 40 年代，波利亚[①]就尝试着把“数学方法论”应用于数学教学。波利亚认为，解题的过程就是不断变更问题、诱发灵感的过程。就中学数学而言，解题就是要不断创设问题情境，激发学生的灵感思维。波利亚为其进行了几十年的数学教学实践研究，主要研究成果集中体现在《怎样解题》(1945 年)、《数学与合情推理》(1954 年)、《数学的发现》(1962 年)三部著作上，内容涉及“解题理论”、“数学教育”、“教师培训”三个主要领域。他的成功实践为中学数学的解题教学提供了方法论模式。

波利亚是 20 世纪最伟大的数学教育家、思想家，他的解题思想具有划时代的意义。波利亚对数学解题理论的贡献主要是通过“怎样解题表”来实现的。他把传统的纯粹性解题发展为通过解题获得新知识和新技能的学

① 波利亚(George Polya，1887～1985)，美籍匈牙利数学家、数学教育家。他在函数论、变分法、概率、数论、组合数学、计算和应用数学等领域都做出了杰出的贡献。

习过程,其目标不是寻求机械模仿的解题“套路方法”,而是希望通过对于解题过程的深入分析,总结出“问题解决”的一般方法或模式。波利亚所总结的模式和方法,主要包括笛卡儿模式、递归模式、叠加模式、分解与组合方法、一般化与特殊化方法、从后往前推、设立次目标、归纳与类比、考虑相关辅助问题、对问题进行变形等,这些方法模式在解题中都行之有效。波利亚将上述模式与方法设计在一张解题表中,并通过一系列的问句或建议表达出来,使得“问题解决”更有启发意义。

波利亚从数学和数学教育两个角度出发,对数学思维进行了深入的研究,是世界上较早研究数学思维的科学家之一。数学和数学教育研究的两个基本过程是“提出问题”和“解决问题”,这也是数学和数学教育发展的两大原动力。波利亚对这两个过程的思维规律都作了深入的研究。尤其在解题思维方面,他的研究最为深入,论述得也最为详尽。波利亚对数学思想的理解与解题方法的归纳形成了自己独特的数学教育思想,研究成果具有解释性和权威性,成为当代数学解题思维研究的主要理论,为现代数学教育奠定了坚实的基础,在数学教育史上具有划时代的意义。他的著作《怎样解题》被各国数学教育界奉为宝典,堪称数学解题教学上的经典之作,现实地为中学数学教学提供了理论方法。

2.1.1 波利亚解题表

在数学教学过程中,我们最重要的活动形式就是解题。学生学习数学的过程中,从数学概念的形成、数学命题的掌握、数学技能的培养与思维方法的形成以及综合素质的培养和发展,都必须通过解题教学来实现。波利亚在《怎样解题》一书中围绕“怎样解题”、“怎样学会解题”来开展数学启发法研究,其核心内容集中表述在“怎样解题表”上①。

2.1.1.1 “怎样解题”表

波利亚提出了一个“怎样解题表”,如表2.1所示。

从“怎样解题表”中,我们可以看出,其中的问句与提示是用来促发“念头”的。如在解题时,从某种念头开始来着手解题,是一个很好的开端,因为有一个念头,解题就有了思维起点,由起点出发,或许在解题时还能找到另一个念头,这样解题一直探索向前。在这个过程中,至少你会增进对解题目标问题的认识与理解,或者在明显失败的尝试和一度犹豫不决之后,突然闪出一个念头。对于解题,真正糟糕的

① 波利亚.怎样解题:数学思维的新方法[M].徐泓,冯承天,译.上海:上海科技教育出版社,2002.

表 2.1 怎样解题表

理解题目 你必须理解题目	未知数是什么？已知数据(指已知数、已知图形和已知事项等的统称)是什么？条件是什么？满足条件是否可能？要确定未知数，条件是否充分？或者它是否不充分？或者是多余的？或者是矛盾的？ 画张图，引入适当的符号，把条件的各个部分分开，你能否把它们写下来？
拟订方案 找出已知数与未知数之间的联系。 如果找不出直接的联系，你可能不得不考虑辅助问题。 你应该最终得出一个求解的计划。	你以前见过它吗？你是否见过相同的问题而形式稍有不同？ 你是否知道与此有关的问题？你是否知道一个可能用得上的定理？ 观察未知量，并尽量想出一个具有相同未知量或相似未知量的熟悉的问题。 这里有一个与你现在的问题有关，且早已解决的问题，你能应用它吗？你能不能利用它？你能利用它的结果吗？为了能利用它，你是否应该引入某些辅助元素？ 你能不能重新叙述这个问题？你能不能用不同的方法重新叙述它？ 若不能，回到定义去。 如果你不能解决所提出的问题，可先解决一个与此有关的问题。你能不能想出一个更容易着手的有关问题？一个更普遍的问题？一个更特殊的问题？一个类比的问题？你能否解决这个问题的一部分？ 仅仅保持条件的一部分而舍去其余部分，这样对于未知能确定到什么程度？它会怎样变化？你能不能从已知数据导出某些有用的东西？你能不能想出适合于确定未知数的其他数据？如果需要的话，你能不能改变未知数和数据，或者两者都改变，以使新未知数和新数据更接近？ 你是否利用了所有的已知数据？你是否利用了整个条件？你是否考虑了包含在问题中的所有必要的概念？
执行方案 执行你的方案	执行你的解题方案，检查每一个步骤。你能清楚地看出这个步骤是正确的吗？你能否证明它是正确的？
回　顾 检查已经得到的解答	你能检验这个结果吗？你能检验这个论证吗？ 你能以不同的方式推导这个结果吗？你能一眼就看出它来吗？ 你能在别的什么题目中利用这个结果或这个方法吗？

事是我们根本没有念头，因为想不起什么念头，我们只能对问题感到疲倦，一筹莫展，使解题不能进行下去。解题需要尝试和探索，任何一个可能指明问题方向的念

头，都值得一试，因为它可以引起我们的兴趣，可以使我们继续工作，继续思考。进一步分析，“怎样解题表”就怎样解题，教师应该教学生做什么等问题，把解题中典型有用的智力活动，按照正常人解决问题时思维的自然过程分成四个阶段——弄清问题、拟订计划、实现计划、回顾，从而描绘出解题理论的一个总体轮廓，组成了一个完整的解题教学系统。

这四个阶段中“实现计划”是主体工作，是思路打通之后具体实施信息资源的逻辑配置；“弄清问题”是认识问题并对问题进行表征的过程，也是“问题解决”成功的一个必要前提；与前两者相比，“回顾”是最容易被忽视的阶段，波利亚对其作为解题的必要环节而固定下来，是一个有远见的做法。在整个解题表中，“拟订计划”是关键环节和核心内容。拟订计划的过程是探索解题思路的发现过程，波利亚的建议是分两步走：第一，努力在已知与未知之间找出直接的联系（模式识别等）；第二，如果找不出直接的联系，就对原来的问题做出某些必要的变更或修改，引进辅助问题。为此波利亚又进一步建议：看着未知数回到定义去，重新表述问题，考虑相关问题，分解或重新组合，特殊化、一般化、类比等，积极诱发念头，努力变更问题。这实际上是阐述和应用解题策略，并进行资源的提取和分配，认知基础是过去的经验和已有的知识。于是，这个解题教学系统就集解题程序、解题基础、解题策略、解题方法等于一身，融理论与实践于一体。

2.1.1.2　“怎样解题表”的应用

“怎样解题表”主要是通过连续的元认知提问，把陌生问题转化为熟悉问题，把复杂问题转化为简单问题，从而实现问题的解决。其中“解题系统”是波利亚解题思想的整体框架，“分析解题过程”是波利亚解题思想的思维实质，“念头诱发”是波利亚解题思想的外在表现，“问题转换”是波利亚解题思想的具体实现，朴素的元认知观念是波利亚解题思想的心理学基础。

我们通过一个实例来说明波利亚“怎样解题表”的应用。

例1　如果一条直线平行于一个平面，那么垂直于这条直线的平面必垂直于这个平面。

思维过程：

第一步：理解题目。

问题1. 你要求证的是什么？

要求证的是平面与平面互相垂直。

问题2. 你知道了些什么？

一条直线平行于一个平面，另一个平面垂直于这条直线。

问题3. 可以用数学语言来叙述题意吗？可以画张图吗？

已知：直线 a // 平面 α，直线 $a\perp$ 平面 β。

求证：平面 $\alpha\perp$ 平面 β。

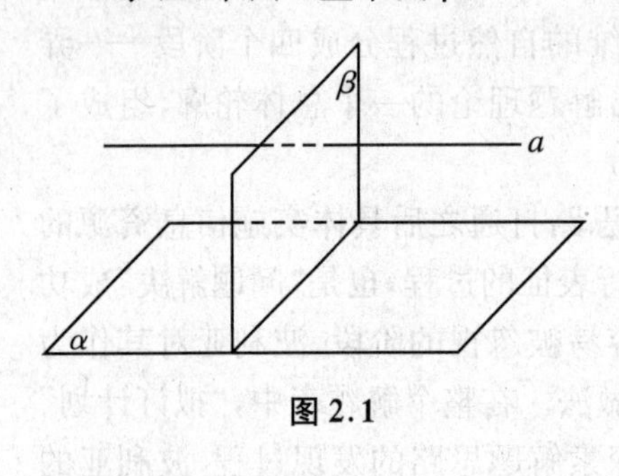

图 2.1

效果：通过以上的审题和分析已知条件，使学生弄清了题意并数学化，同时大脑中有了一个立体模型(图 2.1)。

第二步：拟订方案。

问题 4. 怎样证明两个平面垂直？

要证明平面 $\alpha\perp$ 平面 β，只要在其中一个平面内找到另一个平面的垂线即可。

问题 5. 怎样找到另一个平面的垂线呢？

由直线 $a\perp$ 平面 β，根据直线和直线平行的性质定理，只要在平面 α 内找到一条和直线 a 平行的直线，这直线必定垂直于平面 β。

问题 6. 怎样在平面 α 内找到这条直线呢？

而由直线和平面平行的性质定理可知，只须过直线 a 任意作一个平面 γ 和平面 α 相交于直线 b，则交线 $b\perp$ 平面 β，由此可证明结论成立(图 2.2)。

解题计划：直线 a // 平面 α，可找平面 α 内的直线 b，a // b 可得直线 $b\perp$ 平面 β，$b\perp$ 平面 β 且平面 α 经过直线 b，结论可得证。

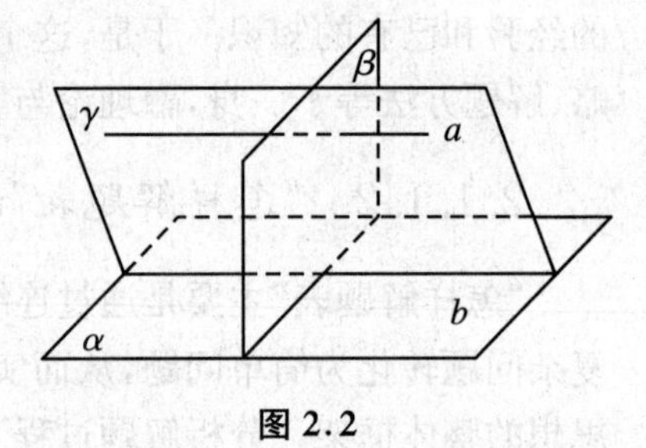

图 2.2

第三步：执行方案。

证明：过直线 a 任作一个平面 γ，和平面 α 相交于直线 b

$$\left.\begin{array}{l}\text{直线 } a \,/\!/\, \text{平面 } \alpha \Rightarrow a \,/\!/\, b \\ \text{直线 } a \perp \text{平面 } \beta\end{array}\right\} \Rightarrow b \perp \text{平面 } \beta\text{，而平}$$

面 α 过直线 b，则平面 $\alpha\perp$ 平面 β。

检查：直线和平面平行的性质定理，直线和直线平行的性质定理，平面和平面垂直的判定定理，三个定理保证每步成立。

第四步：回顾。

回顾解题过程可以看到，解题首先要弄清题意，从中捕捉有用的信息，同时又要及时提取记忆中的有关知识，来拟定出一个成功的计划。此题我们在思维策略上是两个层次解决问题，首先根据直线和平面平行的性质定理找到直线 b，然后根据直线和直线平行的性质定理及平面与平面垂直的判定定理得证。

2.1.2 波利亚解题思维模式分析

波利亚的解题观主要强调数学思维的教学,他把解题作为一种手段,通过怎样解题的教学,启迪学生的数学思维,达到培养学生分析和解决问题能力的目的,他提出的解题思想在一定层面上反映了认知结构理论的观点。主要表现为以下几个方面①:

2.1.2.1 程序化的解题系统

"怎样解题表"就"怎样解题"按照一般人解决问题时思维的自然形成过程分成了理解题目、拟订方案、执行方案、回顾等四个阶段。这四个阶段是一个四步骤的宏观解题程序系统。

2.1.2.2 启发式的过程分析

波利亚认为数学有两个侧面,用欧几里得方式提出来的数学看来像是一门系统的演绎科学,但在创造过程中的数学看来却像是一门实验性的归纳科学,这两个侧面都像数学本身一样古老。但从某一点说来,第二个侧面则是新的,因为以前从来就没有照本宣科地把处于发现过程中的数学照原样提供给学生。波利亚解题基本思想可以概括为"知识+启发法",在解题表中,他的"启发法小词典"便是其思想的精髓,这些思想主要来源于波利亚对数学教育宗旨的科学认识。他认为学习数学的最好途径是亲自去发现它。在解题表中,波利亚通过深入剖析经典例题的思维过程来研究"发现和发明的方法和规律",实际上这种对解题过程的分析就是对数学解题思维过程的揭示,也就是教人学会解题。波利亚说"货源充足和组织良好的知识仓库是一个解题者的重要资本",在知识与组织良好之间,波利亚更强调后者,他认为良好的组织使得所提供的知识易于用上,这甚至可能比知识的广泛更为重要。波利亚强调"原有的知识经验"和"优化的认知结构"对问题解决的基础作用。

2.1.2.3 开放式的念头指引

"念头"在《怎样解题》中高频率地出现。波利亚对此解释说:"解题表中的问题和建议并不直接提到念头,但实际上所有的问题和建议都与它有关,可以说解题表中的每一问句,都是从认知或元认知的角度向读者启发解题念头。"他强调教师为学生所做的最成功的事不是生搬硬套地教学生题目的解法,而是通过比较自然的

---

① 罗增儒.数学解题学引论[M].西安:陕西师范大学出版社,2001:36~69.

帮助促使他们自己想到一个好的念头。

在解题表中，理解题目是为好念头的出现做铺垫的，拟订方案是试图引发念头，引发念头后，尝试执行方案，回顾过程和求解的结果则可以让我们更好地优化解题过程。这里所说的念头不仅在字面上比"问题表征"更为浅白，而且在内涵上更为丰富，实质上是开展积极活跃的思维活动。念头不是凭空产生的，需要一定的知识和经验基础。波利亚认为过去的经验和已有的知识是产生念头的基础。事实上，如果我们对该论题知识贫乏，是不容易产生好念头的；如果我们完全没有知识，则根本不可能产生好念头。而一个好的念头的产生，会给你指出整个或部分解题途径，一个好念头是我们解题思维和观点方法上的重大突破。如我们看问题方式的一个骤然变动，在解题步骤方面的一个刚刚露头的有信心的预感等。

2.1.2.4 探索性的问题变更

问题变更揭示了探索解题思路的数学途径，也体现了解题策略的实际运用。在"怎样解题表"中，拟订方案这一阶段中就出现了"这里有一道题目和你的题目有关而且以前解过，你能利用它吗?"；"如果你不能解决所提的题目"，我们便要用到"变更问题"的方法。波利亚强调解题的成功要靠正确思路的选择，要靠从可以接近它的方向去攻击堡垒，为了找出哪个方面是正确的方面，哪一侧是好接近的一侧，我们从各个方面、各个侧面去试验，我们变更问题。变化问题使我们引进了新的内容，从而产生了与我们有关问题相联系的新可能性。通过变化问题，显露它的某个新方面，新问题使我们的念头油然而生。变化问题实质是在解决问题不能直接越过障碍时绕道而行。由此可见，通过变更问题往往能起到"柳暗花明又一村"的解题功效。

2.1.2.5 朴素的数学解题元认知观念

认知观点认为解题时应根据一定的问题情境呈现出结构性的特点。结构性构思方式不仅能使已学的知识得到完整的组织，而且是学习新知识的智力工具。认知结构的整体性主要体现在两个方面。一方面，结构是按一定依赖关系将必要的元素组织起来的，元素将服从于结构组成的规则，共同组成整体；另一方面，元素被组织之后，元素也必然会受益于整体意义，其内涵得以丰富。与此同时，结构性构思方式还具有一定的动态转换性，同层次知识的组织，高低层次间的递进，顺向、逆向、横向、纵向知识的转换，都为问题的解决提供了多种可能的途径。当然这种转换并非随意，需要发挥结构的自我调节作用，使转换更为协调和谐，促进数学学习中好的认知结构的建立。

认知结构的培养是深化波利亚解题思想的重要手段。波利亚指出，解题的过程主要包括动员与组织、辨认与回忆、充实与重组、分离与组合这8种思维活动方式，而且它们密切相关，相辅相成，共同构成了一个连续的过程。具体地说，当问题出现时，解题者看到的问题是一个未经剖析的没有细节或只有很少细节的整体。此时就要通过辨认已给的元素，并回忆与之相关的元素，把与问题有关的材料从记忆中提取出来，这就是动员。但仅有这些材料还不够，还必须对解题材料进行认真的挑选和分类，把一个一个特殊的细节从整体里挑出来，再把零散细节重新合成一个有意义的整体，这就是分离与组合。在对细节进行重新评价后，需要进一步充实和调整对问题的构思，这就是组织。波利亚的解题思想是合情推理和演绎推理交替作用的模式，并且呈分步线性排列。如图2.3所示。

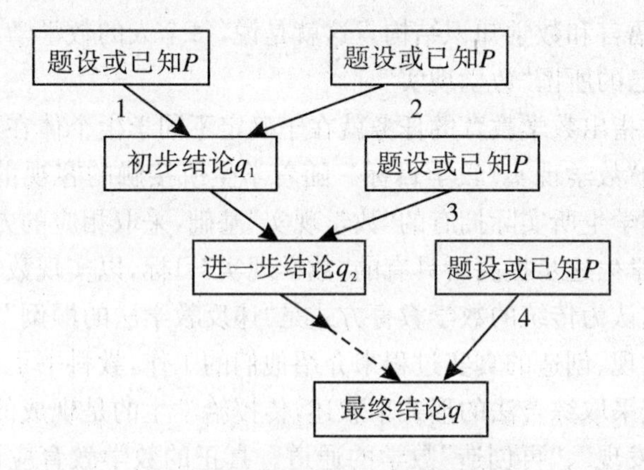

图2.3　波利亚解题思维模式

2.2　弗赖登塔尔数学教育理论

弗赖登塔尔①（图2.5）数学教育思想是当代数学教育的经典理论之一。他从数学教育的实际出发，用数学家和数学教师的眼光审视数学教育，其数学教育思想摆脱了传统的“教育学”（或“心理学”）+“数学例子”的数学教育研究模式，“抽象概括”成为他研究数学教育的系统方法。他基于其经验与拟经验的数学哲理观与建构主义教学观，提出了“数学现实”、“数学化”和“再创造”等数学教育思想。弗赖登

① 弗赖登塔尔（Hans Freudenthal，1905～1990），荷兰籍数学家和数学教育家，国际数学教育委员会（ICMC）的主席。他在拓扑学和李代数领域成就卓越，创办了《数学教育研究》（Educational Studises in Mathematics）杂志，在国际范围内为数学教育事业做出了重大贡献。

塔尔关于数学教育的论述，主要收集在《作为教育任务的数学》、《除草与播种：数学教育学的序言》、《数学结构的教学法现象》等三本著作之中。

费赖登塔尔

2.2.1 弗赖登塔尔数学教育思想

弗赖登塔尔数学教育思想的产生基于他对数学和数学教学的认识。在他看来，每个人都有自己生活、工作和思考着的关于特定客观世界以及反映这个客观世界的各种数学概念、数学方法、数学语言和数学知识结构。这就是说，每个人的数学学习和生活体验都不一样，都有自己的所谓“数学现实”。

弗赖登塔尔指出数学教育的任务就在于确定不同学生个体在不同发展阶段应该达到什么样的“数学现实”教学目标。随着学生所接触的客观世界越来越广泛，数学教学要根据学生所实际拥有的“数学现实”基础，采取相应的方法予以丰富，予以扩展，从而使学生逐步提高所具有的“数学现实”目标，以实现数学教育之目的。

弗赖登塔尔认为传统的数学教育方式是“违反教学法的颠倒”。因为数学家从不按照他们的发现、创造的真实过程来介绍他们的工作，教科书更是常常将通过分析法所得的结论采取综合法的形式来叙述，传授给学生的是现成的数学，因而严重阻塞了学生“再发现”、“再创造”数学的通道。真正的数学教育应该是活动或创新的数学，遵循数学发展史所表明的渐近系统化的过程，教活动的数学，应教学生像数学家那样用再创造的方法去学习。他强调学生学习数学的唯一正确方法是实行“再创造”，也就是由学生个体把要学的知识材料，通过创设问题情境自己去发现或创造出来；教师的任务是引导和帮助学生去进行这种“再创造”工作，而不是把现成的知识灌输给学生。

弗赖登塔尔认为将数学作为一个现成的产品来教，留给学生的活动很少，其实就是在教授数学结果性知识。数学结果性知识教学不可能包含真正的数学，只是一种模仿的数学。我们在数学教学中很少将数学作为一种活动，在教育研究中也很少将数学作为一种活动分析，以至于不能深刻揭示数学学习的本质特性。数学教学只有把教学重点从教转向学，从教师转向学生活动，才能深刻揭示数学学习的本质特性。

对于什么是数学学习的最本质的特性，弗赖登塔尔指出：学一个活动最好的方法是做，学数学的最好方法是做数学。数学学习不是一个被动接受的过程，而是一个以已有的知识和经验为基础的主动建构过程。教数学活动不是教数学活动的结果，而是教数学活动的过程，而且从某种程度上讲，教过程比教结果更重要。弗赖登塔尔反对教现成的数学，提倡教做出来的数学，因为通过数学“再创造”获得的能力，要比被动获得的知识理解得更好，更容易保持。为此，他提出数学教师要让学生做数学，但做数学不等于做习题，做数学的要义在于通过数学化来教数学、学数学。数学化思想原理将在下一节具体阐释。有研究者将数学化进一步分为水平的数学化和垂直的数学化，水平的数学化意味着从生活的世界到符号的世界，垂直的数学化是在水平数学化之后进行的数学化，是从符号的世界到数学的世界①。

2.2.2 弗赖登塔尔数学教育基本原理

弗赖登塔尔数学教育思想是一个统一的整体，可以抽象概括为三个基本原理：数学现实、数学化和再创造。

2.2.2.1 数学现实②

数学源于现实，也必须寓于现实，并且用于现实，这是弗赖登塔尔“数学现实”思想的基本观点，并在此基础上形成了他的数学教育观。源于现实是让学生自己提出问题，寓于现实是让学生学会解决问题，用于现实则是让学生勃发创新欲望。弗赖登塔尔认为数学的整体结构应该存在于现实之中，只有密切联系实际的数学才能充满着各种联系，学生才能将所学的数学与现实结合。他主张数学应该属于所有的人，为此必须将数学教给所有人。但人与人之间的差别很大，不同的人需要不同的数学，也就联系着不同的现实世界。因此，数学来源于现实；数学教育应该是现实数学的教育；每个人都有其自己的“数学现实”。

学习数学就意味着能够做数学，熟练地运用数学的语言去解决问题，探索论据并寻求证明，而最重要的活动则是从给定的具体情景中，能够识别或提出数学概念。例如，数学教学要引入一个新概念，如果缺少足够的具体事实作为基础，或者反复介绍一个新概念，却没有具体的应用，都无法使学生产生求知欲。课堂讲授时，过早地提出概念、公理、法则等没有什么教学效果，不会激发学生的兴趣，教学过于抽象而脱离学生现实，就会使学生失去兴趣和动机从而达不到很好的教学效果。因此弗赖登塔尔提出的“数学现实”原则，和我们通常所说的理论联系实际有实质性的区别，它有其独特的教育教学含义。

(1)“数学现实”是人们用数学概念、数学方法对客观事物的认识的总体，其中既含有客观世界的现实情况，也包括学生个人用自己的数学水平观察这些事物所

① 弗赖登塔尔.作为教育任务的数学[M].陈昌平，唐瑞芬，译.上海：上海教育出版社，1992.

② 丁尔升.现代数学课程论[M].南京：江苏教育出版社，1997.

获得的认识,构成客观现实与人的数学认识的统一体。

(2) 每个人都有自己的数学现实。数学教育要根据学生的"数学现实"来进行。因材施教是"数学现实"所蕴含的教学论意义。

(3) 数学教学过程经历从现实背景中抽象出数学知识的全过程,着眼于学生能力的培养。数学教学过程是一个"理论与实际"数学思维整合的过程,避免教一个数学理论知识,再去联系一下实际的"两张皮"简单狭隘拼合。

2.2.2.2 数学化

简单地说,数学化就是数学地组织现实世界的过程。即人们在观察、认识和改造客观世界的过程中,运用数学的思想和方法来分析和研究客观世界的种种现象并加以整理和组织,以发现其规律的过程①。在他看来,数学是系统化了的常识。这些常识是可靠的,不像某些物理现象,如感觉铁比木头冷,运动物体会无条件停止等,会把人引入歧途。常识并不等于数学,常识要成为数学,必须经过提炼和组织,而凝聚成一定的法则,这些法则在高一层里又成为常识,再一次被提炼、组织……如此不断地螺旋上升,以至于无穷。这就是我们今天所说的抽象与逐级抽象,亦即数学的发展过程具有层次性。而且,数学的产生与发展本身就是一个数学化的过程。先人从手指或石块的集合形成数的概念,从测量、绘画形成图形的概念都是数学化;数学家们从具体的置换群与几何变换群抽象出群的一般概念时,也是一种数学化;甚至可以说整个数学体系的形成就是一个数学化的过程。而人们学习数学的过程,实际上又或多或少地遵循着历史发展的规律。通俗地讲,数学化就是把现实中的东西通过数学工具转化成数学公式、定理等。比如圆周率 $\pi=3.1415926\cdots$ 是前人通过猜想—证明—整理得到一般化的数学概念,又比如概率论的发展源于"赌博"问题等等,都是数学化。

根据特莱弗斯(Treffers)和哥弗里(Goffree)的观点,数学化分为水平数学化和垂直数学化两种,借助水平数学化和垂直数学化,我们可以用表 2.2 来比较四种不同类型的数学化途径。

表 2.2 不同类型数学化途径比较表

	水平的数学化	垂直的数学化
现实的(realistic)	+	+
经验的(empiricist)	+	−
构造的(structuralist)	−	+
机械的(mechanistic)	−	−

① 唐瑞芬. 数学教学理论选讲[M]. 上海:华东师范大学出版社,2001.

其中“+”号表示对这方面给以更多的注意，而“-”号表示较少注意或根本未加注意。当然以上分类也只是相对比较而言，在实际的数学化过程中，这两方面的作用相互联结，关系也不能截然分开。

把握水平数学化和垂直数学化合适的“度”对数学教育具有现实意义。机械的途径是传统数学教育的基本特征，教师将各种结论灌输下去，学生被动地接受这些结果，死记硬背，机械模仿，习得的只是知识的形式堆砌，既不考虑它有什么用处，也不知道它的内在联系，很少包含数学化的成分。近年来随着课程改革的发展，数学教育较多地提倡从学生的实际经验出发，建立现实的数学模型，如“购物数学”、“情境数学”等，即较多地顾及水平的数学化，但它知识琐碎、不成系统，容易忽视数学本身的内在联系，尤其是忽略了数学的逻辑演绎结构，较少注意数学化的纵深发展。与此对应的是构造的途径，布尔巴基学派的“新数学”运动，就是强调数学的演绎结构，重视逻辑推理的论证，企图以结构主义的思想来组织整个数学教育，以提高抽象的逻辑思维水平，形成严谨的演绎结构体系，从而又由一个极端走向了另一个极端，忽视了数学的现实性，忘却了数学教育的根本目标还是要为现实世界服务，而且一味追求抽象，强调严谨，也不符合教学规律与认识规律。从历史的经验教训，我们应该得出这样的结论：数学教育的正确途径应该是现实的数学化途径，我们所需要的课程体系应该全面而完善地体现数学化的科学发展，既要强调现实基础，又要重视逻辑思维，既要密切注意数学的外部关系，也要充分体现数学的内在联系，要能将这两者有机地结合在一起，那才是数学教育所追求的理论境界[①]。

2.2.2.3　再创造

弗赖登塔尔指出，数学化过程产生的数学必须由通过教学过程产生的数学教学反映出来，因此，他认为数学教学方法的核心是学生的“再创造”，并指出这和我们常说的“发现学习”并不等同，“发现学习”只是较低层次的“再创造”学习。这里“创造”的含义是较高层次的“发现”。就是学习过程中的若干步骤，其重要性在于“再创造”的“再”，而“创造”既包括了内容又包含了形式，既包含了新的发现又包含了组织[②]。需要我们学生在学习的时候善于独立思考，用自己的思维方式，重新创造有关的数学知识。这样的目的就是要培养学生发现问题的能力，挖掘学生的潜力，使学生具有学习的动力，这样才能达到素质教育的要求。

提倡按“再创造”原则来进行数学教育，有其教育心理学理论根据：

---

①　弗赖登塔尔的数学教育思想[EB]. http://wenku.baidu.com/view/ae2d4d28915f804d2b16c1ea.html

②　朱维宗，唐敏. 聚焦数学教育[M]. 昆明：云南民族出版社，2005.

(1) 通过自身活动所获得的知识比由他人传授的要理解得透彻,掌握得快,同时也善于应用,保持记忆也较长久。

(2) 发现是一种乐趣,“再创造”教学能够激发学生学习的兴趣和动力。

(3) 通过“再创造”方式,促进人们形成数学教育是一种数学活动的教育观。

弗赖登塔尔说“学一个活动的最好方法是实践”将强调的重点从教转向学,从教师的行为转到学生的活动,并且从感觉的效应转为运动的效应。就像游泳本身也有理论,学游泳的人也需要观摩教练的示范动作,但更重要的是他必须下水去实地练习,老是站在陆地上是永远也学不会游泳的。有指导的“再创造”意味着在创造的自由性和指导的约束性之间,以及在学生取得自己的乐趣和满足教师的要求之间,达到一种微妙的平衡。

主张“再创造”应该是数学教育的一个教学法原则,它应该贯串于数学教育整个体系之中。实现这个方式的前提,就是要把数学教育作为一个活动过程来加以分析,在整个活动过程中,学生应该始终处于一种积极、创造的状态中,要参与这个活动,感觉到创造的需要,才有可能进行“再创造”。教师的任务就是为学生提供自由广阔的天地,听任不同思维、不同方法自由发展,不要对内容作一些限制,也不应对其发现作不必要的预设。

“再创造”对教师提出了更高的要求,不仅对有关题材的各种联系事先尽可能做周密的设计与安排,更重要的是教师必须掌握丰富的知识,具备高度的应变能力,随机应变,及时处理学生可能提出的各种问题,以保证将学生引到“再创造”的道路上去。让受教育者——学生的活动更为主动、有效,以便真正积极地投入到教育这个活动中去。

下面,我们节选中学数学课堂中概念教学的一个片段①,请同学们用学习的弗赖登塔尔数学教学原理加以评判。

案例 函数单调性定义的课堂教学片段实录

(教师给出函数单调性定义)

师:我们在学习任何一个概念的时候,都要善于抓住定义中的关键词的意义。增函数和减函数都是对“相应的区间”而言的,我们能否说一个函数在 $x=5$ 时是递增或递减的?

生:不能。因为此时函数值是一个数。

师:好。这说明函数的单调性是函数在某一个区间上的性质。因此今后我们在谈论函数的增减性时必须指明相应的区间。

---

① 这个片段是一个普通的中学数学课堂教学片段,一定程度上反映了中学数学教学的实际状况。

师:还有没有其他的关键词语?

生:还有定义中的"属于这个区间的任意两个"和"都有"也是关键词语。

师:对。

师:"属于"是什么意思?

生:就是说两个自变量 x_1,x_2 必须取自给定的区间,不能从其他区间上取。

师:那么"任意"和"都有"又如何理解?

生:"任意"就是指不能取特定的值来判断函数的增减性,而"都有"则是说只要 $x_1<x_2$,$f(x_1)$就必须都小于 $f(x_2)$,或 $f(x_1)$都大于 $f(x_2)$。

师:能不能构造一个反例来说明"任意"呢?

生:考察函数 $y=x^2$,在区间$[-2,2]$上,如果取两个特定的值 $x_1=-2,x_2=1$,显然 $x_1<x_2$,而 $f(x_1)=4,f(x_2)=1$,有 $f(x_1)>f(x_2)$,若由此判定 $y=x^2$ 是$[-2,2]$上的减函数,那就错了。

师:那么如何来说明"都有"呢?

生:$y=x^2$ 在$[-2,2]$上,当 $x_1=-2,x_2=1$ 时,有 $f(x_1)>f(x_2)$;当 $x_1=1$,$x_2=2$ 时,有 $f(x_1)<f(x_2)$,这时就不能说 $y=x^2$ 在$[-2,2]$上是增函数或减函数。

师:通过分析定义和举反例,我们知道要判断函数 $y=f(x)$在某个区间内是增函数或减函数,不能由特定的两个点的情况来判断,而必须严格依照定义在给定区间内任取两个自变量 x_1,x_2,根据它们的函数值 $f(x_1)$和 $f(x_2)$的大小来判定函数的增减性。

点评:这个片段反映的概念教学应当说是比较清晰的,知识点基本上都讲清楚了,总体上已经达到了教学要求,但是我们用弗赖登塔尔数学教育思想去衡量,其教学方法仍然属于传统教学法的范畴。首先,在让学生理解定义的问题上,教师着重于在定理"关键词"去理解,学生为理解定理跟着老师的思维走,并且在教学中没有考虑到学生的"数学现实"差异性,并不是每个学生都能想到上面所说的每一步。教学课堂形式上是在诱导学生,实质是教师在思考,这样的教学效果就不能很好地根据学生的不同"数学现实"去完成教学目标。其次,教学过程的"数学化"水平较低,未能体现"再创造"教学思想。教学中教师没有根据"函数单调性定理"数学知识的实际背景,运用数学的思想和方法来分析和研究客观世界的"函数单调性"现象并加以整理和组织,以发现"函数单调性"规律。即教师没有根据学生的生活实际去创造一种教学情境,让学生自己去体验"发现"和"再创造"一个"函数单调性定理",而是先有了一个"函数单调性定理",然后是我们怎么去正确理解它。

当然,我们实际教学,理解弗赖登塔尔数学教育思想也不能生搬硬套。弗赖登塔尔数学教育思想所抽象概括的三个基本原理是一个有机的整体,不能截然分开。我们在数学教学中,要深刻领会其思想实质和精神要义,灵活运用,否则就会犯片面认识性错误。根据弗赖登塔尔数学教育思想，数学的根源在于普通常识，数学实质上是人们常识的系统化，它与其他科学有着不同的特点，是最容易创造的科学。为此，在数学教学时，教师应该让每个人在学习数学的过程中，根据自己的体验，用自己的思维方式，重新创造有关的数学知识。由此可见，要达到弗赖登塔尔“再创造”的教学境界，教师必须具有较高的专业素养和广博的教育教学理论知识。

2.3 建构主义数学学习理论

2.3.1 建构主义的本质观

建构主义(constructivism)最早是由瑞士心理学家皮亚杰提出的，其理论根源可追溯到2000多年前的古希腊时期。皮亚杰认为，认识是一种连续不断的建构。所谓建构，指的是同时建立和构造关于新知识认知结构的过程。“建立”一般是指从无到有的兴建；“构造”是指对已有材料、结构、框架等加以调整、整合或者重组。主体对新知识的学习，同时包括建立和构造两个方面，既要建立对新知识的理解，将新知识与已有的适当知识建立联系，又要将新知识与原有的认知结构相互结合，通过纳入、重组和改造，构成新的认知结构。一方面新知识由于成为原有认知结构中的一部分，就与原有认知结构中的其他部分形成有机联系，从而使新知识的意义在心理上获得了建构；另一方面原有的认知结构由于新知识的进入而更加分化和综合，从而获得了新的意义。可见建构新知识的过程，既建构了新知识的意义，又使原有认知结构得到了重建。

现代建构主义主要是吸收了杜威的经验主义和皮亚杰的结构主义与发生认识论等思想，并在总结20世纪60年代以来的各种教育改革方案的经验基础上演变和发展起来的。一般来说，建构主义概念包含认知理论和方法论的双重含义。从认知理论的观点来看，建构主义是认知学习理论的新发展，主要观点是知识不是通过被动学习获得的，而是通过认识主体的抽象反省来主动建构的，有目的的认识活动和认知结构的发展存在着必然联系，儿童是在与周围环境相互作用的过程中，逐步建构起关于外部世界的知识，从而使自身认知结构得到发展。从方法论的角度来看，人是认识的主体，其行为是有目的的，并具有组织知识结构的能力。因此，教师必须了解学生的学习思维，了解学生对所呈现的学习材料有何反应，主要向学生提供促进建构数学知识及其关系的材料、工具、模型等认知学习环境。

建构主义理论的一个重要概念是图式。图式是指个体对世界的知觉理解和认知方式，是心理活动的框架或组织结构。图式是认知结构的起点和核心，是人类认识事物的基础。因此，图式的形成和变化是学生学习和认知发展的实质。认知发展有同化、顺应和平衡三种基本形式：同化(assimilation)是指学习个体对刺激输入的过滤或改变过程。当个体在感受学习材料的刺激时，把它们纳入头脑中原有的图式之内，使其成为自身的一部分。顺应(accommodation)是指学习者调节自己的内部结构以适应特定刺激情境的过程。当学习者遇到不能用原有图式来同化新的刺激时，便要对原有图式加以修改或重建，以适应新的认知结构。平衡(equilibration)是指学习者个体通过自我调节机制使认知发展从一个平衡状态向另一个平衡状态过渡的过程。

建构主义的本质通过建构主义的知识观、学习观和教学观体现出来。

2.3.1.1　建构主义的知识观

建构主义知识观有许多不同的派别，主要有心理建构主义、社会建构主义、情境建构主义等，基本主张是：

(1) 知识是一种主体性的存在，是人们对客观世界的一种解释、假设或假说。在建构主义看来，知识不可能以实体的形式存在于个体之外，只是一种关于某种现象的较为可靠的解释或假设。某一社会发展阶段的科学知识固然包含真理，但是并不意味着终极答案，随着社会的发展，肯定还会有更科学的解释。

(2) 知识是个体基于自己的知识经验和受教育环境，通过主动建构的方式而获得的，其中认知工具、知识资源、学习者与环境互动是建构个人知识的关键。

(3) 教材只是师生共同建构的素材，是引起学生认知、分析、批判和建构知识的中介。知识不是通过传授获得的，而是学习者基于自身力量，借助教育者和学习伙伴的帮助，利用必要的学习资料，主动建构而成。建构主义知识观是对传统课程理论的修正，教材知识在为个体接收之前，对个体来说没有什么意义，也无权威性。教材所提供的知识不再是教师传授的内容，而只是学生主动建构意义的对象。

2.3.1.2　建构主义的学习观

建构主义学习观强调学习的探索性、情境性与反思性，强调学生的参与性、自主性和能动性，强调学生已有的知识、技能、态度与价值观在新知识建构中的作用。其基本观点是：

1. 学习是学习者主动建构内部心理表征的过程

建构主义认为，根本不存在一成不变的“客观”事实。学习不是由教师向学生传递知识，而是学生根据外在信息，通过自己的背景知识和经验，自我建构知识的过程。在这个过程中，学习者不是被动的信息吸收者和刺激接受者，他既要对外部信息进行选择和加工，又要根据新知识与自己原有经验背景知识的关联，主动地建构信息的意义。

2. 学习过程是一个双向建构的过程

建构主义认为，建构一方面是对新信息的意义建构，运用原有的经验超越所提供的信息，另一方面又包含对原有经验的改造和重组。在学习过程中，每个学习者都在以自己原有的经验系统为基础对新的信息进行编码，建构自己的理解，而且，原有知识又因为新经验的进入而发生调整和改变，所以学习并不单单是信息的量的积累，它同时包含由于新旧经验的冲突而引发的观念转变和结构重组，学习过程也不单单是信息的输入、存储和提取，而是新旧经验之间双向的相互作用过程。

3. 学习具有社会性

建构主义认为，知识或意义是以学习者原有的经验背景知识为基础建构起来的，由于每个人所处的社群、积累的经验和具有的文化背景不同，他们对事物的理解也是存在个体差异的。因此，知识或意义不仅是个人主动建构的结果，而且需要依靠意义的社会共享和协商进行深层的建构。人的自然属性和社会属性决定了他们不可能孤立地在社会实际生活中完成学习，彼此之间要进行交流和协作。通过对话、协商、沟通，学习者能够看到那些与自己不同的观点，在多种不同观点的“碰撞”和“融合”中，激励学习者自我反思，完善对知识的意义建构。

4. 学习具有情景性

建构主义认为学习发生于真实的学习任务中。不仅是因为真实的学习任务有利于激发学习者的学习主动性，而且是因为客观活动是个体建构知识的源泉。一方面表现在学习者理解、建构知识受到特定学习情景的影响，个人的认知结构是通过社会交互作用，并与其自身的经验背景相互作用，从而逐步形成与完善起来的。另一方面表现在知识在各种情况下应用不是简单套用，需要针对具体情境的特殊性对知识进行再创造。

2.3.1.3 建构主义的教学观

建构主义教学与学生学习密切联系在一起，其教学模式可以概括为：在整个教学过程中以学生为中心，教师起组织者、指导者、帮助者和促进者的作用，利用情景、协作、会话等学习环境要素，充分发挥学习者的主动性、积极性和首创精神，最终达到使学习者有效地实现当前所学习知识的意义建构的目的。具体表现为：

(1) 教学目标强调结构性知识与非结构性知识的统一。学习是主体以已有的经验为基础，通过与外界的相互作用而主动建构新的理解、新的心理表征的过程。教学不能无视学习者的已有知识经验，简单强硬地从外部对学习者实施知识的“填灌”，而是应当把学习者原有的知识经验作为新知识的生长点，引导学习者从原有的知识经验中,生长新的知识经验。这一思想与维果斯基的"最近发展区"的思想相一致。教学不是知识的传递,而是知识的处理和转换。

(2) 教学过程是教师和学生对世界的意义进行合作性建构的过程。建构主义教学观认为,世界的意义是源于主体的建构。每一个教师和学生都是一个独立的主体,对世界的建构也各不相同。承认不同的主体对世界的建构的差异性,并不意味着主体之间的相互隔绝,而恰恰是这种差异的存在表明了各个主体之间相互合作、相互交往的意义和价值。通过这种交往和合作,建构出世界的多种意义。所以,教学过程是教师和学生对世界的意义进行合作性建构的过程。

(3) 教学策略是以学习者为中心的,其目的是促进学习者与情景的交互作用,使学习者能够主动地建构意义。在这个过程中,教师起的是帮助者、组织者、引导者、促进者的作用。教师不是知识的呈现者,不是知识权威的象征,而应该重视学生自己对各种现象的理解,倾听他们的看法,思考他们这些想法的由来,并以此为据,引导学生丰富或调整自己的解释。教学应在教师指导下以学习者为中心,当然强调学习者的主体作用,也不能忽视教师的主导作用。教师的作用从传统的传递知识的权威转变为学生学习的辅导者,成为学生学习的高级伙伴或合作者。教师是意义建构的帮助者、促进者,而不是知识的提供者和灌输者。学生是学习信息加工的主体,是意义建构的主动者,而不是知识的被动接收者和被灌输的对象。简言之,教师是教学的引导者,并将监控学习和探索的责任也由教师为主转向学生为主,最终要使学生达到独立学习的程度。

2.3.2 建构主义数学学习的基本特征

建构主义数学学习,是主体对客体进行思维构造的过程,是主体在以客体作为对象的自主活动中,由于自身的智力参与而产生个人体验的过程。客体的意义正是在这样的过程中建立起来的,"自主活动"、"智力参与"和"个人体验"是数学建构主义学习的主要特征。

2.3.2.1 "自主活动"是基础

建构主义数学学习的学生以自主活动为基础,以智力参与为前提,又以个人体验为终结。学生的自主活动,第一是活动;第二是学生的自主积极性。之所以强调"活动",就是为了强调要在"做数学中学数学"。活动是个人体验的源泉,是语言表征、情节表征、动作表征的源泉,所以对建构主义学习来说,活动是第一位的,对处于认知发展阶段的学生而言,这种活动最初主要表现为外部活动,由于主体自身的智力参与,使外部的活动过程内化为主体内部的心理活动过程,并从中产生出主体的个人体验。同时活动必须是学习者主动和积极进行的,学生是信息加工的主体,是意义的主动建构者,而不是被动活动者,以及意义的被灌输者,虽然活动在教师创设的情境之下进行,但是却要由主体自己控制。建构学习的目的是在心理上获得客体的意义,这不是简单地在头脑里登记一下就了事的,而是必须对客体主动进行感知,并在对输入的信息加工时进行积极的心理活动,没有学生的主动性和积极性是不能完成的。活动自主性的重要标志是主体的智力参与,主体的智力参与程度越高,活动的自主性就越强。在自主活动下,由于自身的智力参与而产生的个人体验,就是新知识心理意义的基石,最终升华为新知识的心理意义。

2.3.2.2 “智力参与”是关键

数学新知识的学习活动,是主体在自己的头脑里建立和发展数学认知结构的过程,是数学活动及其经验内化的过程。这种内化的过程,或者是以同化的形式把客体纳入到已有的认识结构之中,以便同与自己不相适应的客体一致,从而使原有的认识结构发生质的变化。由此不难看出,完成这样的过程,完全是自主行为,而且只有通过主体积极主动的智力参与才能实现,别人是根本无法替代的。所谓“智力参与”,就是主体将自己的注意力、观察力、记忆力、想象力、思维力和语言能力都参与进去。由于数学建构学习活动的本质是思维构造,就表明这是一个创造的过程,尽管是再创造,但是对学习者本人还是处于第一次发现发明的地位,因而主体一定要有高水平的智力参与,这样这个创造过程才可能得以实现。在解决问题的过程中,建构主义认为首先要对问题的意义进行建构,就是从记忆中激活和提取与问题相关的知识和经验,对问题的现有状态、目标状态,现有状态和目标状态的差别,以及可以进行哪些操作来缩小这样差别等,建立理解和联系。在建构“问题意义”的过程中主体的已有经验起着十分重要的作用。对“问题意义”成功的建构,是将新问题纳入到已有解题认识结构的过程中,主要依赖于新问题与主体认识结构中关于解题的各个范例(模板)、一般模式(原形)或特征的比较,进行模式识别,因此对问题意义的建构,就是外部输入的信息与来自认知结构的内部信息的一种综合。这种比较和综合可以激活或立即回忆起相应的知识、方法、策略或思想,从而一步一步地将所面临的问题解决。这无疑更是一种高水平的智力参与活动。

2.3.2.3 “个人体验”是目的

在数学建构学习的活动中,获得“个人体验”是至关重要的。“个人体验”有语言成分,也有非语言成分。当完成某个数学新知识的建构时,其语言表征仅仅是可以表达出来的外部形式,除此之外还有不能以外部形式表现出来的非语言表征,但非语言表征与语言表征紧密联系,并给予语言表征有力的支撑。这就是说,数学认识的建构是语言和非语言双重编码的,我们一般比较重视语言编码而忽视非语言编码。事实上在数学的建构活动中,常常先进行非语言编码,然后才进行语言编码。建构主义认为,在信息加工、贮存和提取的过程中,语言和非语言表征同样重要。在对客体的主动活动中,主体在获得语言表征的同时,还获得情节表征和动作表征。语言表征是活动中经验的抽象和概括,情节表征是活动中的视觉映像或其他映像,动作表征则是行动中获得的直接体验。这些语言的、非语言的编码或表征,使主体获得了客体丰富、复杂、多元的特征,这也就是主体所获得的"个人体验",并由此在心理上达到对客体完整的意义建构。如果仅仅只有语言编码而没有非语言编码,那么认识是不完全的。因此,如果数学学习的内容仅仅通过语言的形式传递给学生,会由于缺少非语言表征而造成其个人体验的残缺不全。

建构主义的数学学习观认为,数学知识不能直接地从一个人迁移到另一个人,一个人的数学知识必须基于个人对经验的操作、交流,并通过反省主动构建起来。因此,建构主义观下的数学学习的具体行为是:

(1) 数学学习不是由教师把数学知识简单地传递给学生,而是由学生自己建构知识的过程。学生不是简单被动地接收数学新知识,而是主动地建构数学知识的意义。

(2) 数学学习意义的获得,是每个学习者以自己原有的数学知识经验为基础,对新信息重新认识和编码,建构自己的理解。在这一过程中,学习者原有的数学知识经验因为新知识经验的进入而发生调整和改变。

(3) 数学学习目标是追求对知识的深层次理解,通常需要通过多次反复建构才能实现。适合于数学学习的教学途径之一是随机通达教学(Random Access Instruction),即对同一数学内容的学习要在不同时间多次进行,每次的情境都是经过改组的,而且教学目的分别着眼于数学知识的不同侧面。这种反复绝非为巩固数学知识技能而进行的简单重复,因为在各次学习的情境中会有互不重合的地方,而这将使学习者对数学概念知识获得新的理解。这种数学教学避免抽象地谈数学概念的一般运用,而是把数学概念具体到一定的实例中,并与具体情境联系起来。每个数学概念的教学都要涵盖充分的实例或变式,分别用于说明不同方面的含义,而且各实例都可能同时涉及其他数学概念。在这种学习中,学习者可以形成对数学概念的多角度理解,并与具体情境联系起来,形成数学学习的背景性经验。

2.4　数学"双基"教学理论

"双基"是"基础知识与基本技能"的简称,双基教学理论作为一种教育思想或教学理论,是以“基本知识和基本技能”教学为本的教学理论体系,其核心思想是重视基础知识和基本技能的教学。数学教育中“双基”通常是指数学内容中的基础知识、基本技能①。其中基础知识主要指的是数学教材中出现的一些重要的概念、定理、性质、法则以及一些重要的数学思想方法。而基本技能主要包含运算、变形、作图、语言表达和推理论证等技能。

2.4.1 数学“双基”教学基本特征

“双基”教学即教给学生基本知识与基本技能,在一定历史时期,对我国的数学教育发展起到重要的作用。可以说中国数学教育以“双基教学”为主要特征,中国双基数学教学,是关于如何在“双基”基础上谋求学生发展的教学理论。双基数学教学的理论特征主要包含以下四个方面②。

2.4.1.1 记忆通向理解,以至于形成直觉

记忆是最重要的心理现象,没有记忆,一切理解都谈不上。语文要背诵生词、诗句、范文,外语更要背单词、记语法、熟悉习惯用法。对数学双基的基础部分来说,理解就是记忆的总和,理解就要形成直觉。许多数学知识和技能,我们只记住了它们的结论和运算规则,却记不起它们的缘由和证明。如正负数的加减、负负得正口诀、判别式等。这些初中内容,主要是准确记忆和熟练运用,大部分都是会做而说不清道理的。这些基础,一辈子都不会忘记。

2.4.1.2 运算速度保证思维效率

评价数学学习质量是不是应有运算速度,东西方意见并不一致。西方认为“只要会做,不必快做”,东方则认为“不但会做,还要快做”。中国传统的数学双基教学,主张要有适当的速度。

牢固的知识基础和充分的技能训练所带来的速度对提高数学学习效益是有益的。通过对大量中小学课堂和日常教学的观察及对案例的分析,得出以下结论:在双基教学上,中国教育的不足往往是“尺度过严”,而西方的不足大概正是“尺度过宽”,搞成“题海”显然是过度了,而只要“会做”就算学到了显然属于过宽。寻求均衡或许是真理所在。

---

① 季素月.数学教育概论[M].南京:东南大学出版社,2000.

② 传统课堂的“双基”特征,主要参考了张奠宙先生的相关表述。

2.4.1.3　重视逻辑演绎，保持严谨准确

1949 年之后，中国的数学教学向苏联学习，形成了追求逻辑上严谨的品格。苏联数学名家 A·亚历山大罗夫给出数学的特性是“抽象性、严谨性、广泛应用性”，这种思想深入人心，至今仍在使用。20 世纪下半叶以后，西方数学教育提倡“大众数学”数学教学的处理，主张适度的“非形式化”，但数学的“严谨”仍然为绝大多数数学教师所推崇。

基础教育中的许多数学内容，要想做到完全严谨是做不到的。但在微观层面上，则始终保持着严谨的要求，特别在几何证明、解题步骤上，依然要求一丝不苟。如勾股定理的证明，在教学中可以使用剪拼和粘贴方法加以说明，但是不能看作是最终证明，最后必须用一些代数的、几何的严密论证，给出逻辑证明。

直观实验和逻辑推理并不矛盾。例如“三角形内角和等于 180°”是学生在小学阶段已经通过直观实验认识过的知识，但是当时只是初步了解它，认识方式是度量检验了若干个三角形的内角，这种方式是验证而不是证明。教科书和教师直接告诉学生这个结论对于任何三角形都成立，并没有说明理由。在初中的教学中，一方面随着平行线的性质等新知识的学习，学生已经具备了证明这个结论的知识基础，另一方面通过讨论它的证明，不仅可以体会平行线的性质在分析问题中的应用，而且可以感受证明的必要性，进一步从道理上加深对这个重要定理的一般性的认识。因此，就有必要安排推导这一定理的教学，这也是认识上的螺旋上升。

2.4.1.4　“重复”通过变式得以发展

中国的数学教学，以习题多、练习多而著称。“题海战术”、“大运动量训练”、“模拟考试”等，都是不同形式的重复。对于机械的重复，一向为众多的数学教育家所诟病。但是中国的教育传统表明，一个基本概念或基本技能的形成，需要有一定程度的重复，这就是“熟能生巧”的教育古训。

中国数学教学中的“重复训练”蕴含经过变式而得到发展，变式数学是中国数学课堂教学的基本特征之一。它是在教学中用不同形式的直观材料或事例说明事物的本质属性，或变换同类事物的非本质特征以突出事物的本质特征，目的在于使学生理解哪些是事物的本质特征，哪些是事物的非本质特征，从而对一事物形成科学概念①。

① 顾明远. 教育大辞典[M]. 上海：上海教育出版社，1999.

2.4.2 数学“双基”的发展与认识

数学“双基”在我国基础教育中占有重要的历史地位。新课改以来，围绕“双基”的讨论一直没有停止过，其内涵和外延也在不断地丰富和发展。

2.4.2.1 数学“双基”的形成和发展

“双基”是中国数学教育的一大特色，其内涵的演变折射出我国数学教育改革与发展的历史变迁。自1952年以来，数学“双基”教学经历了产生、形成和发展的过程，大致可分为以下五个阶段[①]：① 1952～1956年，大纲[②]首次提出“基础知识”，教材、教学中有了“双基”。② 1963～1982年，大纲逐步形成“双基”，教材、教学体现“双基”教学。③ 1986～1988年，大纲明确界定“双基”，教材、教学强化“双基”。④ 1992～2000年，大纲细化“双基”，“双基”教学异化加重。⑤ 2001年至今，《数学课程标准》坚持“双基”，且“双基”延拓为“四基”。

1952年，大纲提出要“教给学生以数学的基础知识，并培养他们应用这种知识解决各种实际问题所必需的技能和熟练技巧”，这是“双基”概念的雏形。1963年，大纲增加了要“培养学生正确而且迅速的计算能力、逻辑推理能力和空间想象能力”。1986年，大纲强调要培养“运用数学知识来分析和解决实际问题的能力”。1988年，大纲进一步明确了“双基”的基本含义：“基础知识包括代数、几何中的概念、法则、性质、公式、公理、定理等以及由其内容反映出来的数学思想和方法，基本技能是能够按照一定的程序与步骤来进行计算、作图和推理的。”2011年，《数学课程标准》明确提出“四基”概念：基础知识、基本技能、基本思想和基本活动经验。

“双基”对我国基础数学教育改革发挥过重要作用，但自20世纪90年代以来，其价值被逐渐异化，成为“应试教育”的特征符号，表现为过分强调知识的系统性、逻辑性与形式化，通过记忆、操练获得熟练的技能，实施以演绎思维为主的题海战术。新课改基于对“应试双基”的反思，力图构建学生全面发展的课程体系。2001年，《全日制义务教育数学课程标准(实验稿)》提出：数学知识包括数学事实和数学活动经验。“数学知识”的外延被扩大了，不仅包括客观性知识——数学事实，而且包括主观性知识——数学活动经验。2011年，《全日制义务教育数学课程标准(修订稿)》将数学“双基”延拓到“四基”，但在四个向度的具体含义上发生了一些变化。

---

① 杨豫晖.数学双基教学的发展、争鸣与反思[J].中国教育学刊，2010(5).

② 大纲是《中(小)学数学教学大纲》之简称，以下同。本书中所提到的不同时期的数学教学大纲，详见2001年人民教育出版社出版的《20世纪中国中小学课程标准·教学大纲汇编》(数学卷)。

(1) 数学基础知识。大纲中数学基础知识指数学中的概念、性质等,以及由内容反映出来的数学思维和方法;《课标》(实验稿)中数学知识包括数学事实和数学活动经验;《课标》(2011)则将基础知识与基本技能、基本思想、基本活动经验并提,其外延缩小为概念、法则等数学事实,具有客观性、系统性、规范性等特点。

(2) 数学基本技能。"双基"与"四基"中技能内涵变化不大,主要有运算(估算)技能、测量技能、识图和画图技能、基本的证明技能、简单数据处理技能、数学语言表达技能等。

(3) 数学基本思想。数学基本思想具有层次性,可分为概念性思想(如函数思想、方程思想、集合思想等)、策略性思想(如化归思想、整体思想、分类思想等)和观念性思想(如归纳思想、演绎思想、模型化思想、公理化思想等)。

(4) 数学基本活动经验。数学活动经验是指学习主体在数学活动过程中通过感知觉、操作及反思获得的具有个性特征的表象性内容、策略性内容、情感性内容以及未经社会协商的个人知识等。

2.4.2.2 数学"双基"发展中的认识

从数学"双基"的形成和发展过程来看,我国数学教育界对数学双基的认识在逐步加深和发展,以致在某些阶段对数学"双基"及其教学在不同层面上,如双基教学与习题训练、双基教学与考试、双基教学与新课程改革等问题存在着认识上的争鸣。

1. 双基教学与习题训练

"双基"中的基本技能是指学生能够按照一定的程序、步骤来进行运算、作图或画图、简单的推理。技能的形成需要通过重复练习,比如画图技能需要通过不断画图练习而习得,运算技能则需要通过重复的习题训练而形成,习题训练是双基教学迈不过的坎,双基教学必须要有习题训练。但是,当习题训练以偏题、怪题、难题为主时,习题训练过量时,双基教学与习题训练在教学中又产生了矛盾。我国数学教育围绕着这一问题形成了不同观点。

一种观点认为:双基教学中的习题训练过度,演变成"题海战术"。中国对解题速度一直有所要求,通过多种形式训练学生的计算速度,比如"口算卡片"。关于解题的速度要求,学界意见并不一致。典型的意见有两种:一种是"只要会做,不必快做";另一种是"不但会做,还要快做"。这在数学实践中形成了两种极端。中国传统的数学双基教学,正处于后一种极端上,通过做大量题目,甚至一些偏题、难题,以显示数学双基教学的效果。现实中的双基教学让数学思想方法淹没在题海之中,只注重数学的形式化而忽略数学的本质。

另一种观点认为:适度加强训练是双基教学的基本要求。在双基教学理论中,"基础"是一个关键词。某些知识或技能之所以被选进课程内容,并不是因为它们是一种尖端的东西,而是因为它们是基础的。基础的技能习得必须通过必要的重复训练,正如教师上复习课,其突出特点是"大容量、高密度、快节奏"。一个阶段所学习的知识技能被梳理得脉络清楚,促使知识进一步结构化;大量的典型例题讲解,使学生的知识应用能力得到大大加强,问题类型一目了然,知识的应用范围一清二楚,知识如何应用得到进一步明晰。同时,双基教学在解题训练教学方面,讲究"变式"方法。重复的训练并不是指简单性、单一性的重复,而是要注重变化性的重复,实施变式训练,在变式训练中学习数学知识和数学思想方法。事实上,上述两种观点并非截然对立。前者强调解题速度,出现"题海战术",再加上习题繁难偏旧,加重了学生负担,拔高了双基教学要求;后者强调适度训练是双基教学必需的训练环节。要让学生掌握"双基",适度的习题训练必不可少。因此,双基教学并非不能进行习题训练,关键要掌握好训练的度,纠正以单一选拔为目的的考试,加重学生负担的"题海战术"和"繁难偏旧"的习题训练。

2. 双基教学与考试

自20世纪80年代以来,高考竞争加剧,应试教育出现。相应地,在数学双基教学的实践中,出现了以考试内容决定教学内容的取舍和侧重的问题,凡必考内容才教,不考内容就删。由此,教育界出现了关于"双基"教学与考试之间关系的争鸣,主要表现为两种观点。

一种观点认为:"双基"教学与考试结合致使"双基"教学异化。"双基"教学和考试结合,成为"考试的双基教学"和"应试双基教学"。最突出表现为,双基教学目标被异化为"知识点"的掌握,导致双基教学误入"教知识点→学知识点→记知识点→考知识点→忘知识点"的歧途。"应试双基教学"致使"唯分数论"思想盛行,"分数是教师的命根"的看法根深蒂固。因此,持该观点者认为,双基教学和考试应完全独立,互不相干。

另一种观点认为:双基教学与考试相辅相成。考试要求与教学要求的相互影响,使得双基教学得到加强。我国教学大纲强调双基教学,考试以大纲为准绳,教学自然侧重于双基教学,考试重点考"双基"。双基教学与考试的结合似乎是必需的,因为大纲是教材编写的依据,是教学的依据,也是考试的依据。可见,双基教学和考试都必须遵循大纲的"双基"要求。

事实上,双基教学被异化并不是双基教学与考试结合的结果,而是人们受应试教学的影响,让双基教学去瞄准考试,发生偏差所致。双基教学与考试应是相辅相成的关系,双基教学是考试的主要内容可谓天经地义,兼具选拔、教育功能的考试可以促进双基教学的健康发展。当然,两者之间良好关系的维系在于如何正确看待考试的分数和考试的教育功能,如何正确认识双基教学,如何正确操作双基教学。

3. 双基教学与新课程

数学新课程实施已经八个年头，关于双基教学的讨论一直没有停止过，根本的关注点在于是坚持还是摒弃双基教学。

一种观点认为：新课程淡化了数学双基教学。在新课程实施中，有两种倾向比较明显：一种是学生“自主”太多，另一种是多媒体使用偏多，冲淡了对“双基”的掌握。双基教学还要不要？教师还要不要组织习题训练？新课程中数学课堂的种种迹象表明，我们的数学课堂淡化了双基教学，对传统的数学教学特色采取的是完全否定的态度。换言之，数学新课程实践似乎淡化了双基教学。

另一种观点认为：新课程坚持并发展数学双基教学。课标对双基教学的具体教学要求提出了四个层次：了解（认识）——能从具体事例中知道或举例说明对象的有关特征（或意义），能根据对象的特征从具体情景中辨认出这一对象；理解——能描述对象的特征和由来，能明确地阐述此对象与有关对象之间的区别和联系；掌握——能在理解的基础上，把对象运用到新的情景中；灵活运用——能综合运用知识，灵活、合理地选择与运用有关的方法完成特定的数学任务。也就是说，数学新课程从理念上坚持了双基教学，发展了双基教学。

有专家认为，课标确实对双基教学的内涵进行了延伸，但是忽视强调双基教学在三维目标中的基础性，而新课程实施中弱化、忽视、虚化双基教学的现象也是不争的事实。但是，“淡化‘双基教学’是对‘双基教学’的误解”，我们应该坚持双基教学，加强理论认识，理解双基教学内涵和外延，找到教学实践中的有效操作，使理论与实践和谐统一。

2.4.3　数学“双基”延拓的教育价值

教育部2011年颁布的《义务教育数学课程标准》（以下简称《课标》2011），延拓传统数学教育“双基”内涵，明确提出“四基”课程目标。它是对传统数学“双基”课程目标的实践反思，在学理上寻求赫尔巴特与杜威教育思想的统一。教育价值在于强调从思想上阐明由“知识本位”到“能力本位”的教育目标转型，力图实现从知识教育向智慧教育的理性超越，使数学教育返璞归真，对深化基础教育数学课程改革具有重要的现实意义。

2.4.3.1　从“双基”到“四基”的数学教育

从“双基”到“四基”的数学教育，反映了新时期数学教育目标、数学知识、数学基本思想和数学活动经验的教学都要适应时代的变化和教育改革的要求。

1. 数学教育目标

“双基”关注学生纯数学意义上的知识、能力结构，课程目标单一，教学方式割裂了数学与生活的联系，符号形式化的习题缺少与学生经验相关的背景，教学过分注重知识的掌握而忽略了学生的情感体验和个性品质的培养。“四基”体现了对过程性目标的强调，关注从经验到思想观念的活动过程，作为“四基”生长点的数学活动则为学生直观能力的培养提供了沃土。

2. 数学知识

“双基”持狭义知识观，而“四基”则持广义知识观。一方面，“双基”将学科看作是科学的浓缩，知识则主要指概念、公式、定理、法则等客观性知识。“四基”中的数学活动经验则是通过观察、实验、操作、活动等手段获得的带有主观色彩的知识技能、情感体验等。

3. 数学基本思想

“基本思想”要区别于换元、配方、递归、待定系数等具体的方法，是希望学生终生受用的“那种思想”①。返璞归真，强调数学的本质，寻求对概念、方法、思想的深入理解成为各国数学教育强调的重点。“基本思想”实际上已上升到“数学观念”的层次，是希望学生把握数学的内核，触及数学的本质，站在更高的层次审视知识。数学观念是认知结构中的监控系统，在认知活动中起着定向、调节、控制的作用，既为数学活动提供指导思想，又为数学活动提供思维策略②。“基本思想”的提法是想让学生的数学学习上升到观念的层次。

4. 数学活动与活动经验

“双基”的载体是静态的、符号化的文本，而“四基”的载体则是动态的、操作的活动。判断“是否为数学活动”的标准是看“是否有数学思维的参与”，仅是模仿、记忆的学习不能被称为数学活动，活动更希望学生通过观察、实验、分析、猜测、联想、证明、交流等方式进行。数学活动应当具有现实的背景因素，应当蕴含着引起认知冲突的问题，应当留给学生广阔的思维空间。数学活动经验是知识、技能与思想的母体，非正规的个人知识是规范化概念、定理的前身，“如何学习”等策略性经验影响知识形成的深度与广度，体验性经验则使知识带有情感性、情境性色彩。经验越丰富，反思越深刻，所获得的知识迁移性越强。而探究活动、思考活动可以提高人的数学思维水平，相应活动经验中的策略性成分则提升为数学思想观念。

2.4.3.2 教育观体现赫尔巴特与杜威教育思想的统一

数学“双基”课程目标的内涵延拓，增添了基本活动经验，将基本思想从数学基础知识中分化出来，凸显了对学生实践能力和数学思维方法的关注。从学理上分

---

① 史宁中.数学课程标准的若干思考[J].数学通报，2007(5).

② 童莉.基于新课程数学双基的研究[D].重庆：重庆师范大学，2003.

析，一定程度上体现了赫尔巴特与杜威教育思想的统一。

1. 知识观：直接经验与间接经验的统一

赫尔巴特知识观的核心是重视间接经验的学习。他认为主体与客体二元分立，客体独立于认知主体，知识的客观性对主体具有制约作用。因此，赫尔巴特主张教学是对可靠性知识的理解与接受，学生要学习具有系统性的课本知识，教师的任务是揭示确定性知识的内在联系。实际上，凯洛夫传统教育的课堂、教材、教师"三中心论"渊源于赫尔巴特的教育思想。

杜威则超越二元对立观点，强调直接经验的学习，"儿童中心论"是其教育思想的要义。他构建起主体与客体、经验与自然、物质与精神相互依赖、双向维系的整体性"生命存在论"，主张学生在"做"与"思维"的过程中学习，并认为直接经验不仅是认识事物的必要途径，更是学生身体生长、智慧生成、道德发展的载体，包含着探索的兴趣和独创的精神。

《课标》(2011)这样阐述直接经验与间接经验的统一："课程内容的组织要重视过程，处理好过程与结果的关系……要重视直接经验，处理好直接经验与间接经验的关系"。"四基"中"数学活动经验"课程目标的增添，即是在学理上寻求赫尔巴特与杜威"知识"观点的统一。

2. 教学观：过程与结果的统一

教学观和知识观在某种程度上是统一的，直接经验的知识观重视过程的教学，间接经验的知识观重视结果的教学。基于对知识客观性的认识，赫尔巴特主张教学以系统性书面知识为材料，知识间的内在联系成为教学过程的控制因素。其"明了—联想—系统—方法"的形式教学阶段论是从教师教学的角度进行阐明的，其核心在于使得客观性知识形成系统化联系。基于经验知识所具有的主观性，杜威强调儿童的主动探究活动。"从做中学"成为贯穿其教育思想的主线，它关注的是儿童的整体发展而不仅是知识掌握，是儿童的学习活动与生活知识的联系而不是相互割裂。杜威阐明"教学五步骤"为"情境—问题—观察—解决—应用"，认为以灌输和静听为特征的教育压制了儿童的天才和兴趣。赫尔巴特和杜威的教育思想也具有统一性，他们的教学模式均蕴含了思维活动的共同要素，即"假设—检验"。但两者倾向性不同，赫尔巴特认为直接经验具有偏见性，唯有思维才能把握住知识的系统性。杜威虽强调思维，但他认为思维应建立在直接经验基础之上。

双基与四基目标均突出了"数学思想"的重要性，而四基对"数学活动"的强调更有利于提高人的数学思维水平，因为活动经验中的策略性成分会成为思想观念的母体。《课标》(2011)从"双基"到"四基"，蕴含了过程与结果的统一，就是要从思想上阐明教育教学目标的转型，以克服传统教学的弊端。我们既要纠正对赫尔巴特思想认识上的偏颇，更要从杜威教育思想中汲取营养。"教育即生活、教育即生长、教育即经验的改组与改造、过程之外无目的、以儿童为中心”等理念,都是强调“数学活动经验”。赫尔巴特以知识的客观性作为理论的起点,强调知识涵盖的广泛内容、严谨结构;杜威以知识的主观性作为理论的起点,强调经验知识的主动建构、儿童的活动探究。“四基”目标的提出正体现了赫尔巴特与杜威教育思想的统一。

2.4.3.3 数学课程与教育目标的转型

1. 教育目标的转型:从知识教育到智慧教育

知识和智慧分属于不同的范畴,知识是经验结果系统,是客观事物本质属性及事物间相互联系的理性反映,因此“知识教育”本质上是结果性教育。智慧则属于心理系统,是加工经验、知识的心理能力,表现在经验与思考的过程中,所以“智慧教育”实质是过程性教育。智慧与知识是教育目标的两个不同方面,具有统一性,也存在差异性。智慧特征是多元的,一般可分为实践智慧和认知智慧。实践智慧是人们运用知识、经验、能力、技巧等解决实际问题和困难的能力。认知智慧则蕴含人们对于个体自身的生存、发展状态的积极审视、关照与洞见,以及人们对于事物发展的多种可能性的明智、果断的判断等。智慧是在知识的获得与应用过程中发展的,是对知识的升华,但两者之间并不是同步的,认为“掌握知识必然促进智慧发展”的观点有失偏颇。从“双基”到“四基”即是实现从知识教育向智慧教育的转型。四基中无论是“数学基本思想”,还是“基本活动经验”都凸显智慧教育,而这一点正是当下中小学数学教育实践中所忽视的。

从“数学基本思想”的教学维度来看,目前中小学课堂教学依然是知识教育,凯洛夫传统教育的“五段教学法”仍然有一定地位。为提高课堂知识教学的效率,数学思想方法获得的过程常被简化,仅将其作为结果知识进行教学。而四基中“基本思想”的提出秉承这样一种观点:数学基本思想是一种理性精神的表现形式,是认识和解释世界的探究方式,既包括演算、推理等逻辑方法,又包括直觉、猜想、观察、实验、美感等非逻辑方法,属于高层次的数学素养。日本数学家米山国藏说过:“作为知识的数学出校门不到两年就忘了,唯有深深铭记在头脑中的数学的精神、数学的思想、数学的方法随时随地地发生作用,使人终身受益。”所以,数学课程目标之一是数学教学要使学生掌握大的思想,希望学生领会之后能够终生受益。

再从“基本活动经验”的教学维度来看,它表现为实践智慧和认知智慧两方面的教育。中小学“双基”教学中传统教学方法使得教学过程成为单向灌输过程,学生主动的学习实践被压抑,教育成为记忆之学。被动接受的知识没有经过思维的融会贯通,成为惰性知识,能够熟练记忆却不能够解决实际问题,这样的教学使得智慧教育无处生根。“四基”则为实现智慧教育提供了条件,第一,实践智慧属于实践范畴，表现为对知识的灵活运用，是学生在自我锻炼、自我建构中内生的。“四基”对教学活动的强调一定程度上是关注知识的实用价值，这种活动实践是培养实践智慧的主要方式。第二，认知智慧表现为对事物及自身状态思考与洞察的能力，这种洞察是具有整体性的理性直觉。对知识的“穷通”是形成认知智慧的基础，批判性思维则是发展认知智慧的必要条件。“双基”教学对知识真理性的膜拜造成学生思维上的依赖性，“四基”教学则通过探索、反思、批判创生出自己的理解，这种对知识真理性的怀疑有利于学生思维发散性、创新性、深刻性等良好品质的培养。批判性的反思是追求真理的基本态度，即通透世界，又明烛自身，从而成为认知智慧发展的必要条件。

2. 教学目标的理性超越：由“知识本位”到“能力本位”

“知识本位”教育是一种教育选择方式，它将本来宽泛的教育概念狭隘化，特别重视学科本身的逻辑和结构，把知识传授等同于教育本身。其一般过程是：概念辨析—原理陈述—范例演示—变式练习—解题套路—思想提升。教师引导使学生少走弯路，小步子在未知与已知之间搭建桥梁，快节奏教学节省时间以进行大容量练习，变式训练可熟悉问题的各种形式，综合题可覆盖多个知识点。这种教学的目标指向是学生解题能力的提高，并获得丰富的数学知识。在学生能力培养上则有所偏颇，强调“三大能力”的培养，即运算能力、空间想象能力和逻辑思维能力，其核心是逻辑思维能力。

“能力本位”教育强调以能力作为教学的基础与目的。现代教育理论认为数学能力是顺利完成数学活动所必备的，直接影响活动效率的稳定的个性心理特征。与智力的静态性相比，数学能力总是在一定的活动中表现出来，并且也是在活动中形成与发展起来的，是个体数学活动经验的概括化与系统化。除了强调作为能力母体的数学活动之外，“能力本位”还表现在数学能力目标的多元化。《课标》(2011)在“总目标”中阐述了对数学联结能力、数学审美能力的培养。所提出的十个“核心词”蕴含多种能力要求。如“模型思想”强调了对抽象能力的培养，“创新意识”强调了对猜想、想象、直觉等创造性思维能力的培养。因此，从“双基”到“四基”，强调了从思想上阐明由“知识本位”到“能力本位”的教学目标的理性超越。

3. 课程目标的实践反思：数学教育返璞归真

反思我国中小学数学课堂教学实践，最大弊端在于课堂的“冰冷”，从“双基”到“四基”，一个本质变化便是数学教学的返璞归真。从整体结构上来看，“双基”仅包含“知识”一个层面(技能与知识属同一层面)，“四基”则包含着活动层面、知识层面与思想层面。“四基”结构层面的多元化蕴含着与双基在数学观上的不同。“活动—知识—思想”多元层面隐喻的是动态数学观，即将数学看成是人类的创造性活动。“知识”单一层面隐喻的是静态数学观，即将数学看成是由概念、公式、法则等组成的形式化体系。数学观上的转变促使数学教育由“冰冷”向“火热思考”的返璞归真，返璞归真即是回归到数学创造性活动的本源。

“四基”的“活动—知识—思想”多元层面期望在活动中揭示知识形成的过程及思维发展的脉络。数学活动有两个方向，一是再现活动的方向，二是现实活动的方向。再现活动是再现数学历史发展进程中遭遇的矛盾与问题，让学生在类似情境下再创造自己的知识。正如波利亚所说：“要设计一个大致可信、自然的知识生长过程，像历史和现实在戏剧中的重演。”现实活动则是将知识与现实世界密切联系，将知识运用到现实问题解决中去。返璞归真还包括对数学本质的认识。“四基”对数学思想的强调突出了知识背后的内在规律、数学思想、哲学精神等本质性元素。

然而返璞归真又不仅仅局限于对数学创造性活动的认识，“四基”从活动到知识再到思想的结构层次清晰地展示了数学学习层级跃迁（数学化）的过程，学习不只是停留在活动操作层面，还要上升到抽象层面去思考。

问题与讨论

1. 举例说明波利亚解题理论的思考模式。
2. 试述波利亚解题理论对当前数学课堂教学有何启示。
3. 简述弗赖登塔尔数学教育思想的核心。
4. 试用案例说明“再创造”教学设计思想的运用。
5. 举例说明建构主义数学课堂教学的特征。
6. 如何理解建构主义知识观、教学观和学生观的本质？
7. 简述数学“双基”教学的基本特征。
8. 试述新课程理念下如何发展传统的“双基”教学。

第3章　数学课程基本理论

数学课程是一个国家数学教育教学目标的最直接的体现，教育改革总是从课程改革起始，而数学是最基本和最重要的学科之一，数学课程改革通常是教育改革关注的焦点。数学课程应如何设置，怎样才能适应日益发展的数学和数学教育改革的要求，一直是世界各国数学教育改革探讨的永恒话题。

3.1　数学课程的基本问题

3.1.1　数学课程的含义

“课程”是一个具有多层面、多重含义的教育概念，也是一个用得最普遍的教育术语，同时又是一个定义最差的术语。常见的课程定义大致可以归纳成六种类型。

(1) 课程即教学科目。通常是指列入教学计划的各门学科，如语文、数学、物理、化学等。

(2) 课程即有计划的教学活动。课程包含教学的范围、序列、进程以及教学方法和教学设计等教学活动。这种课程观是学科课程的拓展，认为学生在除了教学活动之外的其他活动中获得的某些知识、经验也是课程。

(3) 课程即预期的学习结果。这种课程观强调课程目标，认为课程不应该指活动，而应该直接关注预期的学习结果或目标。

(4) 课程即学习经验。主要起源于杜威的实用主义教育理论，认为唯有学习经验，才是学生实际认识到的或学习到的课程。

(5) 课程即社会文化的再生产。任何社会文化中的课程，实际上都是这种文化的反映。学校教育的职责是再生产对下一代有用的知识、技能。该定义的实质，在于使学生顺应现存的社会结构，从而把课程的重点从教材、学生转向社会。

(6) 课程即社会改造。课程的重点应该放在当代社会问题、社会的主要弊端、学生关心的社会现象等方面，要让学生通过社会参与形成从事社会规划和社会行动的能力。

各种课程定义，从不同的角度，在不同的程度上，涉及了课程问题的本质。美国学者古德来德(J. I. Goodlad)认为，课程内涵存在五种不同层次：

(1) 理想的课程：由一些研究机构、学术团体和课程专家提出的应该开设的课程。

(2) 正式的课程：教育行政部门规划的课程计划、课程标准和教材，也就是列入学校课程表中的课程，许多人理解的课程就是这类课程。

(3) 领悟的课程：任课教师所领会的课程。

(4) 运作的课程：课堂上实际实施的课程。

(5) 经验的课程：学生实际体验到的课程。

课程的属性和类型是多方面的，包含了学科课程与活动课程、显性课程与隐性课程，也就包含了课堂教学与课外教学。学校里实际上既有课程计划和课程表规定的“显性”课程，还有没有写入课程计划和课程表的“隐性”课程。从课程属性来看，“课程是经验”最具有概括性，也最能反映课程的本质。因此，很多研究者都认为，可以把课程看成是学生在学校中所获得的全部经验的总和，包括对学生来说是间接的知识经验，学生在有组织的活动中获取的直接经验与体验，学生在“学校文化”中学到的“潜隐课程”等等。因而，课程内涵的发展趋势是从强调学科内容到强调学习者的经验与体验；从强调目标计划到强调过程本身的价值；从强调教材这一单一因素到强调教师、学生、教材、环境四因素的整合；从强调显性课程到强调显性课程与隐性课程的并重；从强调“实际课程”到强调“实际课程”与“空无课程”并重；从强调学校课程到学校课程与校外课程整合。

3.1.2 数学课程的目标与内容

数学课程目标是一个国家在一定阶段数学教育目标的具体体现，也是一个学校数学课程力图达到的基本目标，它反映了数学课程对培养未来公民数学素养的基本要求。数学课程目标的内容是变化发展的，因各国社会政治、经济、文化背景和教育结构等各方面的不同而呈现出较大的差异。随着信息时代和学习化社会的到来，人们越来越认识到数学课程目标需要全面体现数学教育多方面的育人价值。例如，数学教育的基础价值、应用价值、思维价值和教育价值等。我国新课程数学课程目标吸取了国际数学课程目标改革的基本经验，提出知识与技能，过程与方法，情感、态度与价值观“三维”目标。

20世纪90年代以来美国、荷兰、日本三个发达国家和我国的数学课程目标的比较如下。

1. 美国2000年颁布的数学课程标准中提出的课程目标

(1) 重视数学，懂得数学的价值。也就是懂得数学在文化中的地位和社会生活中的作用。

(2) 建立有能力做数学的信心。经过数学学习,学生要相信自己有做数学的能力,而不是远离和厌恶数学。

(3) 有解决数学问题的能力。

(4) 学会以数学的方式进行交流。

(5) 学会以数学方式进行思考和推理。会收集数据,进行猜测,论证等。

2. 荷兰1998年颁布的数学课程标准中提出的中学数学课程的一般性目标

(1) 发展对待工作的数学态度,包括在系统和讲究方法的基础上从事工作,对有关资料和结果能作出有探索性的评价和推广,能创造性的接近一个问题的结论。

(2) 通过交流和数学思维等数学活动发展数学语言,并熟练地使用数学语言。

(3) 获得对数学的鉴赏能力,通过发展和数学思维相关的情感和从数学活动中获得的愉悦,提高建立在自己数学能力基础上的自信心。

(4) 了解数学在其他学科领域中的应用。

(5) 获得的数学知识、理解能力和技能无论对今后继续接受教育、就业还是参与社会活动都有用。

3. 日本1999年颁布的新数学教学大纲中,提出的中学数学课程目标

使学生加深理解有关数、量和图形的基本概念、原理和规则,获得表达和处理问题的数学方式,提高考察事物的数学能力,体验数学活动的快乐,帮助学生欣赏数学,从数学的角度去观察和思考问题,进而使学生养成乐于用数学的习惯。

4. 我国数学课程目标

我国几十年来采用的是数学教学大纲,因而数学课程目标是由教学大纲提出的教学目的所体现的。如2000年修订的《九年义务教育全日制中学数学教学大纲(试用)》中提出的数学教学目的是:使学生学好当代社会中每一个公民适应日常生活、参加生产和进一步学习所必需的代数、几何的基础知识与基本技能,进一步培养运算能力;发展思维能力和空间观念,使他们能够运用所学知识解决简单的实际问题,并逐步形成数学创新意识;培养学生良好的个性品质和初步的辩证唯物主义的观点。

高中数学课程的总目标是:使学生在九年义务教育数学课程的基础上,进一步提高作为未来公民所必要的数学素养,以满足个人发展与社会进步的需要。

(1) 获得必要的数学基础知识和基本技能,理解基本的数学概念、数学结论的本质,了解概念、结论等产生的背景、应用,体会其中所蕴涵的数学思想和方法,以及它们在后续学习中的作用。通过不同形式的自主学习、探究活动,体验数学发现和创造的历程。

(2) 提高空间想象、抽象概括、推理论证、运算求解、数据处理等基本能力。

(3) 提高数学的提出、分析和解决问题的能力，数学表达和交流的能力，发展独立获取数学知识的能力。

(4) 发展数学应用意识和创新意识，力求对现实世界中蕴涵的一些数学模式进行思考和做出判断。

(5) 提高学习数学的兴趣，树立学好数学的信心，形成锲而不舍的钻研精神和科学态度。

(6) 具有一定的数学视野，逐步认识数学的科学价值、应用价值和文化价值，形成批判性的思维习惯，崇尚数学的理性精神，体会数学的美学意义，从而进一步树立辩证唯物主义和历史唯物主义世界观。

3.1.3 数学课程的内容

3.1.3.1 数学课程内容的选择

数学课程内容的选定，要充分保证数学课程目标的实现。一般来说，内容的选定，应从最需要、最基础、可接受性出发，亦即要遵循需要和可能相结合的原则。其中"需要"是指学生今后参加社会生活、现代化建设和进一步学习科技等各方面知识的需要；"可能"是指所选定的内容应是学生可以接受的，符合学生的认知发展水平的。要使课程能实施，还必须考虑教师状况、经济水平和人民生活水平。

近二十年来，世界各国在义务教育阶段对数学课程内容的选择与确定有几个共同特点：

(1) 精选传统数学内容，增加近现代数学知识；

(2) 注重现代数学思想方法的渗透，其中所注重的思想方法有变换思想(式的变形、几何变换等)、模型方法(数的模型、函数模型、序列模型、分布模型等)、坐标方法等；

(3) 重视数学应用，强调结合生活事例学数学，注重实用知识的学习；

(4) 重视计算机辅助教学。

3.1.3.2 数学课程内容的安排

数学课程中的知识内容来自数学科学体系。它本身有一个结构体系，即数学知识结构，数学知识结构显然要影响数学课程内容的安排。因此，在安排课程内容，构建数学课程内容体系时，首先应当考虑数学知识结构；其次，因课程内容是供学生学习的，故内容的先后安排要考虑人的认识过程，使课程结构体系符合学生的认识规律；最后，因课程是将知识结构向学生认知结构转化的媒介，转化的过程以学生心理发展水平为前提，以促进学生心理发展为目的，所以还应符合学生的心理发展规律,保证课程体系能促进学生的心理发展。

根据上述原则,课程内容安排的基本思路如下:以反映未来社会公民所必需的数学思想方法为主线选择和安排教学内容;以与学生年龄特征相适应的大众化、生活化的方式呈现数学内容,使学生在活动中、在现实生活中,学习数学、发展数学。

构建数学课程结构体系时需要处理好以下几个问题:

(1) 螺旋式与直线式安排问题。直线式是指将课程内容按低水平到高水平直线排列,每一项内容一讲到底,一次完成,以后不再回到这项内容。苏联的数学课程、教材体系基本上是直线式的,我国受其影响,所以传统教材基本上也是直线式的。螺旋式是指某一项内容经过几次循环,逐渐加深发展。如对几何内容,先用直观和实验的方法浏览一下几何世界,然后再用逻辑方法学习论证几何,到高中用代数方法学习定量几何,这样的安排就是螺旋式的安排。现代心理学的研究结果表明,学生的数学学习是一个由感性到理性,由量变到质变的过程。学生的认知发展表现出阶段性、层次性,是螺旋式上升的过程。所以,数学课程结构体系一般宜采用螺旋式上升的模式。

(2) 分科与混合安排问题。分科安排是指将内容按学科单独编排,自成体系,如算术、代数、几何、三角、微积分等。传统的数学课程一般是分科的。混合安排是把各科的内容打乱,混合编排,组成一个体系。由于数学各分科及其内容之间有逻辑联系和密切关系,因此,目前多数国家倾向于采取混合安排的方式,我国新课程改革也将选择混合式的数学课程体系。

(3) 着重过程与着重结果的知识呈现形式问题。传统的数学课程着重于教给数学知识,不反映知识的来龙去脉,这是重结果的知识呈现形式。而现代数学教育观认为,要使学生对数学知识既能知其然,又能知其所以然,就应发展以过程为基础的数学课程。因此,我国新课程改革将极力提倡重过程的知识呈现形式,要把数学看作一组过程,教师的任务是帮助和引导学生数学化,让学生充分经历数学化的过程,并掌握数学化的方法。

3.2 国际数学课程改革与发展

3.2.1 国际数学教育的近现代化运动

19世纪末,社会生产和科学技术飞速发展,许多国家都发现中学数学教学的内容和方法不能适应那个时代的科学和生活的需要,不能适应数学发展的要求。

为了适应时代发展，出现了数学教育近代化运动和数学教育现代化运动，这些运动几乎席卷了所有的发达国家。

3.2.1.1 数学教育近代化运动(克莱茵-贝利运动)

1900年，英国数学家贝利(1850～1920)针对当时英国数学教育忽视实际应用的弊病，在他著名的讲演《数学的教学》中，强调了数学的实用价值，提出数学教育要强调应用。1904年，德国著名几何学家M·克莱茵做了一个题为《关于数学和物理教学的问题》的报告。他提出数学教育应该强调三点：① 提倡数学理论应用于实际；② 教材内容应以函数概念为中心；③ 应该运用教育学、心理学的观点来指导教学活动。

1908年4月，在罗马召开的第四次国际数学家会议(ICM)决定，成立国际数学教育委员会(ICMI)，领导数学科学教育活动，设计发展数学教育的方案。第一任主席就是克莱茵。这个委员会就中小学数学教育应如何改革的问题，提出以下基本方向：

小学：① 提高几何在小学算术课程中的作用；② 改变教科书中应用题的性质(使应用题的内容更紧密地联系周围实际情况)；③ 提高算术教学中直观性的作用，等等。

中学：① 在算术、代数、几何和三角之间建立紧密的联系，同时在数学课和物理课之间建立联系；② 在中学数学课程中增加高等数学的基础知识，加强初等数学和高等数学之间的联系；③ 在中学数学课程中加强下列主导思想的作用：函数在算术和代数中的作用，运动在几何中的作用，等等；④ 改变教科书中应用题的性质和解法(加强分析和综合的作用)；⑤ 在数学教学中更广泛地应用探索法，等等。

克莱茵提出以函数概念统一数学教育内容的思想，主张加强函数和微积分的教学，改革、充实代数内容，用几何变换的观点改革传统的几何内容，把解析几何纳入中学数学内容。这些数学教育改革的思想和观点，对于各国中学数学教育的影响是深刻的。克莱茵的这些主张是这一时期数学教育的目的、内容和教育理论三个方面的高度概括，他的数学教育改革的思想和方法对于各国数学教育改革的影响极为深远。

这个历史时期的数学教育研究的特点是，由简单的方法研究转到对目的和内容作较全面的探讨，数学教育从思想、内容到方法都发生了重大的变革。不但如此，从事数学教育的人员不仅有数学教育工作者，而且一些著名的数学家也加入到数学教育研究的行列，引领数学教育研究。数学家从数学科学发展的角度，看到数学教育的内容、方法与数学科学的发展之间的差距，从而要对数学教育作更深入的研究。因此从数学教育理论的观点来看，可以把这个时代叫做“数学教育理论的研究时代”。

3.2.1.2 数学教育现代化运动(“新数”运动)

到20世纪60年代末、70年代初,渐渐暴露出改革中的一些问题,影响了教学质量。“新数”遭到了猛烈的批评,人们喊出了“回到基础”的口号。第二次世界大战以后,国际上出现了数学教育现代化浪潮。一方面是社会政治经济和技术发展因素的推动,另一方面是数学科学本身和教育学、心理学的发展为数学教育改革提供了现实必要条件。如法国布尔巴基(Bourbaki)学派倡导数学抽象化、公理化、结构化,他们将数学看作“形式结构”的科学,认为全部数学又基于三种母结构:代数结构、序结构和拓扑结构。于是一个数学学科可能由几种结构混合而成,同时每一类型结构中又有不同的层次。实数集就具有三种结构:一种由算术运算定义的代数结构;一种是顺序结构;一种是根据极限概念的拓扑结构。三种结构有机结合在一起,比如李群是特殊的拓扑群,是拓扑结构和群结构相互结合而成。因此,数学的分类不再像过去那样划分成代数、数论、几何、分析等门类,而是依据结构的相同与否来分类。比如线性代数和初等几何研究的是同样一种结构,也就说它们“同构”,可以一起处理。这样,他们从一开始就打乱了经典数学世界的秩序,以全新的观点来统一整个数学。布尔巴基学派的主要著作是《数学原理》对整个数学作完全公理化处理。

20世纪40年代以来,原子能、电子计算机、空间技术、遗传工程等先进的高科技领域相继出现,社会科学技术迅速发展,给数学教育提出了现代化的要求。20世纪50年代,美国数学教育质量持续低下,学生厌恶甚至害怕数学的现象极为普遍。特别是1957年11月,苏联第一颗人造卫星上天,使美国政府和国民确信自己的数学和科学教育落后于苏联,决心大规模改革数学教育,由此发起了一场后来波及全球的数学教育现代化运动——“新数运动”。

当时,世界上科学技术先进的国家,对中学数学教学质量太差、效率太低的现象普遍感到不满;同时科学技术不断发展,数学出现了许多独立发展的新分支;数学的应用日趋广泛,并且渗透到各个科学领域。而传统的教学内容、教学理论和教学方法远远不能适应时代发展的需要。这些都成了促进数学教育现代化的基本原因。因此到20世纪60年代,数学教育现代化运动波及到了几乎所有的西方国家,当时的几次重要会议对数学教育现代化运动的兴起、发展起到很大的作用。1959年9月,美国“全国科学院”召开的“伍兹霍尔会议”研究了课程改革问题。这次会议上还提出了数学教育的实用性要求,并得出结论:正是实用性要求革新数学教学内容,也是实用性要求中学数学教学应当把培养能力放在首位。1959年11月,欧洲共同市场成员国的代表在法国罗瓦奥蒙(Royaumonl)举行关于数学教育改革的国际性讨论会，目的是研究各国的教育现状，提出革新对策。会议集中研讨了三个问题，即新的数学思想、新的数学教育手段、教学手段的改革。会议肯定了改革的必要性，并提出了新的设想。于是，会议把在美国兴起的数学教育现代化运动推向了欧洲各国。1962年8月，联合国教科文组织在匈牙利布达佩斯召开了国际数学教育会议，有17个国家参加，会议范围广，影响也较大。会后许多国家开始考虑这次会议所提出的问题，并且注意在改革中吸取别国的经验，各国开展改革工作的规模也更大了。从20世纪60年代初到70年代初，改革以课程内容现代化为中心，一般称为"数学教育现代化运动"，简称为"新数"运动，新的数学课程称为"新数"。与此同时，改革的范围也从发达国家扩展到发展中国家。1969年8月，国际数学教育委员会（ICME）在法国里昂召开会议，参加国达37个。数学教育改革问题开始提到重要议程上来。20世纪60年代后期，中小学数学教育的改革由最初的课程内容改革逐渐扩展到教学方法的改革。另外，与此相适应的师范学院的教学计划和课程内容也作了相应的改革。但是，由于运动发展得太快，实验不充分，教师培训工作也没有跟上，使改革运动带有很大的盲目性，没有收到预期的效果，受到了挫折。

"新数"运动的核心是把中小学数学教学内容现代化，要求从中小学起就要用现代数学精确的数学语言去传授公理化的数学体系。20世纪中叶，许多现代数学的新内容已进入了大学的课程，而中小学数学教育在几百年间没有太大的变化，与大学数学有着很大的距离，显然不能适应现代科技发展的需要。"新数"运动所追求的目标是：

(1) 结构化—统一化。以集合—关系映射—运算—群—环—域—向量空间的代数结构为主轴，把中学数学内容统一起来；

(2) 公理化—抽象化。把集合论初步和几何公理化引入教材；

(3) 现代化—通俗化。大量收入现代数学内容和数学符号，以生活现象为模型，帮助学生理解；

(4) 几何代数化。打破欧几里得几何体系，轻视几何，重视代数，用各种方式取代欧氏几何；

(5) 电脑化—离散化。普及计算机，与数值分析、概率统计及各种函数的学习相结合，使数学教学出现新的面貌；

(6) 传统数学精简化。增加近、现代数学知识、观点和方法，精简传统内容，几何被精简得最多，其次是开方、根式、无理式、无理函数和三角方程等；

(7) 教学方法多样化。研究电化教学、程序和个体教学，提倡发现法，教法趋向多样化。

经过十多年的实践，人们发现学习"新数"的学生的计算能力和几何直观能力都很差，学生甚至不能用学得的知识去解决日常生活中的常见问题。于是，70年代初期，“新数”遭到了尖锐、强烈的批评，纷纷要求“回到基础”。20世纪80年代的数学教育处于深入探索和试验的阶段。国际数学教育的改革呈现出三大趋势：大众数学（Mathematics for All）、问题解决（Problem Solving）、数学应用（Applied Mathematics）。

3.2.2 当代主要发达国家数学课程标准评介

3.2.2.1 美国数学课程标准

美国全国性的课程标准是指导性的，各州、学区都可以自行编订课程标准。美国国家数学课程标准一般由全美数学教师理事会（NCTM）负责讨论制定。1998年10月公布了中小学数学课程标准讨论稿，向美国各界人士征求意见。2000年春季正式公布新的《学校数学的原则和标准》。其中提出了六条原则标准：

（1）平等原则：对每一位学生都必须公平对待，给予他们高期望和强有力的支持；

（2）课程原则：课程内容必须均衡，所教授的数学必须是重要的，如何按年级逐步拓展必须阐述清楚；

（3）教学原则：有效的数学教学基于对学生的了解：他们已知道什么？他们想学些什么？如何支持及引导他们学好数学？

（4）学习原则：学生的数学学习必须注重理解，借助过去的经验和已有的知识积极地建构新知识；

（5）评定原则：评定应该支持重要数学知识的学习，提供信息给教师和学生；

（6）技术原则：科学技术对数学教学是必需的，它影响教师如何教授数学，以及促进学生学习数学。

新的《学校数学的原则和标准》描述了从学前到高中的学生通过教学所要掌握的数学概念、知识和技能，以及掌握这些知识技能的方法和运用知识技能的能力。其中有五个内容标准和五个过程标准。五个内容标准包括数和数的运算、代数、几何、度量、数据分析和概率。五个过程标准包括解决问题、推理和证明、交流、联系、数学的表征。五个内容标准和五个过程标准应该作为一个整体来看待，它们的发展是相得益彰的。过程标准既是学生掌握内容标准不可缺少的保证和支持，同时又是在完成内容标准的过程中得到发展的。美国数学教育中所提出的过程标准反映了数学学科在促进学生思维能力方面所起的特殊作用，说明数学学习并非局限于数的知识、概念和技能的习得，而是一种综合性认知能力的训练。也正是这样一种训练才能保证学生对所学的数学概念真正理解和运用。

值得说明的是美国的《学校数学的原则和标准》去掉了平面几何，没有建立起类似平面几何的证明体系，美国近十年的数学课程改革引起了激烈的数学论战，200多位数学家和科学家在报刊上发表意见，反对《数学课程标准》及依此编制的10种教科书。2006年美国数学教师协会(NCTM)对《学校数学的原则和标准》进行修订，提出新的《数学课程焦点》，重新强调数学基本技能(包括推理证明)，又回到强调基础上来，因此重视合情推理轻视逻辑推理是矫枉过正。

2006年9月12日，美国数学教师协会在网上公布了长达40页的报告《课程焦点》，该报告呈现了学生从幼儿园学龄前到八年级的每个年级应该学习和掌握的数学概念与技能。《课程焦点》的内容虽然源自《学校数学原则与标准》，但只是对课程标准的必要补充；同时，《课程焦点》通过这些核心的数学主题来整合《学校数学的原则与标准》中的相关知识点，并按年级来确定各自的焦点，使得原本零散的知识结构化，增强了知识之间的关联，体现了对知识连贯性与一致性的追求。美国数学课程焦点的内容如表3.1所示。

表3.1 美国数学课程焦点的内容①

年级	课程焦点
幼儿园学龄前	数及其运算：建立对整数的理解，发展对应的概念，学会数数和比较大小 几何：图形的识别和空间关系 度量：识别测量的属性，通过这些属性来比较物体
幼儿园	数及其运算：表示、比较和排序整数，合并与拆分集合 几何：描述图形和空间 度量：根据可度量的属性排列物体
一年级	数及其运算、代数：理解加法、减法，掌握基本的加法口诀及相应的减法 数及其运算：理解整数关系，包括10个分组 几何：分解与组合几何图形
二年级	数及其运算：理解十进制及位值的概念 数及其运算、代数：快速回忆加法口诀和相应的减法，熟练计算多位数加减法 度量：理解长度并能测量
三年级	数及其运算、代数：理解乘法和除法，掌握基本乘法口诀及相应的除法 数及其运算：理解分数 几何：描述与分析平面图形的性质

① 童莉，宋乃庆.彰显数学教育的基础性：美国数学课程焦点与我国“数学双基”的比较及思考[J].课程·教材·教法，2007(10)：88～92.

续表

年级	课程焦点
四年级	数及其运算、代数:快速回忆乘法口诀和相应的除法,能进行流畅的整数乘法运算 数及其运算:理解小数,包括小数与分数的联系 度量:理解面积,求平面图形的面积
五年级	数及其运算、代数:理解整数除法 数及其运算:理解分数和小数的加减法 几何、度量和代数:描述三维空间图形,分析它们的性质,包括体积与表面积
六年级	数及其运算:理解分数和小数的乘除法,熟练计算 数及其运算:将比率与乘除法联系起来 代数:书写、解释和运用数学的表达式和方程
七年级	数及其运算、代数和几何:理解并应用比例性,包括相似 度量、几何和代数:理解三维空间图形表面积及体积的公式 数及其运算、代数:理解所有有理数运算,解线性方程
八年级	代数:分析和表示线性方程,解线性方程和方程组 几何和度量:使用距离与角去分析二、三维空间与图形 数据处理分析、数及运算、代数:分析与总结数据

美国所有的州都颁布自行设计的课程纲要以供本州内的学校参考。在教材的选用上,美国各州实行选定制或自由制,即由各州设立委员会审阅各教材并公布核准的教材列表以供学区/学校自行选用,政府对教材的出版发行以及学区/学校的选用不作任何限制①。

例如,联邦"不让一个孩子掉队"基础教育法案公布以后,马里兰州根据联邦政府和州内容标准的要求,开发本州的课程纲要(Voluntary State Curriculum, VSC),用来规范全州的教学和评估。3～8年级数学课程纲要在原州内容标准的基础上整合为七个部分,重点是突出基础和核心课程,基本框架如表3.2所示②。

课程纲要主要发挥两方面作用:一是提高学术标准,即高标准要求课程目标,并以纲要的形式指导学生学习和教师备课。课程纲要是改进课堂教学以及实施州教育评估的重要指南,由州内经验丰富的教师和教育工作者制定,对马里兰州每一年级学生需要掌握的知识和技能均有清晰而详细的规定。每个学科的课程标准分三个部分进行编写:内容标准、评价指导和具体学习目标。它对学生学习应达到什

① 孙晓天.数学课程发展的国际视野[M].北京:高等教育出版社,2003.

② Voluntary State Curriculum-Mathematics Grade3～8[EB/OL]. http://mdk12.org/instruction/curriculum/mathematic s/index.html. 2004-06-01.

么要求，评价范围是什么都有详细的说明。二是均衡与统一全州学生学习目标和难度要求。马里兰州共有24个学区，其地方学校系统均已采用课程纲要，或将其融入当地学校系统的课程纲要中。不论学生在哪里上学，课程纲要是学业标准的一把标尺，度量他们掌握的知识难度是否与全州其他学生相同，以保证学生通过全州的评估考试。马里兰州3～8年级“数学课程纲要”基本框架如表3.2所示。

表3.2 马里兰州3～8年级“数学课程纲要”基本框架

标准	内容	目标与要求
标准1	代数、模式与函数	能够用代数表示、建模、分析、解决与模式和函数相关的数学和现实问题
标准2	几何	应用一维、二维或三维几何图形的性质去描述、推理或解决有关形状、大小、位置及变换的问题
标准3	测量	理解物体可测量的属性、测量单位和测量系统；应用各种技巧、工具和公式进行测量
标准4	统计	搜集、整理、表示和解释数据，并作出决策或预测
标准5	概率	用经验方法或理论推理确定事件发生的可能性大小；解决随机性事件问题
标准6	数的概念、估算	描述、表示和应用数及其数量关系，利用心智、纸/笔及技巧进行估计或估算
标准7	数学方法	通过知识联系或推理，展示数学思维过程；解决和交流他们发现的问题

因为美国的教材市场非常庞大，TIMSS研究表明，即使是那些使用颇为流行的教材从其占有市场的份额来看也只是极小的一部分。美国芝加哥学校中学数学设计项目组(UCSMP)开发的中学数学系列教材是被美国教育部推荐为五大最具前途的数学方案之一，并被研究者认为它是少数体现高标准并与州立及国家标准紧密相扣的方案之一，但每年在全美也只有大约三百万中小学生使用这套教材。

3.2.2.2 荷兰数学课程标准

荷兰的数学课程标准十分简洁，1998年颁布的中学数学课程的核心目标，只有29个条款，包括算术、测量和估算，代数关系，几何，信息处理和统计四个领域，合计一千三百多字。2004年，荷兰对中小学数学课程的核心目标进行了革新，新的中学数学课程的具体目标只有9个条款，不再分成具体的领域进行描述，见表3.3。在中学数学课程核心目标中，前面的3条是非常宏观的，它们主要涉及数学语言、态度和论证；后面的6条虽是具体性的数学内容，但仍然是指导性的，所以，荷兰的数学课程标准很宽泛，一定程度上就是罗列几个学习条例，供学校和教师教学参考。

表 3.3 2004 年颁布的荷兰中学数学课程核心目标①

条款	内容
条款 1	学会运用合适的数学语言组织自己的思维并解释给他人，学会理解他人使用的数学语言
条款 2	学会识别和运用数学解决在独立工作或与他人合作时的实践情境中的问题
条款 3	学会建立数学的论证，并且学会从观点和陈述中辨别数学的论证，学会对于他人的思维方式给予或接受数学的批评
条款 4	学会理解正数和负数、小数、分数、比例和比率的结构和关系，学会在有意义的实践情境中运用它们
条款 5	学会用精确的以及近似的方法进行计算，学会在对精确性的直觉、量值的大小以及适合某一给定情境的误差范围的基础上进行推理
条款 6	学会测量，学会理解公尺法的结构和关系，学会在相关应用中普遍使用的测量单位之间的换算
条款 7	学会使用非形式化的术语、示意图、表、图和公式表示，以理解量和变量之间的关系
条款 8	学会使用二维和三维图形和结构，学会制作并且解释它们的含义，学会利用它们的性质和测量进行计算和推理
条款 9	学会系统地描述、表达可视化数据，并且批判地判断数据的含义和正确性

荷兰的学校在选择和设计课程时有很大的自由和弹性空间，主要目的在于给予学校更多的自由，使其可以根据学生的需要仔细选择教学内容和计划教学时间。1993 年以前荷兰政府颁布的课程标准只是开列出极为简略的小学与初中学习科目和高中考试科目表，政府不干预学校的教学内容和教学方法，至于一个科目具体需要教什么和学什么则完全由学校和教师们决定。所以，在荷兰任何人都可以从事学校教育方面的研究工作，任何人都可以编写教材。学校根据自己制订的工作计划决定选用何种教材或教材系列，出版社在出版和发行教材时也不必得到政府的许可。在荷兰，教师可以不通过学校管理人员自己决定与工作有关的事务，其中包括从教学需要出发可以任意更改上课时间表。教师有很大的权威，教师的建议对学生的未来作用很大，远比学生自己的考试成绩重要。教师作出的建议基本可以决定一个学生将进入何种类型和何种层次的学校接受进一步的教育。

应当说明，荷兰的数学教育中虽然学校和教师有相当大的自由度，但课程与教学并不是没有规章。相反，荷兰的数学课程在不同的学校中没有呈现出明显的不同，甚至可以说是统一的。因为几乎所有的学校都在使用统一的数学课程，这就是基于“现实数学”教育理念的数学课程。荷兰百分之八十的小学课本和百分之百的

① M VAN DEN HEUVEL-PANHUIZEN, M WIJERS. Mathematics standards and curricula in the Netherlands [J]. Zentralblatt fuer Didaktik der Mathematik, 2005,37(4):287～307.

中学课本是基于现实数学教育的理念编写的。对荷兰这样一个教育环境高度自由和教师有充分权威的国家,现实数学教育所取得的支配地位,在一定程度上说明了现实数学教育的价值和生命力。现实数学教育中的现实(realistic)一词表达了这种数学教育的如下两个基本特征:第一,现实数学教育是现实(realization)的,即现实数学教育紧贴学生熟悉的现实生活。学生通过自己熟悉的生活学习数学,再把学到的数学运用到现实生活中去,作为教育内容的数学和现实生活中的数学始终紧密地联系在一起。第二,现实数学教育是实现(realizing)的,即现实数学教育与学生自己作出的数学发现紧密相连,学生所学的数学知识不是教师课堂灌输的现成数学结果,而是学生们通过其熟悉的现实生活自己逐步发现和得出的结论。荷兰的数学教学强调学生活动的过程(参与、责任、对问题的建构、对多步骤的问题和长项目的熟悉),因为在活动的过程中,学生视数学是现实的,而不是抽象的。这种基于现实数学教育思想的教学,学生的学习不是基于记忆的形式化的机械过程,而是积极主动充满自信的"自主"学习过程。

3.2.2.3 瑞典数学课程标准

瑞典的数学课程标准由国家教育处颁布。义务教育阶段的数学课程标准,包括如下几方面的内容:数学的目的和数学在教育中的作用、数学学习目标、数学的结构和本质以及学生在五年级期末和九年级期末必须达到的具体目标。

数学学习目标分为两部分,一部分是总的目标,共七条[①]。学校数学教学应确保学生:① 培养对数学的兴趣,以及培养在独立思考和在不同情景中学习和使用数学的能力和信心;② 欣赏数学在不同文化和活动中所起的重要作用,熟悉数学发展和使用过程中所出现的重要概念和方法的历史背景;③ 欣赏数学表达式的价值并且能够运用它们;④ 培养理解和使用逻辑推理,归纳并得出结论,以及口头和书面表达的能力;⑤ 培养在数学帮助下阐述、表达和解决问题,以及解释、比较和评价与最初问题情景相关的答案的能力;⑥ 培养使用简单数学模型的能力,以及批判地考察假设、局限和这些模型的应用的能力;⑦ 培养使用微型计算器和计算机的能力。

数学学习目标的另一部分是具体目标,它们是总目标在算术、几何、概率和代数领域的具体化,有八条[②]:① 培养学生对数值和空间的理解和使用能力;② 基本的数值概念和实数运算、近似值、比例和百分数;③ 比较、估计和排序量值的不同方法、测量系统和工具;④ 基本的几何概念、性质、关系和特点;⑤ 收集和处理基本

① G Brandel. National Presentation, Sweden[EB/OL]. http://www.emis.de/, 2009-03-04.

② G BRANDEL. National Presentation, Sweden[EB/OL]. http://www.emis.de/, 2009-03-04.

的统计概念和方法，以及描述和比较统计信息的重要性质；⑥ 基本的代数概念、表达式、公式、方程和不等式；⑦ 不同函数的性质及其图像；⑧ 在具体随机情景中的概率概念。

高中数学标准的描述与义务教育阶段非常相似。不同之处在于，高中的数学标准更为强调数学世界。高中的数学由 A、B、C、D、E 五种不同课程组成，数学 A 的目的是加深学生对概念的理解并且促进学生对义务教育阶段所出现的方法的掌握。数学 B、C、D、E 的目的则要求对不同领域的新方法的理解和掌握。表 3.4 和表 3.5 对瑞典初中和高中的数学内容进行了描述。

表 3.4　瑞典初中数学课程的内容①

七年级	八年级	九年级
数、几何、分数、整数百分数、图与表、代数与方程、梦想的旅行（时差、汇率、比例）	数、几何、代数与方程、百分数和分数、机会与概率、坐标、大数和小数	数、几何、百分数、函数与代数总复习、刚性线（相似比、分数与代数、方程、坐标系）、媒体中的数学

表 3.5　瑞典高中数学课程的内容②

科目	内容	科目	内容
数学 A	数和百分数、统计、方程和公式、几何、图像与函数	数学 D	三角和三角公式、三角和导数、微分和积分、综合应用问题
数学 B	概率计算与统计、函数和线性模型、代数和非线性模型、几何和推断	数学 E	复数、微分和积分、微分方程
数学 C	代数与函数、微商与导数、曲线与导数、数列和通项		

瑞典的教材不需经过国家教育部门的审订，由出版社直接发行，学校可以根据学生的情况自由选择适合自己学校的教材。强调学生的差异是瑞典数学教育的一个特点，这个特点也体现在瑞典的数学教材之中。在瑞典，有一套很典型的系列教材叫“直接数学”③。这套教材强调按学生不同的能力水平设计，每一章按内容结

---

① B OBREG，K HAKE，S CARLESSON. Direkt Matte ar 7、8、9[M]. Stockholm：Bonnier Utbildning，2007.

② L BJORK，H BROLIN，K EKSTIG. Matematik 3000 A、B、C、D、E[M]. Stockholm：Natur och Kultur，2004.

③ B OBERG，K HAKE，S CARLSSON. Direkt Matte ar 7[M]. Stockholm：Bonnier Utbildning，2007.

构依次是:基础课程、测试、蓝色课程、红色课程、复习。

瑞典的教学是真正意义上的学生自主"学习"。一个班二十几位学生,学生不一定有固定的教室,也不一定有固定的座位,上课时学生可以自由走动。一堂数学课,通常的程序是,教师也许在刚开始的时候讲授十来分钟(或是举例或是布置新的任务),其余时间一般都是学生自己做课本上的习题,学生之间可以相互讨论,学生可以根据教科书后面的答案判断自己对知识的掌握程度,而计算器则是每位学生不可缺少的学习工具。如果学生需要帮助,则直呼教师姓名请其解惑。在课堂上,教师忙碌不停,不停地去帮助每一位需要帮助的学生。因而,从这种意义上来说,瑞典的数学教学不是"教学",而是学生的自主"学习"。之所以出现这样一种情况,可能主要有两方面的原因,一是学生回家后不会再做作业,因而课堂上需要留出大量时间给学生练习。二是教师普遍有这样一种教育观念:学生有能力通过自主学习掌握相关的数学知识,并且每位学生有着不同的学习能力①。

3.2.2.4 英国数学课程标准

1982 年,英国国家教学委员会颁布了数学教学改革的纲领性文件《Cockcroft 报告》,指出数学教育的根本目的是为了满足学生今后成人生活、就业和进一步学习的需要,阐述了为满足这三种需要学校数学应有什么样的课程内容和教学方法,论述了进行良好的教学所需的多种条件和支持。

《Cockcroft 报告》对数学课程内容、教学方法等都提出建议。其核心要义是不同能力学生水平的学生所学的数学课程既要有相同之处也要有所区别。相同之处体现在,所有学生都会接触到的数学共同的核心内容,并具体列出了数学课程内容的"基础表";差别之处体现在对于不同的学生,额外增加的内容在深度、评价方法和教学目的方面有所侧重。

关于数学教学方法,《Cockcroft 报告》强调数学教学要与学生日常生活经验联系起来;强调让学生成功地发展他们学习数学的自信心;强调更好地发展个别化教学方法以适应不同能力学生的学习需要。关注数学"应用",强调数学教学要与实际应用紧密联系起来,教师需要帮助学生理解如何应用所学的概念与技能,如何利用它们去解决问题。《Cockcroft 报告》还指出:有足够的证据表明,计算器的使用对基本的计算能力没有产生任何负面的影响,儿童从早期学习使用简单的计算器是明智的。

基于《Cockcroft 报告》,英国 1988 年实行教育改革法,成立了国家课程委员会,对中小学校主要科目提出改革方案,数学是其中科目之一。1989 年实行统一

① 宋乃庆.数学课程导论[M].北京:北京师范大学出版社,2011.

的国家课程,其数学课程改革的基本理念是:

(1) 数学对于大众具有重要意义,人们利用数学交流信息和思想,完成一系列的实际任务及解决现实生活中的问题;

(2) 数学是探索新世界的工具,数学的应用过程是生动的、具有创造性活动的过程;

(3) 数学的技巧,诸如两位数加法、解方程等是重要的,然而它们仅是达到目的的一种手段,在数学教学的过程中,应该让学生了解数学在现实生活中的应用价值,从而让学生体会到学习数学的重要性,使学生具有良好的数学观;

(4) 数学具有欣赏的价值,应该使儿童有机会探索与欣赏数学本身的结构,数学欣赏能给学生带来智力活动体验和探索经验的兴奋;

(5) 数学内容应该具有统一性和多样性。学校能根据国家标准做出计划,针对个别学生的需要做出适当的伸缩,应该体现数学教学多样性和数学学习的个别性的特点。

英国国家数学课程由学习大纲和教学目标两部分组成。其中教学目标按照五个知识块展开,学习大纲则按照学生在知识和能力方面的发展被划分为八个水平。国家数学课程明确规定每个水平的学习要求,体现了统一要求又具有弹性的结构特点,方便教师因材施教。英国《1988 年教育改革法》规定,把义务教育阶段划分为四个关键阶段,并基于学生在知识和能力方面的发展,将"运用和应用数学,数,代数,图形、空间和度量,数据处理"教学目标划分为八个学习水平。不同的学段,不同的学生有不同的要求(如表 3.6 所示)。

表 3.6 英国基础教育学段和学习水平划分

学段	年级	年龄	中国对比年级	期望学习水平
Key Stage 1	1~2	5~7 岁	幼儿园大班,小一	水平 1~3
Key Stage 2	3~6	7~11 岁	小二~小五	水平 2~5
Key Stage 3	7~9	11~14 岁	小六~初二	水平 3~7(优秀者可达水平 8)
Key Stage 4	10~11	14~16 岁	初三~高一	水平 8 或更高
Sixth Form①	12~13	16~18 岁	高二~高三	(非义务教育,为升学作准备)

在国家数学课程的五个目标中,首要的目标是关于使用和应用数学知识及其思想方法的基本要求。这一目标伸延与渗透到其余教学目标中,并构成数学教学基本框架。这一目标的具体要求如下:通过处理问题以及运用物质材料获得数学

① 在英国中等教育结构中,有一个特殊的结构,即第六学级(Sixth Form),指英国义务教育结束后打算升学的学生,继续学习两年,参加高级水平普通教育证书考试,其余学生 16 岁之后直接就业或进入继续教育学院学习或接受培训后就业。

知识和技能，并提高理解能力；应用数学解决各种现实问题，以及中小学课程其他科目提出的数学问题；对数学本身作探索，引导学生投身于活动，在此过程中使用和应用数学。这些丰富的数学学习活动是数学教学的核心。另外，国家数学课程不赞成繁琐的笔算，却重视提高学生的机算（包括计算机，计算器），心算和估算的能力。

在英国数学课程标准指导下，英国的数学教材发生了变化。例如，在新数学时期产生的 SMP(School Mathematics Project)教材，是由学校数学课程设计小组编写的中小学数学教材。SMP 教材有以下几个特点：① 教材着重点在于学生的学习过程；② 注重学生的经验；③ 注重内容的通俗性和趣味性；④ 适当运用现代技术；⑤ 注重应用，注重培养学生解决现实问题的能力；⑥ 注重学生的学习过程；⑦ 教材具有一定弹性。

英国《数学课程标准》几经修订，1995 年颁布的《数学课程标准》中的内容包括：使用和运用数学；数和运算；形状、空间和测量；处理数据。其中使用和运用数学作为一个学习领域，具有一定的综合性。在改革方向上，注重数学应用、数学意识和发展能力。所以，英国数学课程有两个显著特色，一为数学应用；二为课程综合。

数学应用包括处理实际问题、进行合作交流等数学活动，学生在丰富的活动中发展数学应用能力和对数学的理解。在数学应用中，英国国家数学课程强调了开放性问题的作用。在数学教学中，只要把封闭问题加以改良，那就会变成更有趣、富有挑战性的开放式的问题，使学生有机会运用前面一系列思考策略进行活动，以巩固和实践相关的知识和技能，发展数学思考能力。在系统培养学生应用能力的过程中，教师可以使用多种教学策略，以课题覆盖大纲的策略就是英国数学教学一种重要的教学策略。教师以教学目标的某一项及学习大纲的某个水平为出发点，组织学生学习活动，这类活动针对性强，内容集中，便于教学组织，能使较多学生达到某个水平的学习要求。

对学生数学应用能力的要求，不但反映在课程标准中，亦体现在国家统考大纲中。数学应用有如下三个要求：在实践工作处理问题以及使用物质材料的过程中，获取知识和技能，增进理解；运用数学解决一系列现实生活问题，处理由课程其他领域，其他学科提出的问题；对数学内部的规律和原理进行探索研究。

数学课程设计要从数学应用广泛性的特点出发，数学应用具有多科性，数学可以解决生活中和其他学科中的问题。数学与物理、化学、生物、地理等自然科学有关，是学习这些学科的重要基础。人为地设置学科壁垒是不必要的。相反，数学可以从这些科目问题中找到应用的广阔途径，理解数学的丰富内涵，也可以从它们那里吸收丰富的教学营养。随着时代发展，数学也与语文、历史等社会与人文科学有关。国家数学课程要求，学校要研究数学和其他学科的关系，制订工作计划，通过课程综合工作,全面发展学生的数学素质。

实际上,数学课程的综合性有更广泛的含义。一方面,数学课程能对达成学校课程的整体目标做出贡献。另一方面,数学应用本身具有综合性的特点。解决实际问题往往不仅涉及数学的一招一式,可能涉及其他知识与能力,应用的过程是一个综合性的思维活动。数学能力与许多一般能力应该协同发展,如合作、实验、分析、推理、观察、交流等。课程综合应该根据学生年龄不同加以组织,在小学、中学两个阶段有不同的特点。在小学阶段,应重在兴趣。在中学阶段,应该着重与其他学科的交叉与综合,并发展学生综合解决问题的能力。

3.2.2.5 日本数学课程标准

"学习指导要领"是日本文部科学省颁布的基础教育阶段的课程基准,其性质相当于课程标准。"数学学习指导要领"由三部分构成:数学教学总目标、各学年的教学内容以及制订教学计划的建议。"中学数学学习指导要领"的总目标为:"加深学生对数量图形等基本概念、原理和法则的理解,使学生掌握数学的表达方式以及处理问题的方法,提高学生用数理知识考察事物现象的能力,并使学生体会到数学学习活动的乐趣和数学思想方法的益处,进一步培养学生发展性地运用数学知识,数学思想方法等的态度。""中学数学学习指导要领"对制订教学计划的建议为:"通过做数学的活动来学习数学,培养逻辑推理和直觉,培养问题解决的能力,将数学联系于生活情境,在思考过程和检查答案时使用估计,在解决问题时使用算盘、计算器和计算机。"①

初中数学课程包括数与式、图形和数量关系三部分内容,具体目标为:

数与式:加深对使用字母进行思考的必要性认识,培养学生积极理解和解释代数式意义的基本能力和态度。

图形:为了使学生能够积极发现问题和解决问题,要重视论据清楚,论证合理的表达能力和逻辑思维能力的培养,特别是图形的证明。

数量关系:使学生掌握分析事物变化的手段,思考方法以及对随机现象进行正确判断的基础知识和能力②。

初中数学课程的具体内容见表3.7。

---

① S YOSHIKAWA. Education Ministry Perspectives on Mathematics Curriculum in Japan. [C]// Z USISKIN, E WILLMORE. Mathematics curriculum in Pacific rim countries: China, Japan, Korea, and Singapore. Reston, London: Information Age Publishing, 2008.

② 孙晓天. 数学课程发展的国际视野[M]. 北京:高等教育出版社,2003.

表 3.7 日本初中数学课程的内容①

学年	教学内容		
	数与式	图形	数量关系
七年级	正负数、字母和代数式、一元一次方程	平面图形、空间图形	正反比例函数
八年级	整式的运算、二元一次方程组	平行线和角、全等三角形、圆	一次函数 概率的初步知识
九年级	平方根、多项式、一元二次方程	相似三角形、勾股定理	二次函数

高中数学课程的总目标是:"加深对数学基本概念、原理和法则的理解,提高学生数学地观察和处理事物现象的能力,通过数学活动培养学生创造性的基础的同时,使学生认识到数学思想方法的优越性,进一步培养学生积极运用数学知识和数学思想方法等的态度。"高中数学课程实行多层次、"必修加选修"的课程模式,具体内容见表 3.8。

表 3.8 日本高中数学课程的内容②

科目	内容	科目	内容
数学基础(选择必修)	数学和人类的活动、数学考察、身边的统计	数学 A(部分选修)	平面图形、集合和逻辑、概率
数学 1(选择必修)	方程式和不等式、二次函数、几何和测量	数学 B(部分选修)	数列、向量、统计和计算机
数学 2(选修)	高次方程、几何和方程、对数函数,指数函数、微积分初步	数学 C(部分选修)	矩阵、代数式和二次曲线概率
数学 3(选修)	极限、微分、积分		

日本的中小学数学教材经历了从"一纲一本"到"一纲多本"的过程,其分野是 1950 年。日本的教材由国家审定,民间教科书出版公司出版发行,供各学校选用。日本现有 6 个出版社发行了 6 种小学算术和中学数学教材,尽管出版社不相同,但

① S YOSHIKAWA . Education Ministry Perspectives on Mathematics Curriculum in Japan. [C]// Z USISKIN, E WILLMORE. Mathematics curriculum in pacific rim countries-China, Japan, Korea, and Singapore. Reston, London: Information Age Publishing, 2008.

② S YOSHIKAWA. Education Ministry Perspectives on Mathematics Curriculum in Japan [C]// Z USISKIN & E WILLMORE. Mathematics curriculum in pacific rim countries-China, Japan, Korea, and Singapore [C]. Reston, London: Information Age Publishing, 2008.

这6套教材无论结构还是内容都极为相似。对于中等教育后期的高中，为了适应学生的分流，已由13个出版社出版了多种高中数学教材[①]。

3.2.3　国际数学课程改革的基本趋势

科学技术迅猛发展，特别是计算机技术的飞速发展，冲击着原来的数学课程与教学模式，数学教育的目的、内容重点和教学手段等诸多方面都出现了新的变化。随着现代科学技术的迅速发展，各行各业都用到数学，数学成为公民必需的文化素养，数学教育大众化是时代的要求，国际数学课程改革正是在这样的背景下展开的。国际数学课程改革的趋势是：

3.2.3.1　强调数学课程的应用性和实践性

目前，现实数学观点得到国际数学教育界的普遍认同，也为广大数学教师所接受。这一思想表明：第一，学校数学具有现实的性质（数学来自于现实生活，再运用到现实生活中去）；第二，学生应该用现实的方法学习数学（通过熟悉的现实生活自己逐步发现和得出数学结论）。这种观点集中体现在强调数学应用和培养学生的实践能力方面。数学课程的应用性和实践性成为国际数学课程改革的一个基本趋势。

英国数学课程在应用性、实践性方面的特点就令人瞩目。20世纪80年代末，英国国家课程委员会认为数学教育的主要问题是基础知识的数学和应用能力的培养之间存在着脱节的现象，因此提出了有关加强数学应用能力培养的意见。英国数学课程十分重视培养学生数学应用能力，并形成了系统化的体系。这一体系表现在以下几个方面：

第一，数学应用在英国数学课程标准中被确定为单独的数学目标，在所有四个学段都对学生进行应用能力的系统训练。

第二，英国国家课程委员会要求，所有学校都要重视数学应用能力的培养。教师在制订计划时，不但要保证学生有充分时间从事数学实践活动，同时在基础知识教学和基本技能训练中，也要充分贯彻数学应用的思想。

第三，对学生数学应用能力的要求，不但反映在课程标准中，亦体现在国家统考大纲中。

第四，国家数学课程对数学应用有如下三个要求：在实践工作处理问题以及使用物质材料的过程中，获取知识和技能，增进理解；运用数学解决一系列现实生活问题，处理由课程其他领域或其他学科提出的问题；对数学内部的规律和原理进行探索研

---

① 宋乃庆.数学课程导论[M].北京：北京师范大学出版社，2011.

究。英国国家课程委员会提出自低年级起就注重培养应用能力。让学生在处理实际问题、进行合作交流等丰富的活动中,发展其数学应用能力和对数学的理解。同时,英国国家数学课程强调了开放性问题的作用,要求变封闭问题为开放问题。

3.2.3.2 重视以学生为主体的活动

"做数学"是目前数学教育的一个重要观点,它强调学生学习数学是一个经验、理解和反思的过程,强调了以学生为主体的学习活动对学生理解数学的重要性,认为"做数学"是学生理解数学的重要条件。"做数学"的理论基础是建构主义理论。

建构主义学说认为,虽然学生要学的数学都是已知的知识,但对学生来说仍是未知的,需要每个人再现类似创造的过程来形成。学生学习数学的过程不是被动地吸收课本上的现成结论,而是一个亲自参与的丰富、生动的思维活动,是一个实践和创新的过程。具体地说,学生从"数学现实"出发,在教师帮助下自己动手、动脑"做数学",用观察、模仿、实验、猜想等手段收集材料,获得体验,并作类比、分析、归纳,渐渐达到数学化、严格化和形式化。

重视学生的主体活动是数学课程改革的热点问题。英国数学课程就具有活动性的特点。教师以数学目标的某一项及学习大纲的某个水平为出发点,组织学生学习活动。教师也可以提出开发性课题任务,进行开放性教学活动,使学生有机会接触多个教学目标,涉及多个学习水平。

强调学生的主体活动,更是东亚国家和地区数学课程改革的切入点,数学经验活动是许多国家与地区数学课程的基本内容。我国台湾地区数学课程改革的一个基本理念是强调以学生为本位加以安排,认为只有在学生主动参与教学活动下,学习才会发生。

日本新数学课程改革的一个基本特点是提倡具有愉快感、充实感的数学学习活动。日本新数学课程包括以下两方面理念:

第一,提倡以学生为主体的数学学习活动。日本文部省发布的第七次中小学学习指导纲要认为,活动是儿童的天性,让他们积极地投入到活动中学习数学是很重要的。学习纲要提供了大量学生主体性活动的指导,如户外运动、制作活动、调查活动、应用活动、综合知识的活动、探究活动、提出新问题的活动等。

第二,在宽松的气氛中学习数学,打好基础。首先,提倡一种有愉快感、充实感的学习活动。如小学数学课程要加入制作、体验等活动,理解数量和图形的意义,丰富对它们的感性认识。又如鼓励儿童尝试新的方法,可以让一起学习的学生合作交流。

3.2.3.3 计算机应用于数学教育

信息社会的标志是以电子计算机为核心的信息革命,这场革命影响着社会、经济、文化等方面。计算机对数学产生了深刻的影响,包括计算机技术在内现代科学技术的发展,无疑将极大地影响数学教育的现状。学校的数学教学条件将会得到进一步改善,数学教育开始进入信息化的时代。

近年来,世界各国纷纷将信息技术应用于数学教育,十分重视计算机辅助教与学的研究与实施。各种现代意义上的数学教学已经出现:结合具体数学内容编制各类软件,借助计算机快速、形象与及时反馈等特点配合教师教学,使教师的指导与学生的主观能动性得到更好的发挥;充分利用计算机网络的人机交互作用,并从ICAI(智能型计算机辅助教学)到MCAI(多媒体计算机辅助数学),不断提升计算机辅助教学的水平。随着数学教学中技术含量的提高,电脑、网络技术等已成为学生学习手段之一,学生可以自己通过各种现代化手段和媒介获得信息,进行数学思考活动。

英国国家数学课程标准要求给学生提供适当的机会来发展应用信息技术学习数学的能力。英国数学课程强调数学和信息技术的综合和交叉,并对学生的学习提供帮助,使数学知识和计算机知识相互支持与补充。

美国2000年标准强调科学技术在数学课程中的重要地位,强调科学技术与数学教学过程相结合,并提供大量的形象化电子版的数学例子,使得教师懂得怎样在教学实践中去运用信息科技。

计算机的介入,使得数学科学在研究领域、研究方式和应用范围方面得到了空前的拓展。今天,数学不但是人们用来处理各种现实问题、对未来作出预测和交流彼此间信息的一种普遍适用的技术,而且也成为人们把握客观世界模式、整理客观世界秩序的一种基本思维方式。它改变了以往人们对数学的看法,传统的一支笔、一张纸的数学研究形式将受到冲击。计算机辅助教学研究正在兴起,它使数学教育的观念、内容和方法都发生了重大变化。

3.2.3.4 目标的个性化与差别化

课程目标的差别化和弹性是目前国际数学课程设计的一个重要动向。

英国国家数学课程由学习大纲和教学目标两部分组成。其中教学目标按照五个知识块展开,学习大纲则按照学生在知识和能力方面的发展被划分为八个水平。国家数学课程明确规定每个水平的学习要求,体现了统一要求又具有弹性的结构特点,方便教师因材施教。

日本新学习指导纲要提倡进行选择性学习。学习纲要认为,数学课程要安排多种可供学生选择的数学活动。探究数学的某个内容或者专题,有关数学的实际运动,应用数学的活动,数学史的有关专题等,都可以是选择学习的课题。学习的程度也应有一定的弹性,学生的选择学习中可以有不同的程度,如补习、补充、发展、深化,使不同发展水平的学生都有收益,考虑了学生的个体差异,也使数学课程具有弹性。

韩国2000年第七次数学课程改革的主题是差别化数学教育课程。差别化课程实施的目的是提高每个学生的能力、才能与兴趣。

3.2.3.5 数学与其他学科的综合

数学教学与其他学科的联系与综合是一个重要的研究和实践的趋势，也是近20年来数学课程改革一个值得注意的特点。这一趋势在英国数学课程标准、日本的课题综合学习和荷兰新课程标准目标的跨学科目标中体现尤为清楚。课程综合是数学应用思想的延续和发展。数学应用具有多学科性，数学可以解决生活中和其他学科中的问题，是学习其他学科知识的重要基础。

在英国，英国国家数学课程要求：学校要研究数学和其他学科的关系，制订工作计划，通过课程综合工作，全面发展学生的数学素质。英国数学教学中的课程综合主要内容是：

(1) 从现实生活题材中引入数学；

(2) 加强数学和其他科目的联系；

(3) 打破传统格局和学科限制，允许在数学课中研究与数学有关的其他问题。

在日本，日本数学课程中课题学习是学习指导纲要中新增设的内容，同样体现了数学课程综合化的趋势，它通过学生综合数学知识，或者数学知识与其他知识的综合来解决一个研究课题。在数学课程中设置综合学习的目的是各方面的：学生综合地运用各科知识和技能，形成综合解决问题的能力；培养自己发现问题的意识、思考判断能力，掌握信息的收集、调查、总结的方法；培养以问题解决、探究活动为主的创造能力。

在荷兰，荷兰的数学课程标准提出了跨学科目标的基本概念，反映了课程综合的基本理念。跨学科目标在课程标准中具有较高地位，反映出荷兰数学课程的一个特色。在小学阶段，跨学科目标具体分为六个方面：工作态度；按计划工作；运用多种学习策略；自我认识；社会行为；信息技术。中学阶段的跨学科目标是：个人与社会；实践能力；学会学习；学会交流；学会思考；学会思考未来。

3.3 我国数学课程改革与发展

3.3.1 我国新一轮数学课程改革概述

数学课程改革是在剖析我国数学教育发展的历史与现状的基础上，综合世界各国课程改革的成果的基础上进行的。20世纪80年代以来，各国教育界都希望通过对历史的反思和课程标准的制定，解决21世纪本国公民的数学素质问题。从我国课程改革的情况看，最近二十年数学课程基本上保持着稳定的状况，除了一些内容上的增减或简单调整，一直没有出现大的变化。这种稳定的最大好处是教师能够通过经验的积累很快适应教学的要求，但也暴露出初高中数学课程很多共性的问题：

(1) 从课程目的的角度看："应试"的目的在很大程度上实际取代了数学课程的本来目的，没有体现出对数学积极的态度和兴趣。学生学习数学的动力主要来自于外部，更多的是分数的压力，而不是对数学内在的追求和爱好。学生的学习并不幸福，而且这样的状态不能被成人社会所关注。

(2) 从课程内容的角度看：内容偏于陈旧，课程缺乏选择性，课程设置单一。没有很好地体现数学思想的本质和现代数学的发展。初高中的课程衔接和协调不够，过分重视理论性、系统性，缺乏与现实生活相关联的应用性内容和展示数学思想性的内容。

(3) 从课程教学的角度看：只重知识的教学，不重思想的教学；只重结果的教学，不重过程的教学，灌输多，重形式，忽视学生的独立思考能力和创新精神的培养。为追求分数，学习中被动接受和死记硬背现象比较突出，表现为"掐头、去尾、烧中段"式的教学。

(4) 从课程评价的角度看：评价方式单一，以笔试为主，评价过分注重和依赖于考试的分数，忽视对学生自身发展的全面考察。

针对这些问题，我国数学教育工作者在1989年成立了"21世纪中国数学教育展望"课题组，明确提出"用大众数学的思想改造传统的数学教育理论与实践体系"，"人人学有用的数学，人人掌握数学，不同的人学不同的数学。"

1993年编写了新世纪小学数学教材，1994年9月开始实验，1999年3月成立国家数学课程标准研制组，2000年6月开始起草高中数学课程标准，2003年4月高中数学课程标准(实验稿)正式出版发行，2004年山东、广东、宁夏、海南四省区进行高中课程改革试验，2005年计划扩大到九省市。目前按新课程标准编写的高中数学教科书共有五套，分别是人民教育出版社出版的A版、B版教科书；北京师范大学出版社出版的教科书；江苏教育出版社出版的教科书；湖南人民出版社出版的教科书。

按照课程标准研制的初步设想，高中数学课程改革力求在三个方面有所突破。

(1) 新课程在内容上作重大调整：力求改变目前数学繁、难、偏、旧的状况，重新构建符合时代要求的新的"数学基础"。

(2) 新课程在结构上具有多样性和选择性：在设置必修课的基础上，设置不同要求、内容各有侧重的选修课程(模块),目的是为学生提供多种选择,使不同的学生可以选读不同的数学课程。

(3) 新课程注重改善学生的学习方式,关注学生在情感、态度和价值观等方面的发展。

3.3.2 高中《数学课程标准》简介

3.3.2.1 课程的基本理念

1. 构建共同基础,提供发展平台

高中教育属于基础教育。高中数学课程应具有基础性,它包括两方面的含义:第一,在义务教育阶段之后,为学生适应现代生活和未来发展提供更高水平的数学基础,使他们获得更高的数学素养;第二,为学生进一步学习提供必要的数学准备。高中数学课程由必修系列课程和选修系列课程组成,必修系列课程是为了满足所有学生的共同数学需求;选修系列课程是为了满足学生的不同数学需求,它仍然是学生发展所需要的基础性数学课程。

2. 提供多样课程,适应个性选择

高中数学课程应具有多样性与选择性,使不同的学生在数学上得到不同的发展。

高中数学课程应为学生提供选择和发展的空间,为学生提供多层次、多种类的选择,以促进学生的个性发展和对未来人生规划的思考。学生可以在教师的指导下进行自主选择,必要时还可以进行适当地转换、调整。同时,高中数学课程也应给学校和教师留有一定的选择空间,他们可以根据学生的基本需求和自身的条件,制订课程发展计划,不断地丰富和完善供学生选择的课程。

3. 倡导积极主动、勇于探索的学习方式

学生的数学学习活动不应只限于接受、记忆、模仿和练习,高中数学课程还倡导自主探索、动手实践、合作交流、阅读自学等学习数学的方式。这些方式有助于发挥学生学习的主动性,使学生的学习过程成为在教师引导下的“再创造”过程。同时,高中数学课程设立“数学探究”、“数学建模”等学习活动,为学生形成积极主动的、多样的学习方式进一步创造有利的条件,以激发学生的数学学习兴趣,鼓励学生在学习过程中,养成独立思考、积极探索的习惯。高中数学课程应力求通过各种不同形式的自主学习、探究活动,让学生体验数学发现和创造的历程,发展他们的创新意识。

4. 注重提高学生的数学思维能力

高中数学课程应注意提高学生的数学思维能力,这是数学教育的基本目标之一。人们在学习数学和运用数学解决问题时,不断地经历直观感知、观察发现、归纳类比、空间想象、抽象概括、符号表示、运算求解、数据处理、演绎证明、反思与建构等思维过程。这些过程是数学思维能力的具体体现，有助于学生对客观事物中蕴涵的数学模式进行思考和做出判断。数学思维能力在形成理性思维中发挥着独特的作用。

5. 发展学生的数学应用意识

20世纪下半叶以来，数学应用的巨大发展是数学发展的显著特征之一。当今知识经济时代，数学正在从幕后走向台前，数学和计算机技术的结合使得数学能够在许多方面直接为社会创造价值，同时，也为数学发展开拓了广阔的前景。我国的数学教育在很长一段时间内对于数学与实际、数学与其他学科的联系未能给予充分的重视，因此，高中数学在数学应用和联系实际方面需要大力加强。近几年来，我国大学、中学数学建模的实践表明，开展数学应用的教学活动符合社会需要，有利于激发学生学习数学的兴趣，有利于增强学生的应用意识，有利于扩展学生的视野。

高中数学课程应提供基本内容的实际背景，反映数学的应用价值，开展“数学建模”的学习活动，设立体现数学某些重要应用的专题课程。高中数学课程应力求使学生体验数学在解决实际问题中的作用、数学与日常生活及其他学科的联系，促进学生逐步形成和发展数学应用意识，提高实践能力。

6. 与时俱进地认识“双基”

我国的数学教学具有重视基础知识教学、基本技能训练和能力培养的传统，新世纪的高中数学课程应发扬这种传统。与此同时，随着时代的发展，特别是数学的广泛应用、计算机技术和现代信息技术的发展，数学课程设置和实施应重新审视基础知识、基本技能和能力的内涵，形成符合时代要求的新的“双基”。例如，为了适应信息技术发展的需要，高中数学课程应增加算法的内容，把最基本的数据处理、统计知识等作为新的数学基础知识和基本技能；同时，应删减繁琐的计算、人为技巧化的难题和过分强调细枝末节的内容，克服“双基异化”的倾向。

7. 强调本质，注意适度形式化

形式化是数学的基本特征之一。在数学教学中，学习形式化的表达是一项基本要求，但是不能只限于形式化的表达，要强调对数学本质的认识，否则会将生动活泼的数学思维活动淹没在形式化的海洋里。数学的现代发展也表明，全盘形式化是不可能的。因此，高中数学课程应该返璞归真，努力揭示数学概念、法则、结论的发展过程和本质。数学课程要讲逻辑推理，更要讲道理，通过典型例子的分析和学生自主探索活动，使学生理解数学概念、结论逐步形成的过程，体会蕴涵在其中的思想方法，追寻数学发展的历史足迹，把数学的学术形态转化为学生易于接受的教育形态。

8. 体现数学的文化价值

数学是人类文化的重要组成部分。数学课程应适当反映数学的历史、应用和发展趋势,数学对推动社会发展的作用,数学的社会需求,社会发展对数学发展的推动作用,数学科学的思想体系,数学的美学价值,数学家的创新精神。数学课程应帮助学生了解数学在人类文明发展中的作用,逐步形成正确的数学观。为此,高中数学课程提倡体现数学的文化价值,并在适当的内容中提出对"数学文化"的学习要求,设立"数学史选讲"等专题。

9. 注重信息技术与数学课程的整合

现代信息技术的广泛应用正在对数学课程内容、数学教学、数学学习等方面产生深刻的影响。高中数学课程应提倡实现信息技术与课程内容的有机整合(如,把算法融入到数学课程的各个相关部分),整合的基本原则是有利于学生认识数学的本质。高中数学课程应提倡利用信息技术来呈现以往教学中难以呈现的课程内容,在保证笔算训练的前提下,尽可能使用科学型计算器、各种数学教育技术平台,加强数学教学与信息技术的结合,鼓励学生运用计算机、计算器等进行探索和发现。

10. 建立合理、科学的评价体系

现代社会对人的发展的要求引起评价体系的深刻变化,高中数学课程应建立合理、科学的评价体系,包括评价理念、评价内容、评价形式和评价体制等方面。评价既要关注学生数学学习的结果,也要关注他们数学学习的过程;既要关注学生数学学习的水平,也要关注他们在数学活动中所表现出来的情感态度的变化。在数学教育中,评价应建立多元化的目标,关注学生个性与潜能的发展。例如,过程性评价应关注对学生理解数学概念、数学思想等过程的评价,关注对学生数学地提出、分析、解决问题等过程的评价,以及在过程中表现出来的与人合作的态度、表达与交流的意识和探索的精神。对于数学探究、数学建模等学习活动,要建立相应的过程评价内容和方法。

3.3.2.2 课程框架

高中数学课程分必修和选修。必修课程由 5 个模块组成;选修课程有 4 个系列,其中系列 1、系列 2 由若干个模块组成,系列 3、系列 4 由若干专题组成;每个模块 2 学分(36 学时),每个专题 1 学分(18 学时),每 2 个专题可组成 1 个模块。

1. 必修课程

必修课程是每个学生都必须学习的数学内容,包括 5 个模块。

数学 1:集合、函数概念与基本初等函数Ⅰ(指数函数、对数函数、幂函数)。

数学 2:立体几何初步、平面解析几何初步。

数学 3:算法初步、统计、概率。

数学 4:基本初等函数Ⅱ(三角函数)、平面上的向量、三角恒等变换。

数学 5:解三角形、数列、不等式。

2. 选修课程

对于选修课程,学生可以根据自己的兴趣和对未来发展的愿望进行选择。选修课程由系列1,系列2,系列3,系列4等组成。

系列1:由2个模块组成。

选修1-1:常用逻辑用语、圆锥曲线与方程、导数及其应用;

选修1-2:统计案例、推理与证明、数系的扩充与复数的引入、框图。

系列2:由3个模块组成。

选修2-1:常用逻辑用语、圆锥曲线与方程、空间中的向量与立体几何;

选修2-2:导数及其应用、推理与证明、数系的扩充与复数的引入;

选修2-3:计数原理、统计案例、概率。

系列3:由6个专题组成。

选修3-1:数学史选讲;

选修3-2:信息安全与密码;

选修3-3:球面上的几何;

选修3-4:对称与群;

选修3-5:欧拉公式与闭曲面分类;

选修3-6:三等分角与数域扩充。

系列4:由10个专题组成。

选修4-1:几何证明选讲;

选修4-2:矩阵与变换;

选修4-3:数列与差分;

选修4-4:坐标系与参数方程;

选修4-5:不等式选讲;

选修4-6:初等数论初步;

选修4-7:优选法与试验设计初步;

选修4-8:统筹法与图论初步;

选修4-9:风险与决策;

选修4-10:开关电路与布尔代数。

3. 关于课程设置的说明

(1) 课程设置的原则与意图

必修课程内容确定的原则是:满足未来公民的基本数学需求,为学生进一步的学习提供必要的数学准备。

选修课程内容确定的原则是:满足学生的兴趣和对未来发展的需求,为学生进一步学习、获得较高数学修养奠定基础。

其中，系列1是为那些希望在人文、社会科学等方面发展的学生而设置的，系列2则是为那些希望在理工、经济等方面发展的学生而设置的。系列1、系列2内容是选修系列课程中的基础性内容。系列3和系列4是为对数学有兴趣和希望进一步提高数学素养的学生而设置的，所涉及的内容反映了某些重要的数学思想，有助于学生进一步打好数学基础，提高应用意识，有利于学生终身的发展，有利于扩展学生的数学视野，有利于提高学生对数学的科学价值、应用价值、文化价值的认识。其中的专题将随着课程的发展逐步予以扩充，学生可根据自己的兴趣、志向进行选择。根据系列3内容的特点，系列3不作为高校选拔考试的内容，对这部分内容学习的评价适宜采用定量与定性相结合的方式，由学校进行评价，评价结果可作为高校录取的参考。

(2) 设置了数学探究、数学建模、数学文化内容

高中数学课程要求把数学探究、数学建模的思想以不同的形式渗透在各模块和专题内容之中，并在高中阶段至少安排较为完整的一次数学探究、一次数学建模活动。高中数学课程要求把数学文化内容与各模块的内容有机结合。具体的要求可以参考数学探究、数学建模、数学文化的要求。

(3) 模块的逻辑顺序

必修课程是选修课程中系列1、系列2课程的基础。选修课程中系列3、系列4基本上不依赖其他系列的课程，可以与其他系列课程同时开设，这些专题的开设可以不考虑先后顺序。必修课程中，数学1是数学2、数学3、数学4和数学5的基础。

(4) 系列3、系列4课程的开设

学校应在保证必修课程、选修系列1、系列2开设的基础上，根据自身的情况，开设系列3和系列4中的某些专题，以满足学生的基本需求。学校应根据自身的情况逐步丰富和完善，并积极开发、利用校外课程资源(包括远程教育资源)。对于课程的开设，教师也应该根据自身条件制订个人发展计划。

3.3.2.3 对学生选课的建议

学生的兴趣、志向与自身条件不同，不同高校、不同专业对学生数学方面的要求也不同，甚至同一专业对学生数学方面的要求也不一定相同。随着时代的发展，无论是在自然科学、技术科学等方面，还是在人文科学、社会科学等方面，都需要一些具有较高数学素养的学生，这对于社会和科学技术的发展都具有重要的作用。据此，学生可以选择不同的课程组合，选择以后还可以根据自身的情况和条件进行适当的调整。以下提供课程组合的几种基本建议。

(1) 学生完成10个学分的必修课程，在数学上达到高中毕业的要求。

(2)在完成10个必修学分的基础上，希望在人文、社会、科学等方面发展的学

生，可以有两种选择。一种是，在系列1中学习选修1-1和选修1-2，获得4学分；在系列3中任选2个专题，获得2学分，共获得16学分。另一种是，如果学生对数学有兴趣，并且希望获得较高数学素养，除了按上面的要求获得16学分，同时在系列4中获得4学分，总共获得20学分。

(3) 希望在理工（包括部分经济类）等方面发展的学生，在完成10个必修学分的基础上，可以有两种选择。一种是，在系列2中学习选修2-1、选修2-2和选修2-3，获得6学分；在系列3中任选2个专题，获得2学分；在系列4中任选2个专题，获得2学分，共获得20学分。另一种是，如果学生对数学有兴趣，希望获得较高数学素养，除了按上面的要求获得20学分，同时在系列4中选修4个专题，获得4学分，总共获得24学分。

课程的组合具有一定的灵活性，不同的组合可以相互转换。学生做出选择之后，可以根据自己的意愿和条件向学校申请调整，经过测试获得相应的学分即可转换。

3.3.3　中学数学课程体系的改革与发展

课程是教育改革的核心，集中体现教育思想的内在品质，反映一定主体关于教育改革的理性认识或理论思考，对教育实践活动具有重大影响。中学数学课程体系的改革与发展与高师数学课程改革密切相关。高师数学课程改革由于师资、课程机制、课改意识等因素，关注基础教育课程的程度远远不够，缺乏内在机制约束和外在推动力，有消极适应基础教育课程改革之倾向。

影响高师数学课程体系改革的因素很多，但最基本的出发点应该是课程内容改革要与中学数学新课程相匹配，积极适应中学数学课程发展。因此，高师数学课程体系改革应紧紧围绕中学数学课程发展，从课程门类、内容设置入手，抓住两个关键性的问题：① 明确新课程下中学数学课程有哪些变化，主要拓展内容是什么；② 如何有针对性地开设涉及这些内容的课程。

3.3.3.1　中学数学课程的主要拓展内容

中学数学新课程内容出现了前所未有的大幅变化，与大学数学课程的关联程度明显增加，如表3.9所示。对高师学生来说，现行课程内容设置与新课标课程内容要求存在较大落差。有的课程从未开设过；有的只是相关课程涉及，未系统学过；有的虽开设课程，但大纲内容与中学数学内容差别较大。调查研究表明，数学教育专业课程设置脱离中学数学教学实际情况没有得到根本上解决，毕业生存在知识缺陷。这是学生毕业后为什么不能适应中学数学课程改革的主要原因之一。

表 3.9 《数学课程标准》(普通高中)拓展内容与大学课程对应表

拓展内容	与大学课程对应课程(含涉及课程)
数学史选讲	数学史、数学方法论
信息安全与密码	密码学、初等数论
球面上的几何	微分几何、球面几何
对称与群	近世代数、初等几何研究
欧拉公式与闭曲面分类	拓扑学,初等几何研究
三等分角与数域扩充	数学史,近世代数
几何证明选讲	初等几何研究
矩阵与变换	高等代数
数列与差分	初代研究,数值分析
坐标系与参数方程	解析几何
不等式选讲	初代研究
初等数论初步	初等数论
优选法与试验设计	运筹学
统筹法与图论初步	运筹学、图论
风险与决策	运筹学
开关电路与布尔代数	离散数学
数学探究、数学建模	数学建模、初等数学研究
数学文化	数学教育学、数学方法论、数学史

3.3.3.2 中学数学课程的数学教师专业知识

中学数学课程的主要拓展内容涉及高师数学教育专业选修课程的开设。高师数学教育专业选修课程门类很多,可列举十几门之多。学生没有精力也没有时间选修好每一门课程。当前,师范院校数学专业选修课的开设由于教师、专业等因素的限制,学科本位很重,体系自成一统,专业色彩浓厚,很难适应中学数学课程的发展。高师数学教育专业选修课程要涵盖中学数学课程内容,开设应遵循两条基本原则:① 整合性原则。选修课程要打破学科本位主义,将相近的课程做有机的整合,开设广而约的选修课。整合的原则一方面保证数学专业知识的基础性和前沿性,以开阔视野、拓展专业知识、提高理论素质为宗旨;另一方面,以帮助学生适应中学数学新课程为主要任务,保证选修课大纲的章(节)包含中学数学课程的主要拓展内容。如表 3.10 所示。② 师范性原则。选修课程要体现教师教育性,加强同中学数学的实践联系,促进知识由数学形态向教育形态的转化。

高师数学课程改革的宗旨是“优化基础课程,淡化专业课程,强化教育课程”,这已为理论界和实践界所认同。这是一种“大课程”教育思想,是对传统数学教育课程模式的反动。第一,“大课程”教育模式是世界教师教育发展的一种趋势,是时

表 3.10 高中《数学课程标准》内容选例

选修课	高师教学大纲应包括的中学数学课程的内容
数学史	早期算术与几何、古希腊数学、中国古代数学瑰宝、平面解析几何的产生、微积分的产生、近代数学两巨星——欧拉与高斯、千古谜题——伽罗瓦的解答、康托的集合论、随机思想的发展、算法思想的历程、中国现代数学的发展
密码学	古典密码体制、RSA方案、棣弗-赫尔曼(Diffi-Hellman)方案、盖莫尔(EL-Gamal)算法、拉格朗日插值公式在密钥共享中的应用
球面几何	球面二角形(三角形)及其性质、球面正弦(余弦)定理、非欧几何模型、海岸线与分形
拓扑学	欧拉公式、曲面三角剖分、欧拉示性数、拓扑变换的直观含义、拓扑不变量、闭曲面分类
图论	一笔画问题、平面布线问题、四色问题、生成树、最小生成树的算法、图的最短路及其算法
初等数论	同余方程、剩余系、欧拉定理和费马小定理、大衍求一术(孙子定理)、Wilson定理及在素数判别中的应用,原根与指数,模p的原根存在性、离散对数问题、大数分解问题、公开密钥
运筹学	统筹图及其算法、统筹图参数、统筹图的关键路、风险决策、损益函数与损益矩阵、决策树、马尔可夫型决策、系统的可靠性
离散数学	布尔代数及其运算律、电路函数、电路多项式、开关电路与命题运算、二进制与计算机、框图算法
数值分析	数列与差分、一阶线性差分方程、(二元)一阶线性差分方程组、迭代法、求解的算法框图、计算的复杂性
数学方法论	数学模型方法、公理化方法、悖论、数学基础诸流派及其无穷观、数学探究与数学文化
初等数学研究	柯西不等式、贝努利不等式、排序不等式、平均值不等式、平行投影、圆柱或圆锥被平面所截的截面特征探索、黄金分割、拉东变换

代发展的驱动对教师教育的必然要求。通识教育是一种广泛的、非专业性的、非功利性的基本知识、技能和态度的教育,旨在培养积极参与社会生活的、有社会责任感的、全面发展的社会的人和国家的公民。对师范生来说,通识教育则有更高的要求:学高为师,身正为范。我国著名教育家张謇认为:"师范为教育之母","兴学为本,唯有师范"。这就是说,师范生仅有知识和教育技能是不够的,必须有神圣的社会责任感,有民主、团结、协作和奉献精神;而且必须有很强的分析和解决问题的能力,包括跨学科知识的交融能力,在复杂的信息环境下检索和判断问题的能力等。第二,"大课程"教育模式是教师教育走内涵式发展道路的必然选择。教师是一种职业,而且教师职业是由教育专业和任教学科专业所构成的双专业。对数学教师

来说，教师教育既要重视教育专业课程的学习，又要关注对数学学科知识的掌握，这种双专业理论突破了封闭的“专业主义”，丰富了传统师范性的内涵。将教师教育建立在宽广、扎实的师范性教育和学科教育的基础之上，是教师专业化的要求，也是教师教育专业化的必然选择。

问题与讨论

1. 简述“新数”运动。
2. 试述国际数学教育改革的基本趋势。
3. 如何看待我国数学课程内容的选择？
4. 简述我国高中新课程改革的基本理念。

第4章　数学学习基本理论

数学学习是指学生在教师指导下，有目的、有计划、有组织、有步骤地获得知识、形成技能、培养能力和发展个性的过程。数学学习与教育心理学密切相关，数学学习及其机理的研究是数学教育研究中最为复杂的课题之一，直接关系到数学教育学学科的科学发展。

4.1　数学学习的含义

学生的学习活动一般具有如下几个特点：① 基础性。随着社会发展，人类知识量越来越大。学生在有限的时间内，不可能学完所有知识，只能选择最基础的知识和技能，以便他们养成良好的个性品质和形成基本能力。② 间接性。由于学习时间的限制，学生不可能再次亲身经历人类知识的发现过程。学生学习的主要是以定论形式出现的人类的间接经验。③ 指导性。学生在学校的学习，不同于人类一般的个人认识活动的主体和客体之间的二元结构，而是由学生、客体和教师构成的三体结构①。为了提高学习效率，学生的学习活动需要教师的科学指导。④ 计划性。为了在有限的时间内，高效地完成学习任务，学生的学习活动要受到国家、地方或学校的课程标准、教学计划限制。⑤ 加工性。与人类的一般学习不同，学生的学习内容是教育工作者根据学生的年龄特征和知识特点经过多次加工处理的。其成果一般为教材、多媒体教学资源和教案等形式。

4.1.1　数学学习的特点

数学学习是指在特定环境下，依据国家数学课程标准，在教师指导下学生获得数学知识与技能，培养数学能力，发展个性品质的过程。数学学习活动首先是一种

---

①　王策三.教学认识论[M].北京：北京师范大学出版社，2002.

学习活动,因而它具有一般学习活动的基本特征。但是数学知识又具有严谨的逻辑性、高度的抽象性和广泛的应用性等数学科学独有特征。因此,数学学习活动还具有其本身的个性特征。

1. 过程性

严谨的逻辑性是数学科学的三大特征之一。数学教材一般都通过演绎方式呈现完美的数学结论,数学学习过程是学习“数学化”的过程,也是在学生经验基础上的一个主动建构过程,是充满了观察、实验、猜想、验证、推理和交流等丰富活动的过程,是学生积极主动的再创造过程。

2. 理解性

记忆和理解是知识学习过程中有机联系的两个重要环节。与一般知识相比,数学知识表现为形式化和符号化的数学语言,抽象概括程度较高。抽象化形式化的学习材料,决定了数学学习的理解性。

3. 双重性

数学知识通常分为陈述性知识和程序性知识。不同类型知识的学习过程和内外条件亦有所差异,学生的学习方法也有区别。但是,数学知识学习又具有双重性,既表现为一种数学认知结构的陈述性知识学习,又表现为一种算法、操作技能的程序性知识学习。

4.1.2 数学学习的分类

数学学习是一件非常复杂的事情,既涉及学习者内部心理过程,又涉及外部因素;既有数学知识的内容问题,又有形式问题。因此,我们有必要对数学学习进行分类。通过分类,不但可以进一步搞清楚数学学习的特点,还便于教师更好地从方法论的角度指导学生数学学习。

国内外关于学习、数学学习分类的研究有很多。依据不同的分类标准,我们得到不同的分类结果。这里我们介绍奥苏贝尔的学习方式分类和加涅的学习结果分类。

4.1.2.1 奥苏贝尔的学习方式分类

奥苏贝尔(D. P. Ausubel)针对认知领域中的学习现象,将学习按照两个维度进行划分:依据学习方式维度,分为接受学习和发现学习;依据学习深度,分为机械学习和有意义学习。所要说明的是,接受学习并不一定都是机械的,也可能是有意义的;发现学习并不都是有意义的,也有可能是机械的,而且每一个维度都存在许多过渡形式,其分类组合示例如图 4.1 所示。

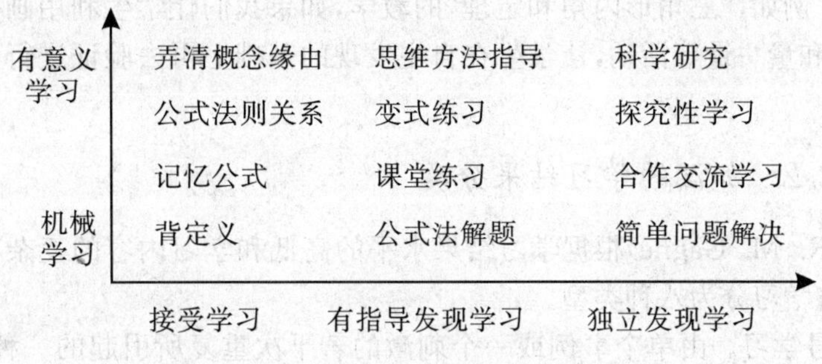

图 4.1 奥苏贝尔的学习方式分类示例

1. 机械学习与有意义学习

机械学习是指学生通过机械地多次重复而死记硬背数学知识的学习。这种学习缺乏"理解","知其然,而不知其所以然"。比如有的学生好像记住了"函数"概念,也知道函数的"三要素",但是就是不会对函数相关知识作出判断和求解。这说明他只是机械地记住了,并没有理解其真正含义。

有意义学习是指基于学生经验和理解的学习。绝大多数数学知识的学习必须通过有意义学习,学生才能真正"学会"。这里所指的理解,是指学生将新知识与头脑中已有的知识建立了非人为的、实质性的联系。奥苏贝尔认为,有意义的学习必须具备三个条件:① 要求学习的材料本身具有逻辑意义;② 学生原有认知结构中具有同化新材料的知识,即新材料能在学生原有认知结构中找到固着点;③ 学生具有有意义学习的心向,即学生在新的学习任务面前能主动激活自己原有知识,使新旧知识发生相互作用。如"数列极限"的学习,要让学生进行有意义学习,必须要在引起学生学习兴趣,联结已有知识和经验的基础上,将学生认知心理过程与知识逻辑紧密联系起来。首先,列举学生感兴趣的学习和生活中有关"无限趋近"的例子,使学生认识到从数学角度探讨这一问题的必要性,并从感性上认识到"无限趋近"的意义;其次,结合具体数列实例,利用图像,从直观上让学生进一步认识和理解"无限趋近"和"任意小"的含义;最后,根据学生理解,共同归纳和升华出严格定义。

2. 接受学习和发现学习

接受学习是指以定论的形式将新知识呈现给学习者的学习方式。新知识的条件、结论以及推导过程都已经叙述得非常清楚,学生被动地听老师讲解,并不需要学生独立发现。接受学习虽然具有一定的被动性,但是具有效率高的优点。

发现学习是指让学生通过独立发现,揭示问题的内在规律,进而得到新知识的学习方式。发现学习比接受学习复杂得多,但是所花时间比较多,效率较低。鉴于学生的认知特征和学习时间的限制,数学学习的发现学习,更多是指教师指导下的发现学习。例如,"三角形内角和定理"的教学,如果我们让学生利用画一画、剪一剪、拼一拼和量一量等活动,让学生在自主发现的基础上再去验证进行学习,就是发现学习。

4.1.2.2 加涅的学习结果分类

加涅(R. M. Gagne)根据学习结果水平的高低和学习内容的复杂程度,由低级到高级将学习分为八种类型。

① 信号学习。由单个事例或一个刺激的若干次重复所引起的一种无意识的行为变化,它属于情绪的反应①。② 刺激—反应学习。一种对信号做出反应的学习,但它有别于信号学习的是:信号学习是自发的、情绪的行为变化,而刺激—反应学习是自觉的、肌体的行为变化。③ 连锁学习。两个或两个以上非词语刺激—反应学习的一个有序结合。在数学学习中,某些技能的学习带有一定的操作性,它们也是一种连锁学习。例如,利用直尺、圆规、量角器等工具进行画图或作图,制作几何模型等,都是连锁学习。④ 词语联想学习。也是一种刺激—反应学习链,只是这条链上的链环是词语刺激—反应,而不是运动刺激—反应。⑤ 辨别学习。学会对不同的刺激,包括对那些貌似相同但实质不同的刺激作出不同的识别反应。⑥ 概念学习。能够识别一类刺激的共性,并对此作出相同的反应。概念学习的特点是抽取一类对象的共同特性,而辨别学习则是识别一类对象的不同特性。⑦ 法则学习。一系列概念学习的有序连锁,表现为能以一类行动对一类条件作出反应,它是一种推理能力的学习。由于数学是一个演绎结构系统,它的所有结果几乎都是以命题的形式给出的,而命题实际上是某种法则。因此法则学习是数学学习的一种主要类型。⑧ 问题解决学习。以独特的方式去选择多组法则,综合运用它们,最终建立起一个或一组新的、更高级的、学习者先前未曾遇到过的法则。

4.1.2.3 按照学习内容来分

正如其他领域知识一样,数学知识也是由很多相互渗透与相互联系的不同类型知识所构成的。一般认为,中学数学知识大致可分为数学概念、数学命题(公理、定理、法则和公式等)、数学思想方法、数学问题解决和数学元认知等。相应地,数学学习也有五种类型:数学概念学习、数学命题学习、数学思想方法学习、数学问题解决学习和数学元认知学习。不同类型的数学知识,其学习过程是有很大区别的。

---

① 叶立军,方均斌,林永伟.现代数学教学论[M].杭州:浙江大学出版社,2006.

4.2 数学学习的过程

学习理论可以说是心理学中最发达的领域之一。在心理学发展史上,许多心理学家都对学习,尤其是学习过程进行过理论和实践研究。这些研究成果大大增进了我们对学习的理解。由于研究关注点、方法和视野的不同,各个学习理论流派对学习过程的见解各不相同,形成了行为主义、认知主义、建构主义等理论流派。

行为主义认为学习过程就是通过强化建立刺激与反应之间联系的过程。认知主义则认为学习过程是学习者认知结构的主动组织与重新组织,是通过原认知结构与新的认知对象发生联系的过程。建构主义认为学习是学习者在个人经验基础上的主动建构过程,是在已有知识基础上的"生成"过程,而不是思维对于外部事物或现象的简单的、被动的反应。

这些观点为我们深入认识和理解数学学习过程提供了不同的视角,各有可取之处。从认知结构观点看,数学学习过程实质上是在特定的学习情境中,新的学习内容与学生原有的数学认知结构相互作用,形成新的数学认知结构的过程。

4.2.1 数学认知结构

所谓认知结构就是学习者头脑里的知识结构,它是从学科知识结构经过学生积极加工转化而来的。认知结构一般具有整体性、有序性和个性化等特点。数学认知结构就是学习者头脑里的数学知识结构,是学生按照自己理解的深度、广度,结合自己的感觉、知觉、记忆、思维、联想等认知特点,组合成的一个具有内部规律的整体结构①。

学生的数学认知结构是随着学生数学学习而不断扩大、加深和发展的。数学认知结构的发展程度在很大程度上受到学生原有数学认知结构的影响。奥苏贝尔对影响数学认知结构发展的因素进行了系统研究,认为数学认知结构的可利用性、可辨别性和稳定性是三个重要变量。

(1) 数学认知结构的可利用性。数学认知结构是一个有序的整体结构。其中是否有适当的起固定和联结作用的观念可以利用,就是数学认知结构的可利用性。事实上,在学习新知识时,都需要以学生原有认知结构中有关观念作为固着点去接受或纳入新知识,实现真正的数学学习。

① 郑君文,张恩华.数学学习论[M].南宁:广西教育出版社,2007.

(2) 数学认知结构的可辨别性。数学认知结构的可辨别性是指起固定作用的观念与要学习的新知识间的可辨别程度。可辨别程度越高,新学习的知识越能保存得长久。反之,新知识极有可能被原有知识替代,产生错误。

(3) 数学认知结构的稳定性。数学认知结构的稳定性是指认知结构中起固定作用的观念的清晰性和稳定性程度。清晰而稳定的原有观念,不仅能作为学习新知识的固定点,而且能影响新获得观念与原有观念的可辨别程度。为此,学习中应该注意循序渐进的原则,只有当原有知识真正掌握之后,才能更有利于新知识的学习。

实践表明,学生的数学认知结构有其固有的特点,即①:

(1) 数学认知结构是数学知识结构和学生心理结构相互作用的产物。

(2) 数学认知结构是学生头脑中已有数学知识、经验的组织。它既可以是学生头脑里所有数学知识、经验的组织,也可以是特殊数学知识内容的组织。前者指的是学生数学学科的全部知识、经验的组织特征,这些特征影响它在数学学科中的一般学习。后者指的是某一数学知识、经验的组织特征。也就是说,数学认知结构既是专门化的概念,又是一个带有普遍性的概念,它体现了数学知识和数学认知的统一。

(3) 数学认知结构可以在各种抽象水平上表征数学知识。即数学认知结构是一个有层次的阶梯。高层次是由所有数学知识、经验有机结合而成的认知结构。

(4) 学生的认知结构各有特点。这是由学生认知结构的可利用性、可辨别性和稳定性三个认知结构变量决定的。个性化是学生认知结构很重要的一个特点。每个学生认知结构变量值是不同的。这必然导致学生对同一学习内容的理解和掌握程度的差异。学习者只有根据个人认知结构的特点,持有积极的学习态度和心向,遵循数学学习的基本规律,才能实现预期的学习目标。

(5) 数学认知结构不是一种消极的组织,而是一种积极的组织,它在数学认知活动中,乃至一般的认知活动中发挥着作用。形成了一定的数学认知结构后,一旦大脑接收到新的数学信息,人们就能不自觉地、甚至是自动地用相应的认知结构对新信息进行处理和加工。

(6) 数学认知结构是一个不断变化的动态组织。随着数学认知活动的进行,学生的认知结构不断分化和重组,并逐渐变得更加精确和完善。正是因为数学认知结构具有这样的特点,所以通过数学教学能促进学生数学认知结构的完善和发展。

(7) 数学认知结构是在数学认知活动中形成和发展起来的。

① 李伯春,侯峻梅,崇金凤. 数学教育学[M]. 合肥:安徽大学出版社,2004.

(8) 从功能上来说,学生既能借助已有的认知结构去掌握现有的知识,又能借助原有的认知结构创造性地去解决问题。

4.2.2 数学学习的过程

简而言之,数学学习过程就是学生数学认知结构不断完善或重组的过程。根据数学认知结构的变化,数学学习的一般过程可以分为四个阶段(如图 4.2 所示):输入阶段、相互作用阶段、操作阶段和输出阶段。在数学学习活动中,学生是学习的认知主体,教师是学生学习的引导者和合作者,处于主导地位。为了提高学生的学习效率,避免学生走不必要的"弯路",教师要结合学生的实际学习情况,进行适时适当的引导,促进学生新的认知结构的建立。

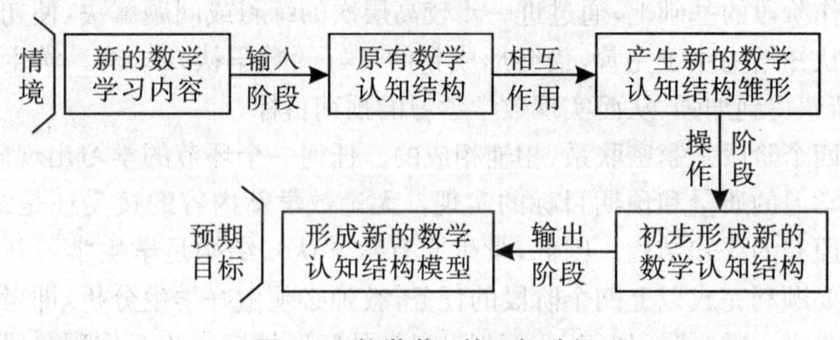

图 4.2　数学学习的一般过程

1. 输入阶段

所谓输入,就是在教师创设的学习情境中,给学生提供新的数学学习内容。教师所创设的学习情境一定要使新学习的数学内容与学生原有认知结构发生认知冲突,使学生在心理上和情感上产生学习新知识的需要和兴趣。也就是说,教师要通过情境创设,解决好学生学习的定向问题。一般认为好的数学情境要满足以下五条:围绕既定的数学知识点;符合学生的年龄特征及数学思维发展的实际;具有科学性、探究性、趣味性和发展性;尽量贴近学生生活实际和激发认知冲突,注重教学实效等。

2. 相互作用阶段

新学习的内容输入后,学生原有的数学认知结构与新学习的内容之间相互作用,数学学习就进入相互作用阶段。这里,有同化和顺应两种基本形式。

所谓同化就是把新学习的内容纳入到原有认知结构中,从而扩大原有认知结构的过程。学生学习任意角三角函数就是在原有认知结构中锐角三角函数和任意角等固定点基础上的加工过程。即将任意角的三角函数同化到原数学认知结构中的锐角三角函数中,从而将原有锐角三角函数认知结构扩充到一般角三角函数认知结构。

所谓顺应就是当原有认知结构不能接纳新的学习内容时，必须改造原有认知结构，以适应新学习内容的过程。相互作用阶段的结果是产生了新的数学认知结构的雏形。学生学习无理数时，学生原有有理数的认知结构就不能将之同化进来，因此就必须对原认知结构进行调整，以顺应将无理数纳入到认知结构中的需要，从而在原有有理数认知结构基础上，建立了实数认知结构雏形，并进一步完善。

3. 操作阶段

操作阶段实质上是在相互作用阶段产生新的数学认知结构雏形的基础上，通过教师提问和学生练习等活动，使新学习的知识得以巩固，从而初步形成新的数学认知结构的过程。通过这一阶段学习，学生学到了一定的数学技能，使新学习的知识与原有认知结构之间产生较为密切的联系。

4. 输出阶段

在操作阶段的基础上，通过进一步较高层次的练习或问题解决，使初步形成的新的数学认知结构臻于完善，最终形成新的良好的数学认知结构。学生的能力得到发展，情感得到加强，从而实现数学学习的预期目标。

以上四个阶段是紧密联系、相辅相成的。任何一个环节的学习出现问题，都会影响数学学习的质量和预期目标的实现。无论数学新内容的接受还是纳入，都取决于学生原有的认知结构。因此，学生原有数学认知结构是学生学习新数学内容的基础。要顺利完成以上四个阶段的任务，教师必须做好学生分析，即考虑学生的知识基础怎样，认知特征如何，从而创设科学的问题情境。相互作用阶段是关键环节。这直接关系到新认知结构的形成及质量。教师应进一步考虑数学新知识的难易程度、教学程序等问题，确保学生原有认知结构与新的数学知识相互作用。操作阶段对数学学习来说至关重要。科学合理的提问和由浅入深的变式练习是强化新形成的数学认知结构的两个重要手段。

4.2.3 数学学习的水平

由于学习者的知识、经验基础和认知特征的不同，数学学习的水平是有差异的。数学学习水平是指根据学习者的身心发展特征和数学知识的特点所划分的水平等级。学习水平的划分不但有利于学生学习目标的实现，也有利于教育教学及其评价工作，还有利于一个国家教育目标的总体落实。一般认为，布卢姆的教育目标分类学理论是数学学习水平刻画的理论基础。我国数学教学大纲和数学课程标准也都对学生数学学习水平作了具体明确的要求。

4.2.3.1　布卢姆的目标分类学及其发展

1. 布卢姆的目标分类学

布卢姆的目标分类学将人的心理发展分为认知领域、情感领域和动作技能领域等三个领域,每一领域又细化为若干层次,从而构成一个可观察、测量和操作的分类目标体系。布卢姆将认知目标分为六个层次:① 知识。记忆先前学习过的材料知识。② 领会。理解所传授的知识和信息的能力。③ 运用。能将习得的材料应用于新的具体情境。④ 分析。把复杂的材料分解成各个组成部分。⑤ 综合。把各种要素和组成部分组成一个整体。⑥ 评价。对材料做价值判断。在此基础上,布卢姆又进一步将之细分,构成了认知领域分类目标体系。

依据学习者外现的动作行为,布卢姆将动作技能领域由低到高分为反射动作、基本动作、直觉能力、体能、技巧动作和有意沟通六个层次。依据学习者内化的过程,布卢姆将情感领域分为接受、反应、价值评价、组织和由价值或价值复合体形成的性格化等五个层次。

由于布卢姆教育目标分类学起源于人文科学且主要用于考试评价,能否在数学教育领域加以推广引起广泛争论。弗赖登塔尔就认为,教育目标分类学好比"将马车放在了马的前面",不能促进对教育的评价。因为,学生的学习效果不单纯依赖于内容,更重要的是决定于学习过程中的地位,至少与教学环境有关。至少从数学教育的角度而言,布卢姆的教育目标分类学是难以操作的。数学教师可以根据自身教学实践的体会,对之加以选择和改进。

2. 威尔逊的数学学习水平分类

美国佐治亚大学数学教育系教授威尔逊(J. W. Wilson),在布卢姆教育目标分类学基础上,结合数学科学特点,提出了"数学学习水平分类模型"。该模型既包括认知领域,又包括情感领域。其中认知领域分为"计算、领会、运用、分析"四级水平,每级水平又分为若干子类。总体上而言,该模型类别详尽,概括性强,界定明确,具有较强的可操作性。

(1) 计算。计算水平要求学生能回忆基本事实的知识、术语的知识或按照学生先前已经学过的规则进行操作,即能进行记忆的简单练习和常规的变换练习,重点是知道或实施运算,而不要求作出决策或进行复杂的记忆。计算水平包括三个子类:① 具体事实的知识;② 术语的知识;③ 实施算法的能力。

(2) 领会。领会水平既与回忆概念和通则有关,又与把问题中的元素从一种形式转化为另一种形式有关,重点是反映对概念和它们之间的关系的理解程度,而不是运用概念作解答。此外,计算水平的行为有时表现为领会水平的行为,或包含在领会水平的行为之中,但是,领会水平是比计算水平更为复杂的一系列行为。领会水平包括六个子类:① 概念的知识;② 原理、规则和通则的知识;③ 数学结构的知识;④ 把问题元素从一种形式向另一种形式转化的能力;⑤ 延续推理思路的能力;⑥ 阅读和解释问题的能力。

(3) 运用。运用水平的行为涉及学生作出的一系列反应。这一特点使它与计算水平或领会水平相区别。运用水平需要回忆有关的知识,选择合适的运算并加以实施。运用水平涉及的活动是常规的,它要求学生在一个特定的情景中,以一种他以前实践过的方法去运用知识和方法。运用水平包括四个子类:① 解决常规问题的能力;② 作出比较的能力;③ 分析已知条件的能力;④ 识别同型性和对称性的能力。

(4) 分析。分析是认知水平中最高级、最复杂的行为水平,它包括了布鲁姆教育目标分类学中描述的诸如分析、综合和评价的绝大部分行为。分析水平需要非常规地运用概念,它要求探测关系,在一种非实践过的情景中对概念和运算进行组织和使用。分析水平包括五个子类:① 解决非常规问题的能力;② 发现关系的能力;③ 构造证明的能力;④ 评判证明的能力;⑤ 形成和证实通则的能力。

4.2.3.2 我国《数学教学大纲》关于学习水平层次的划分

《数学教学大纲》(1988 年修订)是我国新课程改革以前中小学数学教学的指南,是编写教材、指导教学、教学质量评价以及会考和高考命题的依据。在数学教学大纲中,国家对学生的学习水平有具体的要求。数学教学大纲由低级到高级、由简单到复杂地将学生数学学习水平分为了解、理解、掌握和灵活运用四个层次。具体内涵如表 4.1 所示。其中,了解水平和理解水平是对知识而言的,掌握水平是对技能而言的,灵活运用是对能力而言的。这样的分类体现了教学目标的层次性、顺序性和相对性等特点,有利于教师在教学中将学生知识的学习、技能的训练和能力的发展落到实处。

表 4.1 《数学教学大纲》关于学习水平层次的划分

学习水平	含 义	例 子
了解	对知识的含义有感性的、初步的认识。能说出这一知识是什么,能(会)在有关的问题中识别它	能记住或识别数学符号、术语;能画出简单几何图形
理解	对概念和规律(定律、定理、公式、法则等)达到了理性认识。不仅能说出概念和规律是什么,而且知道它是怎么来的,与其他概念和规律之间有什么联系,有什么用途等	能举出轴对称图形的实例;能用自己语言叙述"三角形内角平分线性质定理",并用图形或数学式子表示出来

续表

学习水平	含　义	例　子
掌握	一般地说，是在理解的基础上，通过练习，形成技能，能(会)用它去解决一些问题，能综合运用知识并达到了灵活的程度，从而形成能力	能算对数，对式子实施恒等变形；能进行推理证明
灵活运用		能通过分解、选择、分类、类比、归纳、组合等方法将学过的定义、公式、定理等综合运用于新的情境中，解决非常规的数学问题

4.2.3.3　我国《数学课程标准》关于学习水平层次的划分

针对我国中小学教育存在的主要问题，从我国的国情出发，借鉴世界各主要国家和地区课程改革的经验，我国在 21 世纪进行了建国以来最大规模的中小学课程改革。我国中小学数学的教学理念、教学内容、教学方式和教学评价都发生了很大的变化。自此，数学课程标准成为我国中小学数学教学的指南。数学课程标准认为，对数学学习的评价要关注学生学习的结果，更要关注他们学习的过程；要关注学生数学学习的水平，更要关注他们在数学活动中所表现出来的情感与态度，帮助学生认识自我，建立信心。因此，全日制义务教育数学课程标准和高中数学课程标准分别从知识与技能、过程与方法和情感态度与价值观三个维度提出了具体的数学学习要求。

《全日制义务教育数学课程标准(实验稿)》中不仅使用了“了解(认识)、理解、掌握、灵活运用”等刻画知识技能的学习水平，而且使用了“经历(感受)、体验(体会)、探索”等刻画数学活动水平，从而更好地体现了《标准》对学生在数学思考、解决问题以及情感与态度等方面的要求。如图 4.2 所示。

表 4.2　《数学课程标准》关于学习水平层次的划分

目标领域	学习水平	内　涵
知识技能目标	了解(认识)	能从具体事例中，知道或能举例说明对象的有关特征(或意义)；能根据对象的特征，从具体情境中辨认出这一对象
	理解	能描述对象的特征和由来；能明确地阐述此对象与有关对象之间的区别和联系

续表

目标领域	学习水平	内涵
知识技能目标	掌握	能在理解的基础上,把对象运用到新的情境中
	灵活运用	能综合运用知识,灵活、合理地选择与运用有关的方法完成特定的数学任务
过程性目标	经历(感受)	在特定的数学活动中,获得一些初步的经验
	体验(体会)	参与特定的数学活动,在具体情境中初步认识对象的特征,获得一些经验
	探索	主动参与特定的数学活动,通过观察、实验、推理等活动发现对象的某些特征或与其他对象的区别和联系

《普通高中数学课程标准(试验)》围绕高中数学课程目标,从知识与技能、过程与方法和情感态度与价值观三个维度对数学学习水平做了全面要求,并使用可操作性的行为动词来刻画和描述具体行为。如表 4.3 所示。

表 4.3 《数学课程标准》关于学习水平划分行为动词的描述

目标领域	水平	行为动词
知识与技能	知道/了解/模仿	了解,体会,知道,识别,感知,认识,初步了解,初步体会,初步学会,初步理解,求
	理解/独立操作	描述,说明,表达,表述,表示,刻画,解释,推测,想象,理解,归纳,总结,抽象,提取,比较,相对,判定,判断,会求,能,运用,初步应用,初步讨论
	掌握/应用/迁移	掌握,导出,分析,推导,证明,研究,讨论,选择,决策,解决问题
过程与方法	经历/模仿	经历,观察,感知,体验,操作,查阅,借助,模仿,收集,回顾,复习,能与,尝试
	发现/探索	设计,梳理,整理,分析,发现,交流,研究,探索,探究,探求,解决,寻求
情感、态度与价值观	反应/认同	感受,认识,了解,初步体会,体会
	领悟/内化	获得,提高,增强,形成,养成,树立,发挥,发展

4.3　数学学习的记忆和迁移

国内外众多的认知心理学研究表明:知识的记忆、理解和迁移是知识学习过程中不可缺少的环节。中小学数学教育是基础教育,学习者不仅希望通过数学学习掌握一些基本的数学知识和思维方法,而且希望把它们应用于进一步的数学学习中,应用于其他学科(如物理、化学等)的学习中。这些都是以记忆、理解所学的数学知识和达到数学学习中的迁移为前提的。因此,数学学习中的记忆、理解和迁移一直是数学学习论研究的重要课题,在数学教育中具有重要的意义。

4.3.1　数学记忆的类型

一般认为,所谓记忆,就是人脑对经历过的事物的识记、保持、再现或再认。识记即识别和记住事物特点及其联系,它的生理基础为大脑皮层形成了相应的暂时神经联系;保持即暂时联系以痕迹的形式存留于脑中;再认或再现则为暂时联系的再活跃。

数学记忆,就是学生学过的数学知识、经验在头脑中的反映,是学生通过数学学习积累数学知识、经验的功能表现。数学记忆从形式上来分,由低到高有机械记忆、理解记忆和概括记忆三种类型。

机械记忆就是学生只能按照数学事实、数据、定理、概念、法则等所表现的形式进行记忆。理解记忆是学生根据对数学学习材料的理解,运用有关的知识、经验进行记忆。概括记忆是在理解的基础上,把所学习的材料进行概括,对其一般模式的概括进行记忆。例如,记忆一类问题的结构及解决程式。

这三类记忆不仅形式上不同,而且层次上也不同。最低层次的数学记忆是机械记忆,这种记忆尽管在数学学习中也是必需的,但是这种记忆必须发展、上升到理解记忆,否则会很快遗忘,即使记住了,也难以在适当的情况下提取出来。记忆的第二个层次是理解记忆。要达到理解记忆,首先,所学习的数学材料必须有意义,即材料所代表的客观事物的空间形式和数量关系能和学生的某些知识、经验建立一定的联系。例如数字“5”,它的意义在于它代表了一类事物的数量,并且数字“5”也和学生头脑中的数学知识有一定的联系。其次,在理解记忆时要理解所记忆的数学材料,即认识所学习的材料代表着什么样的空间形式和数量关系,和自己的哪些经验有关。如理解数字“5”的意义,就是理解“5”既代表五个苹果,又代表五支笔；它是一个自然数；一个人的左、右手都各有五个指头，等等。这样把记忆的材料和经验中的特定知识联系起来，就是理解记忆。我们常说的要在教学中揭示概念的背景知识，这种揭示背景知识的方式，从记忆的角度来看，就是为了学生理解，达到理解记忆。有时为了达到理解记忆，往往对那些意义不明确或很难用和经验联系的数学材料，进行适当的“人为”加工，从而达到理解记忆。常见的记忆方法有口诀记忆、图表记忆和推导记忆等。如我们可以用口诀“奇变偶不变，符号看象限”来帮助学生记忆 $k\cdot\frac{\pi}{2}\pm\alpha(k\in Z)$ 与 α 的三角函数关系等。

最高层次的数学记忆是概括记忆。它必须以理解记忆为前提，否则不可能成为概括记忆。实际上，学生在理解了所学的数学材料后，建立了和原有数学知识、经验的联系，概括成为一般的模式，从而成为概括记忆。例如，

(1) 若 $|a|\leqslant 1, |b|\leqslant 1$，求 $|ab|\pm\sqrt{(1-a^2)(1-b^2)}$ 的最大值；

(2) 若 $m>0, n>0, m+n=1$，证明 $\left(m+\frac{1}{m}\right)^2+\left(n+\frac{1}{n}\right)^2\geqslant\frac{25}{2}$；

(3) 已知 $x\sqrt{1-y^2}+y\sqrt{1-x^2}=1$，试证：$x^2+y^2=1$。

上述三个问题尽管形式各异，但结构是一致的。字母都在 -1 到 1 之间，解法都可以转化为三角函数方法。我们在理解了每个问题后，把它们概括成一个模式，记住这种模式并用这种模式去解决一类问题，往往会取得较好的效果。

4.3.2 数学记忆的规律

与其他事物一样，知识的记忆也是有一定规律可循的。为了使学生所学的知识不遗忘或尽量少遗忘，我们要帮助学生掌握遗忘规律。

首先，我们来分析一下知识的记忆过程。认知心理学认为，记忆的过程是人脑加工信息的过程，即信息的输入、编码和检索的过程。其模式如图 4.3。可见，知识的记忆包括三个阶段：识记阶段、保持阶段和再现阶段。

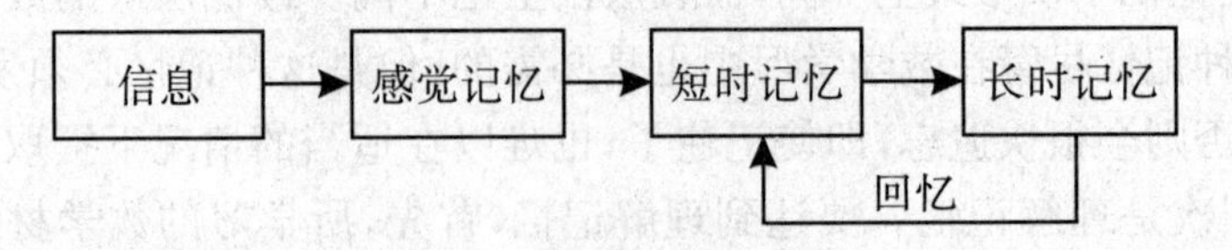

图 4.3 知识记忆的模式

识记阶段是数学记忆的第一步，是新知识和原认知结构相互联系，获得新意义的阶段。因此它在整个记忆过程起着至关重要的作用。研究表明，新知识的获得和个人当时的态度、倾向密切相关。因此，一般说来，在识记阶段导致记忆错误的

主要原因在于学生原有认知结构和个人当时的态度、倾向等。同样知识水平的学生，由于认知态度、倾向的不同，获得的意义可能不同。“个人不同的认知结构，比学习材料本身在决定意义的内容方面有更大影响。”除此之外，识记环境、识记知识的意义性强弱和识记量也是影响识记质量的重要因素。索柯洛夫研究表明，无论是对于机械识记，还是对于意义识记，一次识记的材料数量与识记的效率呈负相关，数量越大，效率越低。如果假设我们识记的数学概念的数量为 X，识记效率为 Y，则有 $XY=k$。其中 k 代表数学概念对于学生的意义度。

获得阶段，是新知识和原认知结构中的有关知识发生相互作用（建立联系），原认知结构得到了改造，学生获得了新的意义（形成新的认知结构）。但是这种新旧知识的相互作用并不是在知识输入时新的意义一出现就结束，而是还在继续进行。从信息论的观点来看，就是对新知识进行加工、编码、储存。保持阶段是导致意义获得的同化过程的后一阶段，新意义不仅被保持下来，而且新意义产生了以下两方面的变化：① 新获得的意义更加稳定；② 新意义是以与原有认知结构中特殊的观念相连的方式保持在认知结构之中，使新知识更有条理性。为了保持新知识和原认知结构的联系，应该进行强化和复习，否则新知识和原认知结构的联系就会脱离，从而失去所获得的新意义。

再现阶段是知识记忆的最后一个阶段，就是把保持的意义提取出来。再现质量除了与被保持的意义同它的原有认知结构中的分离程度和学生当时的任务、兴趣、情绪状态等有关之外，知识的加工水平和再现场合也与识记场合相似度有关。研究表明，加工越深，记忆材料处理得越好，所需时间虽越长，但再现效果越好；当再现场合与当初识记时一致，或者联系较明显时，再现的效果就会很好。反之，再现场合与当初识记时，联系不明显，或者没有联系时，再现不仅效率低，而且效果也会较差。

由于数学学科特点，数学记忆除了具备上述规律外，还需要学生进一步强化对数学知识的理解、联系和练习。在数学学习中，我们应该遵循数学记忆规律，不断与遗忘作斗争，加强数学知识的保持。记忆规律理论表明，高质量的记忆可以通过以下三个途径获得：第一，知识意义编码(Meaning Encoding)。信息应该在意义层次上加工，把信息与储存的知识联系起来；第二，储存提取结构(Retrieval Structure)。线索应该与信息一起储存以利于其后的提取。第三，加速练习(Speed-up)。广泛练习以使编码和提取中所涉及的加工过程越来越快，这样就可以导致自动化。

结合数学知识记忆规律，为了提高学生数学记忆效果，数学学习应该注意：

1. 明确记忆的目的和任务，提高识记目的

我国著名教育家杨贤江先生说过：“学习时当存心记忆，学习时存心将材料记牢，为记忆佳良之一要件，同时须有自己能够学好的自信心。”因此，记忆的目的越清晰,任务越明确,就越能发挥各种潜力,达到较好的记忆效果。教师在数学学习中,可明确提出记忆任务,以提高学生记忆效果。

2. 采用多种加工方式,形成数学知识网络

加工水平理论表明,对于不同类型知识的加工方式是不同的。加工的水平越高,记忆的痕迹就越牢固,记忆就越好。克雷克和塔尔文曾做过一项实验,结果发现,当学习材料在较深层次加工时,学生一般能理解得较好,掌握得也比较牢固。ACT 理论①亦表明,不同类型的知识在长时记忆系统中的存储方式,即心理表征也是不同的。不同类型的知识,获得的途径也是不同的。因此要针对不同类型的数学知识,选取不同的编码和加工策略,形成良好的数学知识网络。比如对于数学概念的记忆,我们可以采取促进理解为主的精细性加工策略,表现形式为通过适量的、有针对性的练习来强化刺激,加深对数学概念的理解,从而更好地记忆数学概念,并将之纳入到个体的认知结构中。

3. 合理安排复习时间,防止遗忘现象产生

遗忘就是对识记过的事物在一定的条件下不能再现,或表现为错误的再认或回忆。因此,要提高记忆效果,就必须不断地与遗忘作斗争,降低遗忘率。合理安排复习时间是巩固记忆的基本途径和方法。心理学研究表明,遗忘的规律是先快后慢,先多后少。因此,复习必须要及时,复习时间间隔要先密后疏,随着记忆巩固程度的提高,复习的次数可以逐渐减少,复习时间间隔可以逐渐加大。另外,还要注意分散复习。搞好平时复习、阶段复习,为避免脑力疲劳,应避免集中复习时间过长。

4. 综合运用多种记忆方法,提高记忆质量

记忆方法要多样化,防止单调的机械重复。要结合数学知识的特点和个人的认知风格,选择和运用多种记忆方法,才能有效提高记忆质量。中学数学常用的记忆方法有理解记忆法、类比记忆法、联想记忆法、口诀记忆法、推导记忆法和系统记忆法等。理解记忆法是指在积极思考、深刻理解的基础上进行记忆的方法。由于数学知识的特点,理解记忆法是数学记忆活动中最重要和最有效的记忆方法。对于数学学习中的难点,学生通常很难及时理解和掌握,我们可采用口诀记忆法、图像记忆法和类比记忆法等让学生先记住,然后在后续的学习和运用中进一步理解。比如对于初中数学几何学习而言,添加辅助线是学习难点。我们就可以将初中三角形、四边形和圆中常见的辅助线作法编成口诀,便于记忆。比如三角形部分口诀:“图中有角平分线,可向两边作垂线;也可将图对折看,对称以后关系现;角平分

---

① ACT(Adaptive Control of Thought)理论,即“思维的适应性控制”,美国心理学家 J·安德森于 1976 年提出,至 1983 年发展完善的关于认知系统的整合理论与人脑如何进行信息加工活动的理论模型,简称 ACT 理论。

线平行线，等腰三角形来添；角平分线加垂线，三线合一试试看；线段垂直平分线，常向两端把线连；要证线段倍与半，延长缩短可试验；三角形中两中点，连接则成中位线；三角形中有中线，延长中线等倍长。”

4.3.3　数学学习的迁移

4.3.3.1　数学学习的迁移类型

迁移是学生学习活动中普遍存在的一种现象。早在两千多年前，孔子就指出“举一隅，不以三隅反，则不复也”，“回也，闻一以知十”。意思是说，学习可以“举一反三”，“触类旁通”，使学生达到“由此及彼”。19 世纪末，20 世纪初，国外学者开始借助于实验对迁移进行了研究。时至今日，学习迁移仍然受到世界各国的心理学家和教育学家的关注，甚至把它作为一个教育、教学的原则，提出要“为迁移而教”。因此，在数学学习中研究迁移问题，有其特殊的、深刻的意义。

一种学习对另一种学习的作用，在心理学上称为学习的迁移。这种迁移不仅表现为先前学习对后继学习的影响，也可表现为后继学习对先前学习的影响。例如，实数的学习会影响复数的学习，反过来，复数的学习又加深了对实数的理解。学习迁移是通过学生认知结构来实现的，学习之间的迁移有时是积极的，有时是消极的。凡一种学习对另一种学习起促进作用，叫做正迁移。例如，加法学习有助于乘法学习，方程的学习有助于不等式学习等。凡一种学习对另一种学习起干扰或抑制作用，称为负迁移。例如，学生受分配律 $a(b+c)=ab+ac$ 影响，认为 $\lg(a+b)=\lg a+\lg b$，$\sin(A+B)=\sin A+\sin B$ 等。如果先前学习对后继学习起促进（消极）作用，称为顺向正（负）迁移；反过来若是后面学习对先前学习起巩固促进（干扰或抑制）作用，就称为逆向正（负）迁移。在数学学习中，我们要促进正迁移，防止负迁移。学习的正迁移量越大，说明学生通过学习所产生的适应新学习情境或解决新问题的能力越强，教学效果就越好。

按照迁移方向的不同，正迁移又分为垂直迁移和水平迁移。垂直迁移是纵向延伸，先前的学习为某一层次的，后来的学习为另一层次的，具体表现为由易到难，由简到繁，由低级到高级的阶梯式渐进迁移；水平迁移是横向扩展，前后学习处于同一层次，具体表现为同难度层次向外扩展，学生掌握原理即可举一反三、触类旁通。

4.3.3.2　影响学习迁移的因素

迁移的产生是有条件有规律的。影响数学学习的因素是多方面的，既有客观因素，又有主观因素。

1. 两种学习之间的类似性

迁移需要通过认知结构对新、旧知识进行分析,抽象概括出其中共同部分才能实现。因此,若两种学习活动之间存在着许多类似的东西,那么这两种学习之间容易产生相互间的影响。学习活动的类似性包括学习情境的类似性、学习材料的类似性和反应结果的类似性。当这两种学习情境类似时,由于学习者对前一学习活动的熟悉感,就会指引他们进行类似的学习,就是说迁移容易在情境类似的两种学习间发生。当两种学习活动的材料彼此类似时,也容易实现迁移。例如,解二元一次方程组的学习活动和解三元一次方程组的学习活动之间很容易产生相互影响。这是因为学习内容的相似性,学生很容易作出概括,从而对类似的刺激(学习内容)作出相似的反应。反应结果类似的两种学习活动同样也可互相影响。如"日常的垂直"概念会影响"几何垂直"概念的学习,这种学习迁移就是由于它们的反应结果类似——"垂直"——而引起的。

2. 教师的教学方式

在数学教学中,教师的教学方式不仅直接关系到学习的成败,而且直接影响迁移的效果。实验表明,若采用适当的教学方式,迁移量可大大增加。所以在数学教学中应采用合适的教学方法。教师应从学生熟悉的,已经掌握的知识经验出发,帮助学生理解知识,教师还应揭示一般原理的形成过程,帮助学生概括、总结经验,增进迁移的效果。

3. 学生的认知结构

优良的认知结构,能大力提高概括水平和分析综合能力,促使正迁移的实现。迁移的实质就是概括,若学生能发现两种学习之间的关系,概括出两种学习的共同本质要素,那么这两种学习之间就能够产生迁移。而能否概括出两种学习之间的共同要素,则依赖于学生数学概括能力的发展水平。概括能力越强,就越善于在两种学习间看出其相似性,从而相互影响。实验表明,数学概括能力强的学生,很容易概括出问题的结构,把解决一个问题的方法迁移到解决类似的问题中去。美国心理学家布鲁纳强调学科的知识结构,其主要目的也在于此。他指出:"如果你理解了知识的结构,那么这种理解会使你可以独立前进;你无需为了知道各事物的属性而与万事万物打交道,只要通过对某些深奥原理的掌握,便有可能推断出所要知道的个别事物。认识是个巧妙的'策略',你借此能够获悉许多事物的大量情况,纵然你头脑里记住的事物数量并不多。"

4. 思维定势的作用

思维定势是指人类思维的一种定向预备状态。在没有新干扰的情况下,人们习惯于按照既定的方向或方法思考。思维定势是客观存在的,学生的认识过程就是在定势基础上发生的。但是,思维定势既有积极的一面,也有消极的一面。当思维定势与实际问题的解决途径一致时，就可以促进正迁移的发生，使问题得到迅速解决。一般说来，利用思维定势的积极作用，学生能迅速将所面临的问题情境归结为熟悉的或简单的情境。

例如，当学生遇到"求证：$(z-x)^2-4(x-y)(y-z)=0$ 则 x,y,z 成等差数列"问题时，熟知根的判别式 $\Delta=b^2-4ac$ 的学生，会马上意识到 $(z-x)^2-4(x-y)(y-z)=0$ 就是对应的一元二次方程 $(x-y)t^2+(z-x)t+(y-z)=0$ 有等根，从而迁移一元二次方程有关知识来证明该题。这样思维定势的积极作用产生了解题策略的正迁移。除此之外，思维定势的正迁移作用还是类比、联想、直觉和创造思维活动得以开展的基础。反之，当思维定势与实际问题的解决途径不一致时，往往会形成负迁移，抑制或干扰问题的解决。这主要表现为思维的固化和呆板，不能多角度、全面地和整体地看问题。例如，当学生遇到"求实数 m，使方程 $x^2+(m+2i)x+2+mi=0$ 有实根"问题时，学生会马上想到令 $\Delta=(m+2i)^2-4(2+mi)\geqslant 0$ 就可以求解该题了。但是，他并没有注意到实系数方程根判别式的适用范围和所给方程系数，只是机械照搬。这就是思维定势的副作用，会导致问题解决的盲目性。由此可见，在数学学习中，思维定势对学习迁移的影响是双重的。我们应该积极促使思维定势正迁移的发生，尽力避免负迁移的产生。

4.4 数学学习的智力发展

数学学习与智力发展有着密切关系。一方面，数学学习要以学生一定的智力发展水平为前提；另一方面，数学学习又能大大促进学生智力的发展。一般认为，智力是一种综合能力，是人类认识、理解客观事物并运用知识、经验解决问题的能力，包括观察、记忆、想象、思维和注意等子能力。皮亚杰的儿童智力发展理论是智力发展研究领域具有重大影响的理论之一。

4.4.1 儿童智力发展的四个阶段

皮亚杰(J. Piaget，1896～1980)，瑞士著名的心理学家、哲学家和教育家，通过对儿童从出生到成人的发展过程的长期观察、记录，提取了儿童智力发展的特征。在此基础上，他从儿童的内在心理过程来分析儿童的行为，提出了儿童的智力发展理论。

为了便于理解皮亚杰的儿童智力发展理论，先要明确该理论中的五个核心概念。它们分别是图式、同化、顺应、平衡和运算。皮亚杰认为儿童认知结构是儿童认知活动的产物，是不同发展水平的儿童对外界事物作出反应的组织方式。“图式”则是儿童认识结构的最基本单元，是动作的高度概括的结构或组织，它可以从一种情境迁移到另一种情境中去。换言之，图式就是在同一活动中各种重复和运用中保持共性的那种结构。儿童最初的简单图式来自先天遗传，随着年龄的增长，在适应环境过程中不断丰富，逐渐形成比较复杂的图式系统，即我们所说的认知结构。现代脑认知研究结果也表明了这一点。脑认知研究，人类的学习是以神经元连接的方式来编码的，是通过形成新突触，或巩固、削弱已有突触的连接方式来实现的。其中，青少年主要是通过形成新突触机制实现的，成人则主要通过巩固或削弱已有突触机制实现的①。同化和顺应我们在本章第二节已经介绍过。它们是儿童认知结构不断丰富、成形的两个有机统一、相辅相成的机制。同化是量变过程，促进图式的生长；顺应是质变过程，增加图式的种类。平衡则是皮亚杰解释儿童学习机制的另一个重要概念。没有平衡，就没有儿童的发展。他认为平衡是指由同化和顺应过程均衡所导致的主体结构与客体结构之间的某种相对稳定的适应状态。这种状态是动态的，而不是静止的。运算，则是指儿童通过逻辑推理将一种状态转换成另一种状态。

皮亚杰的儿童智力发展理论将儿童智力发展过程分为彼此衔接而又不能超越的四个阶段：感知运动阶段（0～2 岁）、前运算阶段（2～7 岁）、具体运算阶段（7～11 岁）和形式运算阶段（11～15 岁）。

1. 感知运动阶段（0～2 岁）

这一阶段儿童的认知发展主要是感觉和动作的分化。出生时婴儿只有先天的遗传性条件反射。随着动作的不断泛化与分化，逐渐发展出应付外部环境刺激的能力。儿童主要用感知、动作与外界发生关系，逐渐形成客体永久性观念，即使物体不在眼前他也知道仍然存在。此阶段儿童初步具有物体守恒和因果律的观念。

2. 前运算阶段（2～7 岁）

前运算阶段儿童各种感觉运动行为模式开始内化，成为表象或形象模式，特别是由于语言的出现、发展和使用，促使儿童出现了直觉思维。这种思维仍受具体的知觉表象限制，知觉—行动思维占优势，无法达到任何类型的守恒。如儿童虽然可以对具体的三个娃娃进行大小比较，但不能单纯想象来实现。同样，将一个球形的物体压扁，他们也无法推理出重量的守恒。

3. 具体运算阶段（7～11 岁）

皮亚杰认为，具体运算阶段儿童的思维品质发生了巨大的变化，思维水平有了

---

① 经济合作与发展组织. 理解脑：走向新的学习科学[M]. 北京：教育科学出版社，2006.

质的变化。这一阶段的主要标志是“守恒”概念和分类、列序能力的形成。这里所说的“守恒”，是指儿童认识到物体不会因形状和位置的变化而导致数量改变的道理。他们在遇到数量、长度、面积、重量和容积等守恒问题时，能够进行逻辑推理，顺利地解决。同时，儿童还能解决分类和列序问题。所谓分类，是指儿童能够根据事物的性质或关系对事物进行不同的组合。所谓列序，是指儿童在内心能够依据大小、多少、轻重和长短等关系对事物的次序作出安排。但是，他们在进行逻辑推理时，转换的对象还只限于客体或具体材料，而不是抽象的假设或命题，在很大程度上还需要具体形象的支持。如大多数儿童如果没有具体物体作为辅助工具，不能解决如下问题：“汉斯比海因年龄大，汉斯比浩林年龄小，谁年龄最小？”。

4. 形式运算阶段(11～15岁)

该阶段最主要的特征是思维摆脱了具体事物的约束，能抽象地假设或命题进行逻辑推理。即能够进行“如果满足什么条件，就怎么样”的思维活动。他们不必去想象一个具体的行为，而是直接借助形式表述进行运算。这一阶段儿童的思维是内部的、有组织的和可逆的，能够在心理上控制若干变量，同时考虑其他几个变量。如儿童能够进行形式推断：当 $a<b$ 和 $b<c$ 时，得出 $a<c$。他们能够欣然接受“如果花2元可以买3支铅笔，则1元可以买1.5支铅笔”的推论。

皮亚杰的儿童智力发展理论的主要目的在于说明发展阶段的存在及各阶段的特征。需要说明的是，智力发展的这四个阶段的转化，因认知材料难度的不同而有所差异。当认知材料超过一定难度时，儿童思维水平还会发生退到早先的发展阶段的现象。

4.4.2　数学学习的智力参与

数学学习与智力发展互相联系、互相制约、互相促进。促进学生智力发展，是数学教育目标的一个重要组成部分。通过前面对智力的定义可以看出，数学学习中的智力活动主要表现为数学学习过程中学生的观察能力、注意能力、记忆能力、思维能力和想象能力的综合运用。除此之外，还有数学学科特定的运算能力、抽象概括能力和数据处理能力的参与。简而言之，促进学生智力发展，就是促进学生能力的发展。

4.4.2.1　数学学习活动要以一定的智力发展水平为前提

通过皮亚杰智力发展理论可见，中小学生智力发展是有规律的。在数学教学活动中，只有适应这个规律，才能促进学生智力的健康发展。

1. 教师要为学生提供合适的学习材料

教师决不能不顾学生智力发展的阶段、水平，要求他们学习难度过大或过于抽象的内容，从而造成“消化不良”和学习负担过重；但也不能低估学生的智力发展水平，降低学习要求，阻碍学生学习潜力的发挥，造成学习内容贫乏和过于容易，从而影响学生的智力发展。维果茨基的“最近发展区”理论认为，教师在向学生提供学习材料时，要根据学生的具体情况，做精心设计与处理，既不应使学生轻易地得到解决，也不能使他们力不能及，而是要在教师的引导下，学生经过一定的努力才可以解决和接受。例如，学习同底数幂相除的法则：$a^m \div a^n = a^{m-n}$，$m>n>0$，m，n 均为正整数。我们有以下三种处理方式：

方法一：因为 $2^5 \div 2^2 = 32 \div 4 = 8 = 2^3 = 2^{5-2}$，$10^5 \div 10^2 = 100000 \div 100 = 1000 = 10^3 = 10^{5-2}$，$3^6 \div 3^3 = 729 \div 27 = 27 = 3^3 = 3^{6-3}$，…，所以 $a^m \div a^n = a^{m-n}(m>n)$。

方法二：因为 $a^m = \overbrace{a\cdots a}^{m个}$，$a^n = \overbrace{a\cdots a}^{n个}$，所以，$a^m \div a^n = \dfrac{\overbrace{a\cdots a}^{m个}}{\underbrace{a\cdots a}_{n个}} = \overbrace{a\cdots a}^{m-n个} = a^{m-n}$ $(m>n)$。

方法三：因为 $a^n \times a^{m-n} = a^{n+(m-n)} = a^m(m>n)$，再根据除法是乘法的逆运算，可得 $a^m \times a^{-n} = a^{m-n}$，以下再去证明商的唯一性。

上述三种处理方式显然分别对应形象思维、经验型思维和理论型思维水平的学生。

2. 学生的学习方法要符合智力发展水平

对于处于学前和小学学段，特别是低学段的学生而言，他们更多关注“有趣、好玩、新奇”的事物。因此，他们的学习活动应该是一件有意思和“好玩”的事情。学习方法应以实物作支持的“游戏”、“竞赛”类为主。小学高学段和初中学段的学生对“有用”的数学更感兴趣。此时，学生的学习活动应让学生感觉到数学就在自己身边，而且学数学是有用的、有必要的（长知识、长本领），从而愿意并且想学数学。学习方法应以具体例子与经验作支持的“合作”、“发现”类为主。高中学段的学生开始有比较强烈的自我和自我发展的意识，因此对于与自己的直观经验相冲突的现象，对“有挑战性”的任务很感兴趣。因此，学生的学习活动应除了让学生感觉数学“有用”外，还要给学生经历“做数学”的机会，使他们能够在这些活动中表现自我、发展自我，从而感觉到数学学习是很重要的活动，并且逐步形成“我能够而且应当学会数学的思考”。学习方法应以假设和命题为支持的“探究”、“深思”类为主。

4.4.2.2 重视学生智力发展的关键期和成熟期

儿童智力发展并非总是直线上升的，而是有一个从量变到质变的过程。就中学阶段学生智力发展的过程来看，出现质的飞跃一般是在初二，表现为从经验型思维向理论型思维转化，处于思维发展的转折点，称之为“关键期”；在高一到高二，这时学生的思维活动初步成熟，思维发展处于“成熟期”。据调查，高中入学时的学习尖子，经过半年或一年的学习后不一定仍是尖子生；而在高一阶段学习成绩处于中上等的学生，绝大多数都能继续保持其学习成绩；高中毕业时的尖子生，一般有80％以上在上了大学以后仍是尖子生。可见，高二以后学生智力发展日趋稳定和成熟。

我们在教学过程中要特别注意这两个时期。例如，处于“关键期”的学生思维的抽象、概括、分析、综合、判断、推理等都在迅速发展，前后有明显的差异。我们在教学过程中，要精心设计安排，不失时机地对学生进行培养，以使学生安全度过“关键期”，并防止学生出现两极分化。处于“成熟期”学生的抽象概括、分析综合等能力还具有一定的变动性和可塑性。我们要及时促进思维的发展和智力的提高，以使学生的智力尽快“成熟”。

4.4.2.3　采取多种有效手段，培养和提高学生数学能力

在数学学习活动中，智力的参与质量主要表现为学生的数学认知结构中和问题解决上。随着学生数学认知结构的不断完善和问题解决能力的逐渐提高，学生的数学能力逐步增强。但是，并不是所有的数学学习都能促进数学能力的形成与提高，有的甚至会起阻碍作用。

1. 注重数学思想方法的学习

美国心理学家J·S·布鲁纳特别强调学习学科的基本结构，也即学科的基本理论和观念。在数学学科中，表现为数学基本知识结构和数学思想方法。数学思想方法是有层次性的，具体可以分为哲学层次、一般科学层次和数学学科层次。这里我们主要是指数学学科本身的基本思想方法，即由中学数学范围内的基本概念、原理、观念和方法提炼而成的。一般有符号化思想方法、集合对应思想方法、极限思想方法和公理化思想方法等。在数学学习中，要强化这些思想方法的渗透和学习。只有这样，学生才能真正理解、掌握和运用数学知识，并形成和发展数学能力。

2. 注重知识的精炼与应用相结合

基础知识、基本技能和基本活动经验的掌握是形成和提高数学能力的基础。反过来，数学能力的形成和提高又会促进这些知识的掌握。可见，它们处于相互依存、互相促进和共同发展中。

首先，要将知识的精炼作为一项经常性的工作来做，要从小到大，从局部到整体进行。学生在学完一节课、一章、一单元，乃至整册书、整个学段都要有序地进行知识精炼工作。思维导图(Mind Map)是知识精炼的一个很重要且有效的工具。思维导图，又叫心智图，是表达发散性思维有效的图形思维工具。它以某一个知识点为思考中心，由此向外发散出成千上万的关节点，每一个关节点代表与思考中心的一个联结，而每一个联结又可以成为另一个思考中心，再向外发散出成千上万的

关节点,进而构成认知主体的有序的知识结构。思维导图既可以手工绘制,也有专门的绘制软件,使用起来非常方便。它不但可以反映学生的认知结构,还可以发展学生的数学思维能力。思维导图不仅适合于教师课堂教学的即时小结,还适合于学生学完一节课、一章、一单元,乃至整册书、整个学段的知识精炼。

其次,要深刻领会和灵活运用数学知识。在数学学习活动中,不仅要掌握知识的基本结构和来龙去脉,还要掌握它的适用范围和运用方面。解决数学问题是实现该目的的重要途径。这里的数学问题,既包括数学学科内部的问题,也包括数学学科外部的问题,比如课堂练习、课后作业和数学建模等。解决数学问题是锻炼思维的好机会,培养良好数学能力的好方式。要注意“变式练习”和“一题多解”,避免纯粹的“题海战术”。学生每做一道题,要有所思、有所得。

3. 发展良好的个性品质

学生的某些个性品质,如学习的自信心、兴趣、动机、勤奋和意志等,都会影响数学能力的形成和提高。首先,学生要对数学感兴趣,并有学好数学的自信心。“一个人对数学有了兴趣就能专心致志,从而有力地运用和发展他的能力”。因此,能力与兴趣息息相关,培养学生对数学的兴趣,就能促进他数学能力的发展与提高。此外,在数学学习过程中,要注意保护和提高学生学好数学的自信心。其次,勤奋是数学能力提高的重要条件。由于数学学科自身的特点,决定了数学学习具有较高的难度,比较枯燥。只有勤奋学习,刻苦钻研,才能把数学学习推向深入,领会到所学内容的实质,促进数学能力的发展。最后,顽强的意志是数学能力提高的重要保障。数学比较枯燥,学习难度较大势必决定学生在数学学习中克服各种困难,经受种种磨炼,并持之以恒,才有可能实现学习目标。数学教师要通过数学家的顽强拼搏的史实和不断的鼓励,来培养学生的顽强意志。

问题与讨论

1. 简述数学学习的含义,并举例说明数学学习的类型。
2. 根据自己数学学习的经验,举例说明数学学习的过程。
3. 结合理解和迁移的含义,谈谈你对记忆、迁移和理解关系的认识。
4. 简述数学学习与智力发展的关系,并谈谈你对皮亚杰智力发展理论的认识。

第5章　数学教学基本理论

教学，一般是指有目的、有计划、有组织地引导学生掌握科学文化基础知识和基本技能，促进学生素质全面发展的教学活动，包含了教师的"教"与学生的"学"的双边活动。数学教学是数学教育研究的核心内容之一，它有自身的特点，不同的数学观、数学教学观对具体的数学内容的处理存在着明显差异，因而"教学有法，教无定法。"

5.1　数学教学过程

关于数学教学过程的界定有很多种，目前国际数学教育界比较一致的看法是，数学教学是数学活动的教学，数学教学活动是数学活动的过程①。但是，这个过程是以什么形式展开的？数学教学的基本要素包括：教师，学生，数学教学目的与内容，数学教学方法与原则，数学教学活动中的教育，数学教学组织形式等，这些要素的关系以及呈现方式体现对数学教学的理解不同。传统的数学教学强调数学知识的系统性和严谨性，学生处于服从地位，注重的是知识的传授，多是演绎的过程，数学发现和再创造等被排除在课堂教学之外，关注的是学生的共性而不是差异性；受到美国实用主义以及杜威的活动教学的影响，数学教学被看成学生的自主活动，强调学生的直接经验，相对于传统的数学教学活动，教师的作用被弱化了；受到社会建构主义的影响，数学教学过程被看作教师和学生的共同活动。在这个变化过程中，受到各种哲学思潮以及心理学理论的影响，数学教学过程的各种因素的关系随之发生变化，更加体现学生和教师的发展，消除教学过程中的主体与客体，强调各种矛盾关系的统一。

① 涂荣豹. 数学教学认识论[M]. 南京：南京师范大学出版社，2003.

5.1.1 数学教学过程的本质

5.1.1.1 教与学的统一

教学过程包括两个方面:教师的教和学生的学。数学教学论的历史就是围绕着这两个方面展开的。我国很长一段时间采用苏联凯洛夫改造自赫尔巴特的“形式阶段说”的“讲授”的教学方式。新授的知识全凭教师以现成的形式加以提示和教授,是现成知识的传递,而且认为一切的课业均以同一的阶段展开,这必然导致教学形式的形式化和机械化①。长期以来,人们认为数学的特点是高度的抽象性和形式化,将数学作为工具或者将学生的学习作为工具,使得这一教学方法长期占据统治地位。数学的特点除了形式化,还有猜想和归纳,这些是数学发现的必要条件,另外,“数学有两种品格:工具品格和文化品格”②。相对于数学知识的传授,更应该关注数学思维和能力的培养以及数学的应用,学会数学的思考,这就关系到如何认识世界的问题。另外一种具有代表性的观点是杜威的“问题解决学习”,从实用主义的立场出发,认为知识是实践的手段,知识的真理性在于它的有用性,而有用性在实践中是可以得到证实的,学习的目的即适应环境③。“问题解决”在20世纪传入中国,数学问题解决学习的确能够促进学生活跃的行动、探究和思考的态度,但是学生很难系统地掌握数学基本知识和技能,而且形式化的数学不能理解数学本质,只能停留在对数学感性的认识阶段。

将教学过程等同于“教授过程”忽略了学生的能动性,将教学等同于“学习过程”则忽视了教师的指导作用。建构主义认为,数学学习是以自主活动为基础,以智力参与为前提,又以个人体验为终结的活动过程。活动是第一位的,对于处于认知发展阶段的学生而言,这种活动最初表现为外部活动,源于学生的个体经验,进而内化、建构起自己的认知结构。数学教学中在教师的指导下,学生逐步掌握系统的知识,这个过程需要学生主动地创造性的自我活动,是在教师指导下的学生有效的学习活动,是“教”与“学”的统一。

5.1.1.2 数学教学内容与学生认识规律的统一

20世纪60年代在世界范围内展开的一场轰轰烈烈的“新数学”运动,以法国

---

① 佐藤正夫.教学原理[M].钟启泉,译.北京:教育科学出版社,2001.

② 阿达玛.数学领域中的发明心理学[M].陈植荫,肖奚安,译.大连:大连理工大学出版社,2008.

③ 佐藤正夫.教学原理[M].钟启泉,译.北京:教育科学出版社,2001.

的布尔巴基(Bourbaki)数学体系为背景，强调数学的逻辑结构与演绎体系，竭力主张按这个体系教数学，企图及早地引入现代数学概念对传统数学教育进行改造，但最终以失败告终。20世纪80年代，在世界范围内又提出了“大众数学”的口号，认为作为大众意义下的数学体系追求的教育目的就是让每个人掌握有用的数学，提倡“开放性问题”的研究与教学，然而在“开放性问题”的教学中也出现了只注意形式，不注意实质等方面的一些偏向。人们提出如下的忧虑：“通过使数学变得越来越易于接受，最终所得的将并非是数学，而是什么别的东西。”“大众数学是否就意味着没有数学？”“是否人人都需要掌握数学？”这就是在数学教育实践中仅仅注意了数学教育的“教育方面”而未能正确地反映数学本质而出现的问题。

数学教学应该考虑两个方面：数学知识的结构以及学生的认知规律，这两个方面同时影响学生对数学的掌握。数学教材中，数学的逻辑关系，数学的概念与思想方法等是由一些确定意义的语言和符号及其间的关系构成的，是数学家们感知客观事物的属性，进行思维构造的结果。但是数学本身逻辑关系与学生认识数学的过程是不一致的。今日数学所呈现的结构性与叙述性的面貌，是历史长久发展的结果。大多数学生对一些公设前提经逻辑证明而得来的定理，并不能了解和认同。汪晓勤等人在“从一次测试看关于学生认知的历史发生原理”及“高中生对实无穷概念的理解”的研究中验证了学生的认知过程往往会重蹈覆辙，学生总是会经历相同的主要概念上的困难，而且它们也必须克服那些数学家曾经遭遇过的认识上的阻碍。如何处理数学教学内容与学生认识规律的矛盾？弗赖登塔尔认为，重复人类学习的进程，不是说完全重复实际发生过的所有事情，而是假设那个时候的人比我们现在认为的要知道的多一点①。数学化的对象是“现实”，利用“再创造”的方法，通过教师的引导，学生自己的数学现实就展现在面前。即将教材中的数学知识的“逻辑形态”转化成适当的“教育形态”。

另外，喻平在《教学中几对矛盾的对峙与融通》一文中，还指出了数学教学是数学知识与数学文化教学的统一，数学理论教学与应用教学的统一，数学教学结果取向与过程取向的统一，演绎取向与归纳取向的统一，证实取向与证伪取向的统一，论证取向与实验取向的统一。

---

① K ORAVEMEIJER，M DOORMAN. Context problems in realistic mathematics edueation: A ealeulus eourse as an example [J]. Edueational Studiesin Matllematies，1999，39:111～129.

5.1.2 数学教学过程的阶段

教学过程的中心课题是教学过程中一定的阶段或环节的合理顺序①。数学教学过程也是同样,但是并非一切教学过程都要按照同一模式进行,例如,数学问题的提出,目标的把握,有时候只需要一节课即可;数学问题的解决则要花费较长时间;而有的数学教学则是总结和习题课;有的课例更适合教师的讲授。下面所说的数学教学过程的阶段,只是数学教学的展开大体上应该遵循的顺序。

5.1.2.1 唤起学习兴趣

情感、自信和价值观对学生成就有显著影响,各国学生情感、自信和价值观水平越高数学成就越高,整体上也呈现相同规律②。如何激发学生的数学学习兴趣呢? 从以往的研究来看,激发学生数学学习兴趣的方法主要有如下几个方面:第一,在新知识的教学中,从学生的数学现实出发。心理学上有关注意力的研究早已表明:任何对象如果包含了某种程度的新鲜感和陌生感,都会引起学习者的注意③。因而学生的旧有数学经验,或者说,数学现实,是教学的出发点,当解决新课题需要依赖旧有经验或者两者之间存在矛盾时,才会引起学生的注意。但是,与学生旧有经验相差太大的课题是不能激发学生强烈兴趣的。社会建构主义者认为,学习是在教师的帮助下,在最近发展区(Zone of Proximal Development,简称ZPD)内,学生通过亲身体验及与同伴的交流来获得的。第二,从学生渴望解决的实际问题出发提出新的知识课题④。如利率问题 $N=a(1+p)^m$ 在计算存款问题、人口问题中的应用,线性规划、最值等知识的运用。课题对于学生越是具有重要意义,与学习活动的结合越能激发学习的兴趣。第三,教师借助幻灯片、绘画之类视听教具,使学生产生某种疑问和有关课题生动活泼的具体化表象(间接经验)。如用纸做正棱柱、正棱锥、正多面体;让学生在做中学,去认识这些几何体的性质和数学知识。在欧拉公式的推导中,用橡皮筋做多面体的棱,由一个面的顶点处向不同方向同时用力拉,使得几何体变成一个平面图形。

强调学生的兴趣以及从实际问题出发,并不代表数学学习一定直接从学生的经验形成,如同经验学习以及问题解决学习那样,应该依据学生的数学现实,系统

---

① 佐藤正夫. 教学原理[M]. 钟启泉,译. 北京:教育科学出版社,2001.

② 王娟. 数学学习的情感、自信、价值与成就之关系:由 TIMSS 2007 的结果分析亚洲五国(地区)[J]. 外国中小学教育,2009(10).

③ 佐藤正夫. 教学原理[M]. 钟启泉,译. 北京:教育科学出版社,2001.

④ 陈在瑞,路碧澄. 数学教育心理学[M]. 北京:中国人民大学出版社,1996.

地发展学生的数学知识，如果学生尚未形成适当的数学经验，赋予特别的生活经验，也是激发数学学习兴趣的途径①。

5.1.2.2　概念的获得

数学概念是进行数学思考、推理、判断的依据，是建立数学定理、法则、公式的基础，也是形成数学思想方法的重要保证。数学概念反映的是客观世界中事物的空间形式与数量关系的本质属性。如圆的本质属性即平面内动点到定点的距离等于定长。学生学习数学概念就意味理解、掌握一类数学对象的本质属性。关于数学概念的获得有两种基本形式：形成与同化。

1. 数学概念的形成

数学概念的形成是从一些具体的例子出发，对同类事物中若干不同例子进行观察、分析和抽象，以归纳的方式概括这类事物的本质属性的方法。第一，从对个别事物与现象的认知出发，并以表象认知为基础，通过学生自身的思考活动，发展出事物与现象的本质，事物与事物之间的联系的知识②。学生对数学对象的感知首先经由实际的直接经验感知获得清晰的表象，但是不可能获得一切必要的表象，需要借助间接经验形成表象，而且学生的数学程度越高，数学表象的形成越借助于间接经验。学生碰到未感知的事物时，总是习惯唤起旧的经验。但是数学概念并不是数学表象，或者说，表象只是概念的最初状态。概念是借助抽象的、概括的、逻辑的思维形成的，是反映事物与现象本质特征的观念。③ 第二，从同类事例中抽象出共性，并与其他概念分化。顾泠沅认为，抽象出数学现象的本质需要通过变式教学，即通过对概念的多角度理解，分为概念变式(其中又可以根据其在教学中的作用分为概念的标准变式和非标准变式)和非概念变式(其中包括用于揭示概念对立面的反例变式)，使学生获得对概念的多角度理解。具体过程有：通过直观或具体的变式引入数学概念，建立感性经验与抽象概念之间的联系；通过非标准变式突出概念的本质属性；通过非概念变式明确概念的外延。第三，将本质属性一般化，即运用。

美国的杜宾斯基等人从数学概念形成的过程提出了APOS理论，认为数学概念要进行心理建构，这一建构过程要经历以下4个阶段(以函数概念为例)：第一阶段——操作(action)阶段，理解函数需要进行活动或操作。例如，在有现实背景的问题中建立函数关系：$y=x^2$，需要用具体的数字构造对应：$2\to4$；$3\to9$；$4\to16$；$5\to25$通过操作，理解函数的意义。第二阶段——过程(process)阶段，把上述操作活动综合成函数过程，一般地，有 $x\to x^2$；其他各种函数也可以概括为一般的对应过

---

① 佐藤正夫. 教学原理[M]. 钟启泉，译. 北京：教育科学出版社，2001.

② 佐藤正夫. 教学原理[M]. 钟启泉，译. 北京：教育科学出版社，2001.

③ 佐藤正夫. 教学原理[M]. 钟启泉，译. 北京：教育科学出版社，2001.

程：$x \to f(x)$。第三阶段——对象(object)阶段，可以把函数过程上升为一个独立的对象来处理。比如，函数的加减乘除、复合运算等。在表示式 $f(x) \pm g(x)$ 中，函数 $f(x)$ 和 $g(x)$ 均作为整体对象出现。第四阶段——图式(scheme)阶段，此时的函数概念，以一种综合的心理图式存在于脑海中，在数学知识体系中占有特定的地位，这一心理图式含有具体的函数实例、抽象的过程、完整的定义，乃至和其他概念的区别和联系(方程、曲线、图像等)①。

2. 数学概念的同化

概念同化是美国心理学者奥苏泊尔提出的一种概念学习方式。它指的是新信息与原有的认知结构中的有关概念发生相互作用，实现新旧知识的意义和同化，从而使原有认知结构发生某些变化。数学概念同化的学习过程一般是直接揭示数学概念的本质属性，通过对数学概念比较和分类，建立于原有认知结构中的有关数学概念的联系，明确新的数学概念的内涵和外延，再通过实力的辨认，将新数学概念与原有认知结构中的某些数学概念相区别，将新的数学概念纳入到相应的数学概念系统中，从而完善原有的认知结构②。

5.1.2.3 问题的解决

喻平认为，数学问题解决就是解题者在自己的长时记忆中提取解题图式用于新的问题情境的过程③。解题图式包括个体已有的与新问题有关的知识基础、解题策略和解题经验。解题的认知过程是在元认知调控下，解题者对问题进行表征，对问题进行模式识别，然后将解题图式提取、迁移，进而达到目标状态的信息加工行为。解答数学问题的基础是解题者拥有的数学知识和掌握的解题策略。从知识体系在个体头脑中的表征入手，根据数学概念、数学命题表征的特殊性，提出概念域、概念系、命题域、命题系(简记为 CPFS)等数学学习特有的心理现象，形成数学知识网络图式基本理论。CPFS 结构的含义是：① 个体头脑中内化的数学知识网络。各知识点(概念、命题)在这个网络中处于一定位置，知识点之间具有等值抽象关系或强抽象关系或弱抽象关系或广义抽象关系。② 正是由于网络中知识点之间具有某种抽象关系，而这些抽象关系本身就蕴含着思维方法，因而网络中各知识点之间的联结包含着数学方法，即“连线集”为一个“方法系统”。

教学实践中，往往会产生这样的现象：在概念学习中，当学生学习了一个概念之后，在具体应用这个概念时会出现类型各异的错误，或者是没有把握概念的内涵，无法辨认概念的反例，或者是不能理解概念的变式。在命题学习中，当学生学

---

① 濮安山，史宁中．从 APOS 理论看高中生对函数概念的理解．数学教育学报[J]．2007，16(2)．

② 奚定华．数学教学设计[M]．上海：华东大学出版社，2002．

③ 喻平．数学问题解决认知模式及教学理论研究[D]．南京：南京师范大学，2000．

习了一个命题,特别是学习了一组命题之后,往往不会灵活应用这些命题。产生这些现象的原因是多方面的,但我们认为,个体的 CPFS 结构是一个主要因素。譬如,不能从多角度、多背景去深入理解概念,没有在头脑中形成概念体系,那么一旦换一个侧面去阐述同一个概念,学生就会不知所云。对于命题学习也是同样情形,如果学生没有形成完善的命题域和命题系,那么在解决问题时,他们就不能及时、有效地在命题域或命题系中调用适当的模式,从而使欲解决的问题难度加大,或者无法解决问题。事实上,在一组等价命题中选出某些命题去解决不同的问题,理论上说是等价的,但解题的难度却大相径庭。CPFS 结构有如下假设:① 个体的 CPFS 结构是解决数学问题的知识基础,它对解题效果有直接的影响。② 个体的 CPFS 结构存在个别差异,优良的 CPFS 结构是完善的认知结构的必要条件,它能促进问题的成功解决,反之,不良的 CPFS 结构会阻碍问题的成功解决。③ 与不良的 CPFS 结构相比较,优良的 CPFS 结构在知识点的数量上更丰富,知识网络的结构更合理。④ 具有高数学能力的学生必具备优良的 CPFS 结构,低数学能力的学生具有不良的 CPFS 结构。⑤ 促进个体不良 CPFS 结构向优良 CPFS 结构的转变,是提高数学教学质量的有效途径。

5.2　数学教学原则与方法

教学原则能够促进有效教学,有利于教育目标的实现。教学活动越是符合教学原则,教学成效就越大;反之,教学活动越是脱离教学原则,教学就越是收效甚微。

5.2.1　数学教学原则

教学原则是根据教学目的和教学过程的规律提出的,是教学实践经验的概括总结,它是指导教学工作的一般原理。教学原则依据教学目的不同、社会条件不同、教育家的哲学观点不同、对教学规律的认识不同以及教学的经验不同,等等,所建立的教学原则也有所不同。直观性原则、自觉性原则和巩固性原则是许多教育家都认可的。数学教学原则不应该成为一般教学原则在数学中的简单应用,而应该突出数学学习和教学活动的特殊性,同时,又要注意发挥一般教学原则对于数学教学活动的指导意义①。我国对数学教学原则的研究大致有以下几个方面:引进

① 郑毓信,梁贯成.认知科学建构主义与数学教育[M].上海:上海教育出版社,2002.

和翻译国外的数学教学原则理论；在一般教学原则基础上的数学化改造；对数学教学原则的反思；具有时代特征的多样化的研究①。由于数学教学本身的复杂性、教学实践的动态性和人们认识的局限性等因素，人们关于数学教学原则的观点和表述各有差异。这其中，对数学教学原则的认识又有共性，弗赖登塔尔的观点已逐渐被我国乃至世界范围的许多数学教育工作者所接受。

在第二章，我们指出弗赖登塔尔关于数学教育教学的三条基本原理，实际上也是数学教学必须遵循的三条基本原则：第一，“数学现实”原则。弗赖登塔尔所说的“数学现实”，是客观现实与人们的数学认识的统一体，是人们利用数学概念、数学方法对客观事物的认识的总体。大多数人的数学现实世界，可能只限于数和简单的几何形状以及它们的运算，但不同的人群所具有的数学现实是不同的，如数学教师的数学现实可能需要熟悉一些函数知识和比较复杂的几何背景等数学专业知识；至于一个数学家的数学现实，可能就要包含希尔伯特空间的算子、拓扑学以及纤维丛等。学生的“数学现实”②应该包含学生已有的知识水平和生活经历，学生对数学活动目的的了解，学生对于“问题空间”的形成，学生原有的知识结构这四个方面，学生的数学现实不应该停留在数学基础和生产生活实际这样一个层面，更重要的是学生自己正在进行的数学活动。“数学现实原则”也和我们通常所说的“理论联系实际”或“从学生出发”是有区别的，对所谓的“数学现实”应该有更深的理解。数学教学必须了解学生原有的数学知识结构，并以此为基础进行教学，不断形成和完善充满着各种各样联系的整个数学结构。第二，“数学化”原则。“数学化”原则是弗赖登塔尔最主要的数学教学原则之一。他有句名言：“与其说是学习数学，还不如说是学习数学化；与其说是学习数学公理系统，还不如说是学习公理化；与其说是学习形式体系，还不如说是学习形式化”。弗赖登塔尔进一步指出：“毫无疑问，学生应当学习数学化，自然先在最低层次，对非数学事物进行数学化以保证数学的应用，接着还应进到下一层次，至少能对数学事物进行局部组织……应当懂得，没有数学化就没有数学，没有公理化就没有公理系，没有形式化也就没有形式体系……因此数学教学必须通过数学化来进行。”第三，“再创造”原则。数学教师的任务是引导和帮助学生进行再创造，而不是把现成的数学知识灌输给学生。因为数学家向来都不是按照他创造数学的思维过程去叙述他的工作成果，而恰恰相反，把思维过程颠倒过来，把结果作为出发点去把其他东西推导出来，这种颠倒掩盖了创造性思维的过程。这三条原则从学生对数学知识的掌握的角度提出教学的原则，较好地体现了数学教学的特殊性，其认识论水平也很高，是对数学思维活动

① 谢咏梅. 重构中学数学教学原则的探讨[D]. 南京：南京师范大学，2005.

② 汤慧龙. 关于学生“数学现实”的研究[J]. 数学教育学报，2004，13(2).

个体特殊性的肯定，数学教学要提高学生所具有的“数学现实”的水平并扩充其范围，根据学生的“数学现实”提出“数学化”的不同要求，在这个过程中，学习者自己主动完成数学知识的“再创造”。

5.2.2　数学教学方法

教学方法是引导、调节教学过程中最重要的教学法手段，是教学中旨在实现数学课程所计划的教学目标，旨在教授一定的教学内容，师生所必须遵循的原则性步骤①。在教学过程中，教师如何处置这一类教学内容，不是找出适合教学过程阶段的方法，让学生“接受”知识，而是激发并引导学生以自我活动去掌握教学内容的学习依据，教学方法是以教学过程的内部逻辑为依据的。教学方法受内容制约，例如，在历史教学中，要运用历史的思考方法来处理内容与方法之间的关系，历史教学是要探讨历史过程的演进，而数学是要用理性和创造性方法相结合的教学方式教学，因此，“内容决定方法”这一命题必须考虑学科教学方法的特殊性。也就是说，各学科拥有源于各自学科对象的特殊方法论，教师要探讨并把握各门学科教学方法的特性。

从20世纪80年代起，我国陆续引进了国外有代表性且有国际影响的教学论学派的教学理论，有些已结合实际加以运用。这些学派是：反映新行为主义教育思潮的斯金纳的程序教学理论；推动美国课程改革的布鲁纳的结构主义教学论；提倡人人都能学习得好的布卢姆的掌握学习教学论；注重教学中人的因素的罗杰斯的人本主义教学论；为成功的课堂教学提供新的学习论依据的奥苏贝尔的有意义学习教学论；加涅的协调教与学过程的教学论；强调个别化教学的凯勒的个别化教学系统理论；苏联赞科夫关于小学生的教学和发展理论；兰达、加里培林和塔里金纳的教学控制理论；巴班斯基的教学过程最优化理论；斯卡特金、克拉耶夫斯基和列尔涅尔的教养内容理论；马赫穆托夫、马丘什金等人的问题教学理论；体金娜的培养认识兴趣的理论；达维多夫关于小学生的学习活动理论；阿莫什维利等人“合作教育学”；德国瓦根舍因的范例教学论；侧重教养论的教学论学派；柏林教学论学派；控制论意义上的教学论学派；交往教学论学派以及保加利亚洛扎诺夫的暗示教学理论和日本小原国芳的“全人教育”的教学理论等。分析如此多的教学论流派，重要的是考虑教学理论的发展主要受到两个方面的影响：哲学和心理学。“哲学在总体的科学结构中，它是第一层次的科学。在教学理论形成和发展过程中，它有着重要的指导作用。夸美纽斯的教学理论深受培根感觉论的影响，杜威实用主义教

---

①　佐藤正夫．教学原理[M]．钟启泉，译．北京：教育科学出版社，2001．

学理论乃是以经验论为基础的，布鲁纳和奥苏贝尔的教学理论都受到结构主义哲学的影响。"①"教学的对象是人，而人是活生生的充满心理活力的有机体，科学的教学理论总是要建立在心理学的基础之上的。第一个系统地将心理学研究成果运用于教学的是赫尔巴特。其教学理论是建立在洛克的心理学成果及自己的研究基础之上的。"②国外20世纪50年代后期涌现出的著名的教学理论家，大多本身就是心理学家，他们善于把心理学研究成果引入教学论研究领域，将教学论研究建立在心理学基础上。因此，结合教学论流派的理论基础以及数学学科的特点，分析数学教学方法可以从教师、教材、学生三者的关系上，归为三种基本样式：教师提示型；学生自主活动型；师生共同解决型③。按照这个分类分别选取三种基本教学样式中比较有代表性的数学教学方法介绍。

5.2.2.1 教师提示型——讲解法

克林伯格认为，提示型教学方法可以区分为下述四种形式：示范(教师向学生作出一定的活动、行动和态度的方法)，呈示(借助静态教育手段揭示教学内容，如绘画、速写、挂图、模型等)，展示(将事物、现象的经过与过程直观化、实地地呈现出来，如参观、实验、看录像等)，口述(语言成为有力的提示手段，形式有报告、讲话、记述性描述、描写性叙述、论述、讲解等)④。

长期以来，数学教学方式以教师讲解，学生接受为主。教师对数学教材的重点进行系统的讲述与分析，学生集中注意力倾听。讲解法是当前中学数学，特别是高中数学应用较多的一种教学方法，由于数学学科的形式化和逻辑性的特点，这样的教学方法的优势非常明显：高效，能够传授系统的数学知识与技能，能保证教师教授的流畅性和连贯性，教学时间与过程容易受到控制，能够有效地完成教学进度。由于过分地强调数学的形式化，数学教学逐渐演变成为机械的训练，题型的总结，而反复的、机械的训练带给学生的是对本能刺激的反应，不是学习。在这个过程中，教师和教科书是权威，学生不能对数学系统知识提出疑问。因而讲授教学法多与"灌输"、"填鸭式"、"机械学习"这些词联系在一起。

数学教学的方式总是受到社会和文化方式的影响，试图抽离出不被赋予价值的教学方法是不现实的。从二元论和行为主义心理学的角度出发，讲解法就会成为教师灌输给学生知识的方式，实际上，基于这个基础的数学教学方式都会导致学生服从权威，被动接受的局面。但同时又有个很奇怪的现象，被称作"中国学习者

① 徐继存，赵昌木．教学理论发展的内外部因素分析[J]．课程·教材·教法，1995(7)．
② 徐继存，赵昌木．教学理论发展的内外部因素分析[J]．课程·教材·教法，1995(7)．
③ 佐藤正夫．教学原理[M]．钟启泉，译．北京：教育科学出版社，2001：303．
④ 佐藤正夫．教学原理[M]．钟启泉，译．北京：教育科学出版社，2001：322．

悖论”:中国学生被公认为具有扎实的数学基础,这点在国际数学竞赛中也有体现,但是学生的数学创造力以及对数学的兴趣却很低,所以有人认为中国的数学教学是不符合教学规律的。顾泠沅认为,我国数学教学虽然大部分采用的是讲授式,但是教师采用变式教学,并非是单纯的灌输。变式教学是一种在中国盛行的数学教学方法,满足了数学教学的两个目标:① 通过使用概念性变式,从多角度理解数学对象(概念和原理);② 采用过程性变式开展有层次的数学活动。中国数学课堂强调数学学科知识的系统建构,设计恰当的“潜在距离”和变异空间是构成有效教学的关键。中国课堂教学的表面现象,如大班教学,教师控制整个班级活动,教师倾向于清晰而高效地讲授内容,可能会导致西方研究者认为中国课堂是以教师为中心的灌输式教学。然而,如果深入调查课堂的组织和学生在课堂中的参与,就可发现即使是大班教学,由于采用了变式教学策略,学生仍然能够积极参与到课堂学习中去并进行有意义学习。而且,运用一些变式的策略,可以避免机械训练。因此,“中国学习者悖论”的根源可能在于西方学者受他们的哲学和教学理论限制而形成的错误印象①。实际上,我们若用奥苏贝尔的“意义学习”标准判断某一数学教学方法是否有效,即只有建立学习者新旧知识的合理和实质性的联系,有意义学习才可能发生。因此,数学教学运用讲解法要注意激发学生的学习兴趣,善于运用分析、综合、归纳、演绎和类比的方式,更要注重学生数学思想方法和能力的形成,单一的由上而下、由外而内的教学思路容易使学生处于被动接受知识的状态中,不利于学生数学能力的培养。

5.2.2.2　学生自主活动型

1. 发现教学法

在西方,首倡启发教学的是古希腊的大思想家苏格拉底,启发教学引导学生独立思考,自己得出结论。这种“产婆术”在西方被称为启发式谈话法或苏格拉底法。他在运用“产婆术”时,自认为是知识的“助产师”,惯于采用问答法,通过诘难,使对方陷于矛盾,承认其无知,逐渐修正意见,从而导致真理。这种方法是揭露已有观念的矛盾,寻求概念的定义,所以可以说是一种思维的辩证法、概念的辩证法,被认为是发现真理的最好方法。后来,他的思想被学生柏拉图和亚里士多德继承和发扬,倡导归纳法,启发、诱导学生通过自我发现去获取知识。亚里士多德主张教师不应直接把“思想成衣”交给学生,而需让他们自己学会“思想服装”的裁剪,使学生在归纳推理中获得能力的发展。西方教育家在发展学生个性,启发学生独立思考方面积累了丰富的经验。

---

① 鲍建生,黄荣金,易凌峰,等.变式教学研究[J].数学教学,2003(1).

在教学方法上，提倡发现法、探索法进行教学的具有代表性的是教育心理学家杰罗姆·布鲁纳(J. S. Brunner，1915)的结构主义教学思想。这一教学思想是当代世界最有影响的三大教学论之一。布鲁纳的《教育过程》被西方教育界人士称为“有史以来教育方面最重要最有影响的一本书。”正是在这部“划时代的著作”中，布鲁纳阐明了结构主义教学论的实质：学习就是建立一种认知结构，就是掌握学科的基本结构以及研究这一学科的基本态度和方法。为此，他提出著名的“三个任何”的观点，即任何学科的基本结构都可以用某种形式教给任何年龄的任何儿童。所谓基本结构，指各种基本概念、基本原理及其相互间的规律和联系。要掌握学科的基本结构，就应想方设法使学生参与知识结构的学习过程，这种方法即他提倡的“发现法”。因此，结构主义教学论与发现法教学是紧密相连的。布鲁纳认为，学生是凭发现进行学习的，在他看来，发现并不是什么高深莫测之事，“发现并不限于寻求人类尚未知晓的事物，确切地说，它包括用自己的头脑亲自获得知识的一切方法。”并根据结构认识论提出了“发现学习”的教学模式：明确结构、掌握课题、提供材料—建立假说、推测答案—验证—做出结论。这一方法兼顾了教和学两个方面，倡导教师在教学过程中引导学生自己综合、抽象、概括，通过自己的探索得出结论，进行发现法教学。发现法主要是指学生依靠自己的力量去寻求问题的解决从而发现新知识，而不是依赖于教师的讲。与布鲁纳同时作为学科结构运动的代表人物的美国芝加哥大学教授施瓦布从现代科学本质的高度，把探究的科学与探究的教学结合起来，认为学生最终的目的不是掌握知识的结论，教学要改变知识观，“最明智的办法是根本不把科学当作一个证明或证实的过程，而是当作一个发现的过程，一个提示自然事物的过程和以一种提高我们的理解力的方式来发现这些事实之间如何相互联系的过程”①。

采用这种模式对教师、学生、教材的要求都比较高，教师需要熟悉学生形成概念、掌握规则的思维过程和学生的能力水平。学生则必须具备良好的认知结构，而教材必须是结构性的、发现式的，符合探究、发现等高级思维活动方式。运用发现法教学，很重要的一点是不要提供太多的指导，给学生提供必要的智力挑战是必不可少的。有些学生在独立探索、研究的过程中，会遇到困惑，则要求教师在观察学生的工作之后，提出建议，给予必要的指导和帮助，引导学生去发现问题，寻找解决问题的方法和途径。因此，教学要求教师创设生动活泼的教学气氛，注重师生情感因素，促使学生积极地、愉快地学习。教师要采取生动、新颖、灵活的教学形式，唤起学生的兴趣和求知欲，强化学生的学习动机，让学生积极主动地参与到数学学习活动中去。教师要开启学生的思维机器，促使学生积极思考，主动质疑，想出新方

---

① 施瓦布. 自然科学的结构[M]//罗伯特，陆有铨，译. 北京：文化教育出版社.

法，提出新见解，培养学生的思维能力。坚持克服启发教学中的形式化、片面化，努力探求教师主导作用与学生学习主体作用都能充分发挥的最佳结合点，使教师的主导作用与学生的积极性、主动性都能得以充分发挥。

这一教学思想直接对教学改革产生了很大的影响，并成为“新数运动”的主要理论依据。新数运动是20世纪60年代发起的一场席卷世界的数学改革运动，其主要目标“就是要以现代数学思想对传统的数学进行改造，从而实现数学的现代化”。新数运动对传统数学课程进行了大刀阔斧的改革。小学的数学已经全部作了重新考虑，“结构”(主要是代数结构)成了中学课程的基础，许多国家里，几何作为独立的实体趋向于从课程中消失。

从实际效果来看，这种教学论思想有其不利的一面，从教学内容的选择与编排、教材的处理上来看，结构主义教学论片面强调学科的基本结构，教学内容过于抽象，与活生生的社会现实生活联系不够，出现教师不知道如何教，学生不知道如何学的被动局面。此外，对什么是学科的基本结构很难有统一的认识，特别是在数学学科领域，由于种种原因，从不同的数学观出发，不同的数学家对数学的结构都会提出不同的看法，而学生的发现更是难题；从教学方法上来看，过分强调学生的自我发现，而对教师的主导作用过于轻视，这带来了他在教学实践上盲目地反对机械记忆和接受学习，使得学生难以系统地掌握数学基础知识，学生的数学水平、思维能力不是提高了，而是下降了。因而结构主义教学论的实践在美国是并不成功。另外，他的“三个任何”观点也不太符合学生的身心发展规律。

与发现教学法相类似的还有联邦德国20世纪50年代出现的范例教学，这种教学方法与循序渐进、系统掌握知识的教学思想相对应，主张通过个别的“范例”，即关键性问题来掌握一般的科学原理和科学方法。范例教学，又称“示范性教学”、“代表性教学”、“基本性教学”、“基础性教学”、“典型教学”、“经典性教学”等。20世纪50年代在联邦德国兴起，是世界上最有影响的教学流派之一。20世纪50年代范例教学风靡世界，1957年后，它已超出了学科教学论的范围，成为一种具有教育意义的系统理论。20世纪60年代以来，范例教学并未达到预想的效果，没有产生对教学实践足够的影响力，没有导致所希望的学校和教育内部的变革。但范例教学是联邦德国教育现代化的一个特色，是其教育改革的中心，是其教育改革在教学内容和教学现代化的一种尝试。在教学理论上，它通过揭示一般与特殊的关系，促进了人们教学观念的新变化。这种范例教学的思想与我国古代以《九章算术》为代表以问题为中心的数学教学体系有很多的相通之处。在教学实践上，对我国教学改革有极重要的参考意义，与近年来在数学教学中盛行的“问题解决”教学在许多地方有不谋而合之处。范例教学亦有其欠完善之处，如对教学内容进行五方面分析，每方面又有小的条目，过于复杂，有碍教师独立工作能力的发挥，束缚教师的创造性。另外，对于范例教学的具体实施也存在一些问题，像如何才能找到“范例”，如何使儿童形成规律性的知识等，还需进一步探讨。

2. 程序教学法

20世纪20年代，美国心理学家普莱西(S. L. Pressey)首先研究程序教学。他设计出一种能自动进行教学的机器，这种机器是四重选择式的，它是一种为学生呈示问题并为他们准备了相应的答案、让学生从中选择标有号码的正确答案的机械装置。普莱西企图利用这种机器把教师从教学的具体事务中解脱出来，以节省时间和精力。但这种多重选择式的教学机器是供使用教材时核对所学内容用的，主要还是利用课本和参考资料进行学习。随着程序教学的发展，20世纪50年代美国人斯金纳(B. F. Skinner)加以发展，将教材分成一个个小部分采取小步子，学生自定步骤，及时反馈的原则，以学生自己学习为主，进行教学。这种教学模式的基本特征是将教学过程具体地程序化、算法化，或者说用许多有严密逻辑联系的“小步子”组成教学过程，以取代较为模糊的传统教学模式。实施这类模式，可用书本也可以用教学机器(计算机)，甚至可以在一定范围内完全依赖机器。1954年他发表的论文“学习的科学和教学的艺术”为程序教学奠定了理论基础。随着程序教学的研究与应用不断深入地发展，各种非行为主义心理学家也投入了这项研究，编写的程序教材也出现了许多不同的模式。程序教学的模式主要有直线式(也叫线性式)和衍支式两大类，但在这两者之间有无数的变式。

这一教学模式曾风行一时，近年来，随着计算机网络技术的普及，在新的意境下，又重新受到重视。在程序教学发展的早期阶段，曾利用机器进行教学。机器里贮藏着预先印制好的试题和答案，学生通过转动机器手把移动刻有数字的游码来回答问题，由机器受理学生选择的答案是否正确。如果学生回答错了，手把就转不动；如果回答正确，手把就自由转动并敲响一个小铃或提供其他的条件强化。当时的机器比较机械，实现程序教学的手段还比较落后，它的功能和应用均受到了许多限制，无法适应教学中出现的各种情况。到了20世纪60年代，由于非数值应用(如下棋等)的发展，它很自然地与程序教学结合起来。1964年，伊利诺斯大学乌班那分校首先进行了计算机辅助教学的重要尝试，编制出用于教学操作自动化的程序逻辑，这就是早期的CAI。从中我们可以看出，早期的CAI是程序教学发展的继续，现在的CAI是否也是程序教学发展的结果呢？我们可以肯定地说，现在的CAI仍然是程序教学发展的结果。因为在CAI中，程序教学的“刺激—反应—强化”规则仍在起重要作用，只是它的内容、广度和深度比程序教学扩展了许多。例如，计算机为学生提供的刺激形式不只是正确的答案，还包括图像和声音等；学生回答问题不再限于使用选择式反应，可以用构造或计算回答；计算机不仅能判断学生反应的正确或错误，而且有可能判断学生回答的正确程度，诊断回答的错误性质及原因,并给出适当的反馈信息。

我国学者对自主型教学方法研究比较成功的例子有:卢仲衡的自学—辅导教学实验;李庾南的"自学、议论、引导"教学实验;上海育才中学的"读读,议议,讲讲,练练"教学实验。

5.2.2.3 师生共同解决型

1. 支架式教学法

支架式教学是以维果茨基的"最近发展区"理论为科学依据的教学。"支架"一词原指建筑工程中使用的脚手架。支架式教学强调在教师的引导下,学生掌握、建构那些能使其从事更高认知活动的技能,一旦他获得了这种技能,便可以更多地对学习进行自我调节。目前,研究者们对什么是支架式教学在性质判断上还存在一定的分歧。研究者中有的认为支架式教学是一种教学模式,有的认为是一种教学思想,有的则认为是一种教学策略①。在学习过程中教师给学生提供必要的指导作为"支架",帮助他们顺利通过最近发展区。支架可以有不同的种类,如教师模拟演示,提供解题思路,逐步深入提出问题等等。随后教师指导成分将逐渐减少,当学生"内化"了知识,能够独自完成任务时,教师就撤掉"支架"。在教学过程中,教师的作用是放上"支架"或撤掉"支架",给予学生适当的帮助和指导,及时进行总结和评价。

"支架式教学"强调学习过程中学习者的主动性,建构性,同时也看到成人在儿童发展中的作用,在"教"与"学"之间找到合适的连接点(平衡点),然而,任何事物都是有两面性的。正如 Stone(1993)指出的:支架式教学"倾向于减少儿童对成人教导的被动接受"。我们应该有意识的将支架式教学的思想渗透在数学教育活动中,总结、反思、探索出符合支架式教学的方式和策略。

2. 合作式教学

合作学习(Cooperative Learning)是 20 世纪 70 年代初兴起于美国,并在 20 世纪 70 年代中期至 80 年代中期取得实质性进展的一种富有创意和实效的教学理论与策略。我国是从 20 世纪 80 年代末、90 年代初开始进行合作学习的研究与实验,并取得了较好的效果。由于它在改善课堂内的社会心理气氛,大面积提高学生的学业成绩,促进学生形成良好非认知品质等方面实效显著,很快引起了世界各国的关注,并成为当代主流教学理论与策略之一,被人们誉为"近十几年来最重要和最成功"的教学改革。合作学习的概念至今界定不一但大体内容相似。美国合作学习的重要代表人物——美国霍普金斯大学的 Slavin 认为"合作学习是指使学生在小

---

① 洪树兰. 数学"支架式教学"研究[D]. 昆明:云南师范大学,2006.

组中从事学习活动,并依据他们整个小组的成绩获取奖励认可的课堂教学技术。”数学合作学习作为一种教学策略,它必然深受教学理论的影响,同时也受数学学科的影响。因此,其主要理论基础是建构主义和发生认识论、动机理论和认知理论。

合作式教学是学生在没有老师直接、即时的管理情况下进行学习的。在课堂中以小组学习为主要组织形式。把学生划分为几个小组,每个小组中的成员知识水平各不相同。小组成员通过协作来消除冲突和分歧,每名学生都能参与到明确的集体任务中,他们共同承担责任,共同对话,相互沟通,从而达到共同目标。教师在合作式教学中的作用是搭建学习平台,创设相应的环境,布置学习任务,给学生分组,监控学习进程,引导学生自我评价,适时做出反馈,促使每一名学生参与到合作学习中。

适合合作式教学的数学问题,通常应是个人完成较为繁难,并且能进行任务分解的内容。如数学调查、数学实验、数学网页的制作和数学板报的出版等大型数学实践活动。在小学低年级,为了激发兴趣、加强应用能力,对于一些与生活实际贴近的数学知识的学习,也可考虑采用合作学习的方式。如果所学习的数学内容没有合作的必要而勉强行之,则既不利于数学知识的理解与数学能力的发展,也无助于合作意识的培养与合作技能的掌握。为合作而合作,必然会失去合作学习的本真意义①。

数学合作学习必须以个人独立思考和深层次认知参与为前提。这是因为,学生要有效地参与协作和交流,必须以自己的认知能力为基础。而个体的思考无法由他人或小组来替代,特别是以抽象思维和逻辑推理为主要特征的数学学习,个人独立思考的作用显得尤为重要。学生只有通过深入地探究,较好地完成了个人承担的任务,才能与同伴进行有效地协作,从而产生良好的合作学习效果。否则,表面的“热闹”、“繁荣”后面,掩盖的很可能是学生数学认知的表层和浅化。事实上,在数学合作学习中,学生的主体性是否得到了真正的体现,课堂教学气氛是否活跃和热烈,应该用学生的“智力参与度”、“智力参与面”来衡量和确认。只有以深层次的认知参与到数学合作学习中,才能促进学生包括高层次数学思维在内的全面素质的提高;只有多数学生以积极的情感和态度参与到数学合作学习中,才可能获得较高的合作学习效益。如果仅把学生外显的行为参与和语言交流当作衡量有效合作学习的“标尺”,将很容易虚化数学合作学习,使其内在的实质在无形中淡化。所以在数学课堂教学中,应深刻领会合作学习的基本精神,努力摒弃那些表层的、虚假的、异化的合作,以形成师生、生生之间真正意义上的合作。

3. 交互式教学

交互式教学真正把教学看成“一种交往的过程”,在教学中教师引导学生去发

---

① 涂荣豹. 实施数学合作学习需要明确的几个问题[J]. 学前教育研究,2007(1).

现，在学生发现的要求下，促使教师去启发，师生之间、学生之间密切配合，不断进行沟通、交流、协调，从而共同完成教学目标。首先教师可以进行活动示范，引导学生就所学内容的各个部分进行对话讨论，在讨论过程中教师逐渐将学习的责任转向学生自己，而后教师和学生将轮流当教师。交互式学习能使学生直观、轻松地掌握知识内容，张扬学生的个性，培养学生创造性思维，提高学生的学习兴趣，营造和谐的班集体。近年来，多媒体实验室为交互式教学提供了良好条件，进一步发展了交互式教学。在实验室中，把图像、声音、文字等多媒体教学材料融合在一起，可以实现资源共享，消除干扰和畏惧心理。“人机交往”在教学中发挥着越来越大的作用。现代教学模式是多种多样的，只有综合运用各种教学模式，把全班的、小组的和个别的教学形式最优地结合起来，才能取得理想的教学效果。

4. 抛锚式教学法

抛锚式教学(Anchored Instruction)是以现代技术为支撑，基于情境认知与学习理论的重要教学模式之一。这一教学模式的主要目的是使学生在一个完整、真实的问题情境中，产生学习的需要，并通过镶嵌式教学以及学习共同体中成员间的互动、交流，即合作学习，凭借自己的主动学习、生成学习，亲身体验从识别目标到提出和达到目标的全过程。总之，抛锚式教学是使学生适应日常生活，学会独立识别问题、提出问题、解决真实问题的一个十分重要的途径①。抛锚式教学的主要目标是，创建能够使学生和教师进行持续探索的有意义的问题解决情境。帮助学习者理解问题的种类，体验某一领域中专家们在不同情况下可能遇到的问题，观察专家如何把知识作为工具来明确、表征和解决问题，并理解学科中的核心概念是如何帮助解决这些问题的，进而帮助学习者从多个视角(如作为科学家、数学家、历史学家)识别、发现、解决同一个情境中的问题，进而整合他们的知识。

抛锚式教学模式的教学设计原则依据的是杰布森有关“供给者”的理论(The theory of Affordance)。杰布森指出，环境的不同特征支持着各种特殊有机体的活动，同样，不同类型的教材也支持着不同类型的学习活动。作为教学支撑物的“锚”的设计在于促进建构主义学习观所强调的各种学习活动类型。依据这一理论，抛锚式教学模式确立了以下两条重要的教学设计原则：① 学习与教学活动应围绕某一个“锚(anchor)”来设计，所谓“锚”，指的是支撑课程与教学实施的支撑物，它通常是一个故事，一段历险，或者是学生感兴趣的、包括一系列问题的情境。② 抛锚式教学模式的内容应包括有利于学生进行探索、进而解决问题的丰富资源(如，交互式录像、影碟，等等)。由约翰·布朗福斯特领衔的认知与技术小组成功地开发了以抛锚式教学模式为主要教学模式范型的，风靡美国的典范案例贾斯珀系列

① 高文，王海燕. 抛锚式教学(一)[J]. 外国教育资料，1998(3).

(Jasper Series)。由于抛锚式教学主张以真实案例或问题情境为依托,所以有时也被称为"基于问题的教学模式"。但客观来讲,基于问题的教学模式虽然也是基于功能性情境的教学模式的一个典型范例,但其给学生提供真实的社会、商业、法学或教育问题,并引导学生自己提出问题、进而解决问题;而在抛锚式教学模式中,利用技术呈现给学习者丰富而逼真的"宏情境",使学生在一个编制好的问题故事中,运用镶嵌在故事中,与解决问题密切相关的各种信息,发现问题、解决问题。

5.3 数学教学模式

教学模式是对教学经验的概括和系统整理,教学实践是教学模式产生的基础,但不是已有的个别教学经验的简单呈现。教学模式不同于教学方法,它是教学方法的升华,强调了教育理论、教育思想在教学模式构建过程中的重要地位和支配作用。由于模式不仅具有明确的目的性和行动的操作性,注重实践又不等同于经验,发自于理念、思想,而又不等同于理论,模式是观念转化为实在的中介,是一种介于教学理论与教学实践之间的中层理论,是理论与实践的中介。正因为如此,教学模式被看作是沟通理论与实践的桥梁,既能用来指导教学实践又能为新的教学理论的诞生和发展提供支撑,在两者中起中介的作用。对数学教学模式的研究是对数学教学方法的抽象和概括,并从整体的教学过程、教学结构上对数学教学的实施提出了一个具有可操作性的相对稳定的程序,同时又对其理论基础、实施条件进行系统的分析。因而,数学教学的模式化研究极大地提高了教学实施过程的信度、效度和可控性。

国外以乔尹斯和韦尔为代表的定义认为:教学模式是构成课程和课业、选择教材、提示教师活动的一种范型或计划。教学模式是在教学实践中形成的一种设计和组织教学的理论,这种理论以简化的形式表达出来,概括起来大致有两类见解:过程说和结构说。持过程说的将教学模式纳入教学过程范畴,认为教学模式就是教学过程的模式,是一种有关教学程序的"策略体系"或"教学样式"。其中较典型的提法是:"教学过程的模式,简称教学模式,它作为教学论中的一个特定的科学概念,指的是为完成规定的教学目标和内容,对构成教学的诸要素所设计的比较稳定的简化组合方式及其活动程序"。这种观点强调了教学模式中的"组合方式"和"活动程序",突出了其可供模仿性和操作性,但忽视了其理论性。教学过程离不开一定的程序,但程序不等同于模式,教学模式除实施方案外,还应明确其目的和实施条件①。持结构说的认为,教学模式属于教学结构的范畴。结构说的典型提法是"把模式一词引用到教学理论中,旨在说明一定教学思想或教学理论指导下建立起来的各种类型教学活动的基本结构或框架"。结构从广义上讲,是指事物各要素之间的组织规律和形式。教学结构,主要是指教师、学生、教材三个基本要素的组合关系。从狭义上讲,教学结构是教学过程各阶段、环节、步骤等要素的组合关系。一般使用这一概念时,多是从后者来理解的。教学模式不等同于教学结构。虽然教学模式与教学结构密切相关,但不能完全等同。教学结构是客观的,它是各个要素之间客观存在着的相互作用、相互依存关系,受一定构成规律的制约。教学模式则是人为的,它是人们在对教学规律(其中包括教学结构要素及其构成规律)认识的基础上,从教学实践中探索、创造出来的②。数学教学模式是指在一定的教学思想、教学理论、学习理论指导下,在大量的数学教学实验基础上,形成具体的教学方法,为完成特定的教学目标和内容而围绕某主题形成的稳定、简明的数学教学结构理论框架及其具体可操作的实践活动方式,来源于教学实践,又指导教学实践,是具体教学方法的升华,是哲学思潮、教育思想、教学理论、学习理论的集中体现。数学教学理论有宏观的理论建构,微观的实践总结,数学课堂教学模式理论是教育与实践的中介,是教育理论工作者与实践工作者共同协作,通过长期教学实践中不断总结、改良教学而逐步形成的一种中层理论③。

数学教学模式的研究有的着眼于师生关系,有的着眼于教学目的,有的着眼于教学手段,有的着眼于教学程序,有的着眼于教学策略,呈现出多样化趋势。一种教学模式是否成熟,可以从其理论基础中窥见一斑。

5.3.1 讲解—传授教学模式

讲解—传授教学模式是一种传统的教学模式,其理论依据主要是苏联凯洛夫教学思想和奥苏伯尔的有意义学习理论。凯洛夫教学思想强调以教师系统讲解知识的课堂教学为中心,重视基础知识、基本技能的教学。这一教学模式对我国的数学教育的影响最大,目前在许多学校的数学课堂教学中仍然占据主要地位。凯洛夫教学过程的认识本质论和强调"双基"的课程论,决定了其教学方法的性质,这一点在凯洛夫的教学方法体系中不仅有具体体现,而且在教学方法决定于教学任务与内容的基本原理的论述上也有体现。如"教学方法的性质跟教学的任务和教学的内容紧密联系着。在学校发展的历史上,随着教学内容的改变,教学方法也在改

① 冯克诚.实用课堂教学模式与方法改革全书[M].北京:中央编译出版社,1997.

② 李定仁,徐继存.教学论研究二十年[M].北京:人民教育出版社,2001:284～285.

③ 曹一鸣.数学教学模式的重构与超越[D].南京:南京师范大学,2003.

变着”。凯洛夫认为作为教师和学生的工作方式的教学方法分为下列几种：① 教师的讲述和讲演；② 教师跟学生的谈话；③ 教师演示所研究的对象，演示各种实验；④ 演示图片和图表；⑤ 参观旅行；⑥ 学生阅读教科书和其他书籍来掌握知识；⑦ 学生独立观察、实验室作业和完成各种实习作业；⑧ 练习；⑨ 检查学生知识的方法有口头检查、书面检查和实习检查。凯洛夫根据教学过程的阶段论与教学心理，归结出了课的结构，其基本部分一般为：“组织上课、检查复习、讲授新教材、巩固新教材与布置课外作业”五个环节①。

凯洛夫的教学模式是师生系统传授和学习知识的模式的典型代表，它是根据马克思主义认识论原理，借鉴历史上的教学理论，特别是乌申斯基的教学理论，总结教学实践经验而提出的比较完备的教学模式。具体的教学程序可表示为：诱导学习动机—感知理解新教材—巩固知识—运用知识—检查知识。这种教学模式以教师系统的讲解为主，教师进行适当的启发提问，引导学生进行积极思考，有利于学生系统地掌握知识。这种教学模式的教学目标是使学生系统地掌握数学知识、基本技能，促进知识内化，形成良好的认知结构，并长期左右苏联及我国的教学实践。我国大部分的数学教师在日常的教学活动中，主要采用的是以教师讲授为主的“讲解—传授”教学模式。原因主要有以下几点：① 中国数学对数学学习方法的倡导的是“熟读精思、熟能生巧”。② 从数学本身的特点来看，数学学科以特有的严密性著称，数学知识内在的系统性、连贯性的“传统”属性与这种“传统”的教学模式构成了“合乎常理的匹配”。我国的教学理论不可否认地存在着来自于“传统教育”的弊端。教师讲得多，学生自主参与探索的少，重视数学知识的传授多，与实际应用联系的少，由此而产生学生课业负担过重，使学生整日奔波于上课—作业—考试之中，学生处于被动地位②。但在中国传统观念中的操练不等同于西方人所理解的“机械训练”，是通过练以达到“熟能生巧”之效。从积极的意义上来理解，可以认为是倡导学生的自学、自主性、独立思考，强调“思而得之则深”，只有经过个人的认真思考，才能对学习内容有深入的理解，也只有从内心真正理解了所学的内容，才能巩固地掌握它。孔子的“启发式”教学法，诸子熟读精思的“读书法”，强调学与思的并重。反之，即使囫囵吞枣地学到一点东西，也难以长久保持。这就是所谓的“学不心解，则亡之易”③。我国数学教学虽然大部分采用的是讲授式，但是教师采用变式教学，并非是单纯的灌输。这一点也对应奥苏伯尔的意义学习理论，奥苏伯尔认为，学校的主要任务是向学生传授学科中明确、稳定而有系统的知识，“大多数课堂学习，特别是在较年长的学生方面，都是有意义的接受学习”。学生的主要任

① 田本娜.外国教育思想史[M].上海:人民教育出版社,1994:485～503.

② 曹一鸣.数学教学模式的重构与超越[D].南京:南京师范大学,2003.

③ 毛礼锐.中国教育通史[M].第二卷.济南:山东教育出版社,1985:258～259.

务是以有意义的接受学习的方式获得有组织的知识,形成良好的认知结构。

近年来在教育界讨论最为热烈的话题是"素质教育",最激进的提法是要"由应试教育向素质教育转轨",认为以前所进行的是以升学为唯一目的的应试教育,其恶果是学生高分低能,学生的动手能力差。但这并不等于对过去的数学教学进行彻底的否定,更不是在脱离了基础知识的掌握和教师的必要指导下放手让学生进行一种所谓的全新的教学概念"研究性学习"。开放性教学模式,问题解决教学,研究性学习等新的教学理念对我国教育改革的积极意义是巨大的,但教学改革是一个渐进的过程,不意味着与中国传统教育的对立。由于前几年少数人把素质教育与"应试教育"对立起来,"于是,以系统传授知识见长的课堂教学也就合乎逻辑地、客观地被置于素质教育的对立面。而对班级授课制的改革是一个多样综合的方式和过程。要根据学科教材、教师和学生教和学的特点,以及学校各方面的具体条件等等的实际情况,从其他多种多样的教学模式里吸取当前有用的成分,有机地加以组合。……对国内、国外各种教学实验所创造的教学模式仔细观察,莫不是多样综合的产物"①。而传统的讲授式数学教学应该处理好如下的问题:教师的讲授与学生的自主探索学习问题;数学思想方法的教学与应用问题的教学;关于系统地传授数学知识与发展能力问题;开拓创造精神与双基训练的问题;关于英才教育与大众数学的问题;认知学习与情感意向②。

5.3.2 传统数学教学模式的发展

5.3.2.1 "自学—辅导"教学模式研究

1. "自学—辅导"教学模式理论依据

斯金纳是操作性条件反射学说的创始人,他认为,基于对动物的实验研究,操作条件作用理论同样也适用于人类。该学说理论以反射与强化观点为基础,根据同得律(即如果一个操作发生后,接着呈现一个强化刺激,那么这个操作的强度(机率)就增加)和效果律(一个人干什么不是因为他的行为将来有什么效果,而是因为过去类似的行为已经有了什么效果)得出,行为受结果的影响,如果出现愿望中的行为,这个反应将被加强(强化)。由于受到了强化,这个行为再发生的概率就会增加,即增强了反应动机。1924 年美国鲁莱西设计了一种进行自动教学的机器,这种设想,当时没有引起重视和推广,直到 1954 年,斯金纳将其与他的行为主义心理学联姻,倡导依靠教学机器,利用程序教材,呈现学习程序,其中包括问题的显示,

① 王策三.保证基础教育的健康发展[J].北京师范大学学报:人文社科版,2001:75~76.
② 曹一鸣.数学教学模式的重构与超越[D].南京:南京师范大学,2003.

学生的反映和将反映的正误情况反馈给学生的过程等，使学习者进行个别学习，这种“程序教学法”才引起广大心理学和教育界人士的重视。斯金纳试图把教学程序化，其基本特点是：① 要把教材分成具有逻辑联系的“小步子”；② 要求学生作出积极的反应；③ 对学生的反应要有及时的“反馈”和强化；④ 学生在学习中可以根据自己的情况自定步调，学习进度不要求相同；⑤ 使学生有可能每次作出正确的反应，使错误率降低到最小限度。在呈现每一个步子时，学生要进行及时的应答反应。如果答对了，机器就呈现出正确的答案，然后再进行下一步。每个学生都要按照机器规定的顺序学习，不能随意跳跃任何步子。程序教学后来又发展成为计算机辅助教学，通过程序的编制来实施。由于计算机技术在速度和存储量上的飞速发展，可设计较为丰富的材料，组成许多变式的程序，储存在电脑里，提高了程序教学的可变性、互动性。

程序教学的基本思想在于管理学生掌握知识、技能与技巧的过程，在于提高学生在教学中的独立性。这种方法实质上是一种个体化教学，照顾个体差异，做到因材施教，可以充分调动学生的积极性和主动性，同时培养了学生的自学能力，然而程序教学不能实现教育和教养两方面的目的，同时也削弱了班集体在学生学习过程中的作用，而自学辅导法以学生为主体，以教师为主导，学生自学与教师辅导相结合，体现了程序教学的优势。

2. “自学—辅导”教学模式实践

“自学—辅导”教学实验范式在20世纪就传入我国，这种教育观念在中国的传播，对“自学—辅导”教学模式的推广应用起到重要作用。20世纪初我国教育界曾兴起过“自学辅导主义”教育思潮，后来随之兴起“自学辅导法”、“分组教学法”、“道尔顿制”、“莫里森单元教学法”、“文纳特卡制”等教学实验。这些教学实验的具体做法不尽一致，但其共同的特征是以学生自学为主，教师进行适当的辅导，为学生自定步调的学习提供学习材料和答疑解难。但是在建国以后，这一模式与实用主义教育思想一起受到批判，20世纪60年代有重新出现的趋势。

(1) “自学—辅导”教学实验

1963年中国科学院心理研究所由卢仲衡主持，集中一个研究室的力量对中小学数学、语文和英语进行程序教学的研究和实验，提出了“启读练知”四步教学，即采用“启(发)、(阅)读、练(习)、知(当时知道结果)、(小)结相结合”的课堂模式，并编写了初一数学的课本、练习本和答案本。到1965年，因为没有取得较好的效果而中止了实验。自1965年下半年开始，在总结前两年重复实验欧美“程序教学法”的基础上，批判地吸收了这一段时间所取得的经验和教训，首次提出了九条心理学原则：① 适当的步子；② 当时知道结果；③ 铺垫原则；④ 展开到压缩；⑤ 直接揭露本质特征；⑥ 尽量采取变式复习；⑦ 按步思维；⑧ 运算根据外显；⑨ 可逆性联想。

接着，在北京部分中学开始了"自学—辅导"实验。这一实验因"文革"中断，后又重新恢复，到1980年夏，已在全国七个省市进行扩大实验。1981年秋扩大到16个省市100个实验班，1982年又扩大到22个省市170个实验班，1984年推广到全国25个省市。1984年实验开始着重进行注意、知觉、记忆、发散思维、分析能力、概括能力、推理能力、创造性思维能力等方面的对比实验研究。1987年卢仲衡所著《自学辅导心理学》由地质出版社出版。它标志着这项实验已取得阶段性理论成果，并将这项实验继续推向深入。自1989年始，中科院心理所决定将自学辅导实验由初中数学向高中数学延伸，并开始了高中数学实验教材的编订工作。同时，为拓宽实验范围，开始编订初中历史、地理实验教材，进行相关实验。其后，自学辅导教学实验日趋规范。在继续深入进行教材和教法实验的同时，侧重探讨学习心理机制、非智力因素的影响等问题，特别关注学生能力的发展。到20世纪末，初中数学自学辅导教学实验已发展为"中学自学辅导教学实验"。

在"自学—辅导"教学模式中，为了培养学生的自学能力，使自学成为习惯、成为可能，把整个教学过程分为以下四个阶段：第一，领读阶段（大约需一至两周的时间）。主要是教给学生阅读方法。教会阅读的主要内容之一是教会阅读的"粗、细、精"。"粗读"是浏览一遍教材，知其大意，找出"细读"的问题；"细读"是对教材逐字逐句地读，钻研教材的内容、概念、公式和法则，正确掌握例题的格式等；"精读"则是概括内容，在深入理解教材的基础上进行记忆，并运用其做习题。要求学生基本会阅读教材，能正确理解题意，概括段落大意。第二，适应自学阶段（大约三个月左右）。主要让学生适应自学辅导教学的"启、读、练、知、结"的课堂模式，逐渐形成自学习惯。"启"即从旧知识引进新问题，激发学生的求知欲望，使其有阅读课本和解决问题的迫切需要。每节课开始，教师可用几分钟时间规定学习进度，出示阅读提纲或由学生自己概括段落大意，对疑难处略作启发性引导。随后让学生自学阅读课本，做练习题，对答案。教师巡视课堂学生预习情况。启发和小结是由教师在开始上课和即将下课时向全班进行的，共占10～15分钟。讲课教师要做到不"代替"学生的阅读与思考。"读"即阅读课文。教师在深入理解教材和学习目的基础上，拟定启发自学提纲和小结检查提纲。启发自学提纲和小结检查提纲，要详细而浅显，能直接从教材中找到解答，使凡是认真读书的学生都能完满答出，以鼓励学生自学，强化自学兴趣。教师定的学习步调要与学生自定的步调结合。在学生自学时，中间的30～35分钟不打断学生的思维，让他们读、练、知进行，尽量做到不要打断他们的读、练、知自然的交替活动，例如学到课本中练习处，就做练习，并核对答案；教师同时要不断地巡视课堂，以发现共性问题，辅导差生，指导学生。即以视觉为主，动手、动脑、动耳、动口，感官的相互作用，各皮层区域轮换地兴奋，教师不会感觉疲倦，注意力始终保持集中，学生则常感到时间过得很快，学习效率就会较高。

"练"就是做练习。"读"、"练"、"知"三者交替,学生读懂课文就做练习,做完练习就对答案,然后按小结检查提纲提问,训练口语表达,小结巩固收获。"结"就是小结。下课前10分钟,教师按提纲提问,集体交替地纠错做小结。促使知识系统化。做好"启"和"结",要求教师认真钻研教材,把握教材的重点、难点和关键,能预测学生自己阅读教材时可能出现的疑难和容易混淆的概念。要求教师有应变能力,随时修改已准备好的启发和小结。这一环节只有教师发挥得好,才能扫除学生看书疑难,达到教学的目的。第三,阅读能力与概括能力形成阶段(大约半年至一年)。做法与前一阶段相似,在初步形成自学习惯的基础上,重点加强学生自学过程中的独立性。要求学生写章节或单元总结,归纳各部分知识之间的逻辑关系,鼓励学生发现问题。在这一阶段教师不供给启发自学提纲,只指出应该注意的点,鼓励学生边自学,边概括,注眉批或做笔记,全面因材施教。注意一般学生水平的提高,充分发挥优秀生的潜力。第四,自学能力与自学形成的阶段(延续到初中毕业)。要使学生完全适应自学辅导教学法,在自学过程中充分发挥独立性。在这一阶段里,学生已具有基本的自学能力,形成一定的自学习惯,对自学辅导方式方法产生了兴趣与爱好,独立性更强,几乎不依赖教师就能阅读自学辅导教材,正确理解教材内容及其各部分之间的逻辑联系,能比较准确地总结单元内容,自学能力有较大的提高,也有较好的迁移能力。良好自学习惯的形成,无疑会受益终身①。

随着实验的深入和研究的深化,自学辅导教学实验逐渐暴露出一些深层次的问题。大体说来,这类问题可以概括为三个方面:第一,步子适当与否。自学辅导教材在确定教学步子之前,是经过了在不同层次学生中的试用之后修订而成的。在实验主持者看来,这种教材可以保持"适当的步子",便于各类学生充满信心地自学。其实,教材一旦修订,其步子也就固定下来,而且会在各类学生之间谋求一种大致的平衡。显然,此种教材只适用于中等生学习。而只适合于中等生学习的教材步子,是否就是"适当的步子",当然值得怀疑。第二,自学辅导教学的学科化问题。自学辅导教学最初以程序教学的方式在中小学的代数、算术、语文、英语四科中进行。1978年后,只在初中的数学科中进行。1989年后,又向高中数学,初中史、地等学科扩展。随着自学辅导教学实验向多学科的扩展,也产生了"学科化"的麻烦:在应用于史、地、英等学科时,编写初中数学自学辅导教材的九条心理原则及七条教学原则是否完全适用?尽管这不失为有发展前途的一项教材教法改革,但仍需理论与实际工作者进一步合作研究。在倡导向多学科发展时,将原来的"启、读、练、知、结"修改为"回忆、自学、辅导、讲解",这种修改是否必要?类似种种问题,仍有待斟酌。第三,数学自学能力结构模型的理论构想是否科学。如九种心理

① 熊焰."初中数学自学辅导教学"实验及其评述[J].教育实验研究,2005(4).

因素的层次关系及彼此之间的概念界限，尚有待进一步明确。“在实验设计与实施过程中，存在样本偏小、缺少前后测试的对比、因变量指标灵敏性不高等问题，从而影响了其科学性。”

(2)“自学、议论、引导”教学实验

南通市启秀中学的李庾南老师，从1978年起在初中数学中进行“自学、议论、引导”教学法实验。通过初中阶段三轮实验，1988年初见成效，同年获“全国中小学教学改革金钥匙奖”。在此基础上，又进行了“优化数学学习过程，改善数学教学结构”的实验研究。李庾南老师在多年的教学实践中总结出，学生自学数学的能力主要包括独立获取数学知识的能力，系统整理数学知识的能力和科学应用数学知识的能力，而独立思考能力是数学自学能力的核心。学生自学能力的发展也有规律，可分解为三个阶段：自学能力的释放；自学活动的进行；自学能力的评价。而自学过程的不断进行，就是自学能力、自学活动、自学知识三个循环的统一。根据自学能力的发展规律，他排列了培养初中生自学能力的层次序列：① 学会阅读；② 学会整理；③ 学会迁移；④ 学会评价；⑤ 学会总结；⑥ 学会探索。这种教学法包括三个环节，“独立自学”是基础，“相机引导”是前提，“群体议论”是枢纽。

近年来，“自学—辅导”教学模式教学实验的推广，与教学理论界的争鸣，对有关理论问题的澄清密不可分，直接推动了自学辅导教学实验发展的教学理论争鸣至少有两个热点①：一是关于教学过程中主体与客体的争鸣。经过20世纪80年代中期有关教学主客体关系的热点讨论，提出多种不同的认识，如“双主体论”、“复合主体论”、“学生单主体论”、“否定的主体论”，总体上来说，“教师主导，学生主体”说获得了广泛的支持，主导主体说能够确切地反映教学过程中的教师与学生的地位和作用。但这都没有脱离“主—客”对立的思维模式。教育是在人与人之间的交往中展开的，是在师生交往关系中展开的，是一种互主体关系，是“我—你”关系，而不是“手段与目的”、“人与物”、“主体与客体”的关系②。教师的作用只有通过学生主体地位与作用来体现的。只有这样，教师与学生有机地结合起来，课堂教学的师生双方才能进入“谐振”状态。以学生自主学习为中心，并内化为较为规范程序化的教学行为来组织课堂教学活动，是“自学—辅导”教学模式的基本思想和策略。苏霍姆林斯基说过，对学生来讲，最好的教师是在教学活动中忘记自己是教师，而把学生视为自己朋友的那种教师。如此，就需要施行课堂教学民主化，营造宽松和谐的课堂氛围，热情爱护、平等对待每一个学生，对学生自始至终都充满期望，要充分相信学生，使每一个学生都感到自己能行，对学习困难者倍加关心，适时加以启发

① 张武升.教学论问题争鸣研究[M].天津：南开大学出版社，1994：34～60.

② 李定仁，徐继存.教学论研究二十年[M].北京：人民教育出版社，2001.

点拨，而不能损害其自信心和自尊心①。总之，在教学过程中，师生关系是完全平等的，学生始终处在不断进取之中，积极性极高。另一个争鸣的主题是传授知识与发展智力关系。1977年我国恢复高考制度以后，与教学秩序稳定一起出现的新问题是“记忆教学论”的重新抬头，1979年前后，随着国外“新教育思想”的引进介绍，我国教育界开始重视“发展学生智力”的问题。在1979年8月召开的全国教育学研究会第一届年会上，不少人提出要重视发展学生的智力。从这以后在教育界有关传授知识与发展智力的关系问题成为教学理论界讨论的一个热点问题。《教育研究》、《光明日报》等报纸杂志陆续发表了关于“知识教学与智力发展”的文章。不少学者强调“传授知识与发展智力之间辩证统一”。为了补偏救弊，甚至有人提出“发展智力第一”，“应该把教学的重点放在发展学生的智力上”。理论争鸣中的“教师主导学生主体”说和“传授知识与发展智力辩证统一”说，以及“发展智力第一”等在自学辅导教学实验范式中得到接受、解释和发挥，自学辅导教学实验范式因为有“学生主体”和“重视智力发展”等教学理论的支持而逐步赢得了广大中小学教师、学生家长和其他社会人士的信任。自学辅导教学实验也因此不再担心受到“学生中心”或“形式教育论”的责难，从“双基”教学到“能力培养”在数学教学研究的广泛开展，“自学—辅导”教学模式有了施展的天地。

5.3.2.2 “引导—发现”教学模式

1. 发现式教学的理论依据——发生认识论

东西方教学思想虽有建立在不同哲学观和认识论基础之上的文化渊源，但却在启发式教学上具有相似性。而系统地进行发现法研究，应归功于20世纪50年代美国心理学家布鲁纳等人的贡献。皮亚杰从认识的发生与发展这一角度对儿童心理学进行了系统、深入地研究，提出：认识是一种以已有知识和经验为基础的主动的建构过程，人们对于客观世界的认识依赖于自身的“解释结构”（认知结构）。布鲁纳以瑞士心理学家皮亚杰的建构主义理论，尤其是以“发生认识论”为理论依据，认为：任何一门学科都是由一些基本概念、原理和原则形成的知识结构，课程教学就是要使学生掌握学科的基本结构，而教学过程应根据各年龄阶段学生所具有的思维结构特点进行，从学科内容本身激发学生的学习动机和积极性，引导他们自己去发现以前未曾认识的观念间的关系和相似的规律性，达到掌握学科结构的目的。布鲁纳特别强调了学生学习过程中的发现与科学家的发明创造之间的区别，认为“发现并不限于那种寻求人类尚未知晓事物的行为，正确地说，发现包括用自己的头脑亲自获得知识的一切形式”。布鲁纳指出发现法的一般过程是：提出学习

① 苏霍姆林斯基. 给教师的建议[M]. 杜殿坤，译. 北京：教育科学出版社，1984.

课题，激发探究，拟定各种设想、假设或解决方案，验证与探索问题的答案，最后得出结论①。

由于发现式教学思想体现了“创造性学习”、“主动学习”、“思维活动教学”、“启导性教学”等现代数学教学特征，已为越来越多的教师所理解和接受，但遗憾的是，在实际教学中却往往难以全面推开。究其原因主要有以下几个方面：① 担心“发现式”费时多，影响进度，日本学者进行了比较研究发现，“发现学习”比“系统学习”要多花30％～50％的时间。② 可能会产生两极分化，差生更不适应，“新数运动”的失败就是一个典型的例证。③ 教师感到教学上要求高、难把握，增加了教学管理的难度，教师习惯于传统的以讲授为主的教学模式，这种教学模式便于教师有效控制。现行的教学实践中，“引导—发现”法主要还是停留在理论性探讨和个案实验研究中，课堂教学中占主导地位的还是传统的“讲解—传授”教学模式。并且在实践中不恰当地扩大了“有利于探求能力的提高和直觉思维的发展，适宜于基础好、智力好的学生，但不利于系统地掌握知识，费时，会加大两极分化，在差班或对差生不宜采用”之说。其实发现法作为一种基本的教学思想应具体渗透、体现到各种具体的教学模式之中，在这方面，我国许多教育理论与实践工作者做了大量的实践和探索，取得很多有实际意义的值得推广的经验。

2. “发现”教学模式的实践②

1977年高考制度恢复，原青浦县数学教研员，现上海市教育科学院副院长、华东师范大学兼职教授、博士生导师顾泠沅主持的数学教学改革实验小组针对数学教学质量普遍较低的现实，开始了长期的实验研究，形成了“尝试指导、效果回授”这一独具特色的“青浦模式”。这一模式是将教材组成一定的尝试层次，通过教师指导、学生尝试来进行学习，同时又非常注意回授学习的结果，以强化学生所获得的知识和技能。它的教学结构程序为：

第一，启发诱导，创设情境，把问题作为教学的出发点。启发诱导学生，造成急于想解决而又不能利用已有知识去解决问题的认知冲突，从而激发学生的学习动机。第二，探究知识，尝试学习。当学生进入问题情境之后，教师组织学生通过阅读、实验、观察和讨论，尝试找出解决问题的策略和方法。第三，归纳总结，纳入知识系统。根据学生的尝试所得，归纳出一般结论，通过必要的讲解，纳入教材的知识系统中。第四，变式练习，组织分水平训练。运用变式、背景复杂化和配置实际应用环境等手段，精心设计一组由简到繁、由易到难的变式练习题，让学生通过变式练习的尝试，去发展思维能力。第五，及时反馈，回授尝试效果。课堂上，教师要随时收集与评定学

---

① 曹一鸣. 数学教学模式的重构与超越[D]. 南京：南京师范大学，2003.

② 顾泠沅. 青浦经验：一个基于中国当代水平的数学教育改革报告[J]. 课程·教材·教法，1997(2).

生尝试探究的效果，及时调整教学进度和教学方法；在课后，教师要尽快地批改作业，了解学生掌握知识技能的情况，通过及时补授，帮助学生克服学习障碍。第六，阶段教学结果的回授调节。在某阶段的教学完毕之后，根据教学目标的分类细目，通过测试进行教学效果监测，由反馈信息去指定必要的补授措施。

这一教学模式之所以能产生如此之大的影响，在教学实践中具有极强的适应性和生命力，很快从众多的教改实验中脱颖而出，成为目前我国数学教学改革中影响最大，最具有推广价值的一项教改实验，一方面是因为研究方法采用的是"经验筛选法"，每一条教学经验的获得都根植于教学实践，另一方面是实验与教师培训并举取得了成效。这项实验还得到了四项原理：① 情意原理。学生的心理活动包含着互为前提、互相促进的认知结构和情意状态两个方面，激发学生的学习动机、兴趣和追求的意向，加强教师与学生间的感情交流，是促进认知发展的支柱和动力。② 序进原理。来自外界的知识和经验可以相应地转化为学生的认知结构、情意状态和行为结构，教师根据不同对象的发展水平，有步骤地提高所显示的知识和经验的结构化程度，组织好从简单到复杂的有序累积过程，是提高转化效率的基础。③ 活动原理。学生外部的行为结构与内部的心理结构之间有着直接的互化关系，教师精心组织各类行为活动与认知活动，并使之合理结合，学生充分发挥活动的自主性，是促成行为结构与心理结构迅速互化的有效途径。④ 反馈原理。学生的心理和行为向预期目标的发展，都需要依赖反馈调节，教师及时地、有针对性地调节教学，学生自我评价的参与，可以大大改善学习的进程，有效的反馈机制是目标达成的必要保障。青浦县数学教育质量的大面积提高，在教学上主要得力于上述几条原理的综合运用。这些原理揭示了在教学过程中，情意过程与认知过程的统一，新知识与旧知识、掌握知识和发展能力的统一，接受式学习与活动式学习的统一，动力系统与控制系统的统一。

5.3.2.3 "活动—参与"教学模式

1. 理论基础——美国实用哲学的活动课程思想

19世纪末美国实用哲学的活动课程思想，皮亚杰在其发生认识论中强调内在智力过程起源于活动，苏联的列维鲁学派继承了皮亚杰重视"活动"的传统，并对皮亚杰的理论进行了拓展，强调不仅认知起源于外部活动，个体非认知发展也同样源于活动。人类一切心理活动都是在社会历史发展过程中被改造为内部活动，意识活动是物质生活发展的结果和衍生物。皮亚杰关于儿童认识发展的研究证明了反向抽象是数学概念获得的主要方式，逻辑数学结构不是由客体的物理结构或因果结构派生出来的，而是"一系列不断的反身抽象和一系列连续的自我调节的建构"。在学生能够富有意义地理解概念和原理的抽象形式之前，需要通过这些数学对象进行具体表现形式的学习，具体的活动是数学学习的一个重要环节。以杜威为代表的进步主义教学认为，学校的教育即生活，主张教育的内容要与儿童的社会生活经验和活动密切相连，儿童的经验兴趣决定课程的内容和结构，倡导以儿童的主体活动的经验为中心来组织教学活动。即便是像数学这样的理性学科也不能例外，"因为理性就是实验的智慧……而它的作用又常在经验中受到检验"①。

目前我国教育部颁布《九年义务教育全日制小学、初级中学课程计划(试行)》(以下简称《课程计划》)，把活动课程纳入课程体系，"学科"与"活动"两类课程在时间上有多少之分，但在功能上是相辅相成，缺一不可的。《课程计划》实现了学科课程与活动课程的统一，这是我国课程改革的一项重大成果。根据活动课程的性质、功能及其与学科课程的相互关系，吸取杜威活动课程思想的精华，摒弃弊端，提出活动课教学观点，强调学生主体地位，以学生主体活动为中心组织教学；强调学生直接经验的获得、实践能力的培养，发挥"活动"课程的整体功能，把学生个性发展与全面和谐发展统一起来。

现代建构主义理论强调学生的自主参与，认为数学学习过程是一个自我的建构过程，建构主义的数学学习观的基本要点是数学学习不应被看成是学生对教师所传授知识的被动接受，而是一个以学生已有知识经验为基础的主动建构过程。并且这种建构是在学校特定的教学环境中，在教师的直接指导下进行的，即学生的建构活动具有明显的社会建构性质②。数学学习并不是学习个体获得越来越多的外部信息的过程，而是学到越来越多有关认识事物的程序，即建构了新的认知图式。对于新型数学教学模式的建构，其着眼点不是关心学习者"知道了什么"，而是更多地关注学习者是"怎么样知道的"。更进一步的是建构主义认为，数学知识主要不是通过教师教会的，而是学习者在一定的社会文化背景和情境下，利用必要的学习资源，通过与其他人(教师和学习伙伴)的协商、交流、合作和本人进行意义建构方式主动获得的。如果学习者不能知道他是怎么样知道的，这就说明他实际上还没有学会。因此基于建构主义思想的数学教学模式强调教师提供资源创设情境，引导学生主动参与、自主进行问题探究学习，强调协作活动、意义建构。这里的"协作"是指学习者合作搜集与选取学习资源，提出问题，提出设想，进行验证，对资料进行分析探究，发现规律，对某些学习成果进行评价。

2. "活动—参与"教学模式的实践

北京大学附属中学特级教师张思明在其教学实践中逐渐形成了以"引导创设问题情境—师生平等探索讨论—学生自主解决问题—求异探新形成(知识和问题

① 杜威. 哲学的改造[M]. 许崇清，译. 北京：商务印书馆，1997.

② 郑毓信. 数学教育哲学[M]. 成都：四川教育出版社，1995.

的)周转”为基本程序的教学模式。该教学模式不仅具有开放的特点,且努力实现在数学教学过程中,教师和学生活动的有机结合,开辟了学生亲身感受、动手操作、动口交流、有目标地探索和高度自主解决问题的有效途径,体现了教学过程中由以教为主导向以学为主的中心转移和由他律向自律方向的发展。

第一,设置问题或构建问题环境。根据教学内容常常可以采用以下的设置问题的方式:让学生通过自学课本提出、发现问题,根据学生在作业中出现的错误设置问题,根据学生在学习、讨论、研究中的发现引出问题,在开始的10分钟复习小练习中引出问题。有时也可让学生根据学习任务或待研究的小课题,自己设计相应的问题。问题是思考的起点。问题应该是围绕教学中待解决的问题而提出的导学问题。它的目标指向常常是:可做什么?该做什么?

第二,通过探索讨论,形成猜想或分解成有目标的“小任务”。对设置的问题通过观察、类比、实验、对比、联想、归纳、化归,形成更数学化、更抽象的问题,或者形成引入探索、有希望成立的推想,或者分解成更小、更具体、更可操作、更熟悉、更清晰地表现出递进层次的问题。

第三,激励学生尝试自主解决问题。引导学生用学过的知识自己解决问题。即使引导学生用已有的知识自己解决问题,解决问题的方式可以多种多样,解决问题的过程可以以自学钻研教材为先导。对一时找不到方向的学生,教师不要马上指出方向,而是给学生“指南针”,让学生自己试着定向。要创造更多学生参与的机会,特别强调学生的独创性。

第四,引导评价,及时总结巩固成果。引导学生对探索发现和问题解决的过程与成果进行自我评价,自我总结。如探索发现是否得当?问题解决是否有效、彻底、简捷?得到的方法和结论有何意义和价值?也可以让学生做一些练习来巩固学习成果。

第五,求新探异,将问题的探索和发现解决的过程延续到课外或后继课程。课程的结束阶段,引导学生用变维(改变问题的维度)、变序(改变问题的条件、结论)等方式提出新问题,将问题链引向课外或后继课程①。

5.4 中学数学教学设计

美国学者迈克尔·艾劳特(Michael Eliot)在1988年总结了20世纪60年代以

① 张思明.数学教学要为学生创设激发创造的环境[J].人民教育,1996.

来各个时期的、不同理论背景下的教学设计模式①。他认为,教学设计过程的发展应该分为三个阶段:第一阶段,将教学设计视为应用科学。将行为主义心理学理论应用到教育中,强调将行为目标作为教学设计的标准,注重学习的行为及其先决条件,侧重学习任务的分析,注重教学设计的序列化,主要任务是分解学习内容,并转化成各种类型的具体的学习目标,选择恰当的教学媒体和方法为教师提供可行的教学序列,重点是"如何教"。斯金纳的程序教学就是影响较大的此类教学设计模式。在这种模式中,教学设计者是专门的分析专家,教师则将实施方案转化成具体的活动操作,其优越性在于,反映了教学设计的时效性和可操作性,但是过分强调分解教学环节,对教学的整体性重视不够。第二阶段,教学设计者和教师不仅仅是设计者和操作者,更是教学艺术家。强调应该以综合的方式传授知识和技能,要选择在师生之间互动性强的教学策略和序列,在教学过程中不断吸取新知识和新技能,使教学成为一个开放的系统,重点是"教什么"。第三阶段,侧重解决问题的过程与方法。学习必须通过学习者自行探究,解决学习过程中的问题,教学设计者就成了创造者。进入20世纪50年代,教学设计在第三阶段的基础上又有所改进,学习被看作动态的过程,学习能否取得成功,与学习者原来的知识和经验密切相关。因此,教学设计的目的不再是建立一套供学习者学习的步骤,而是指导学习者建构知识的结构和体验,重点是"为何教"。

我国教学设计在很大程度上受到北美风格的影响,据其所依据的学习理论不同,可以把它划分为三个发展阶段:第一阶段,从20世纪80年代中期至90年代初,我国教育界是把教学设计作为教育技术学系或作为教育技术专业的系列课程之一引进来的,重视教学媒体的使用,系统的教学设计是主要类型,从教学的科学规律出发,旨在把对教学问题的确定、分析,对解决问题方案的设计、试行和修改乃至评价等一系列教学内容和程序的设计,都建立在系统科学方法的基础上,从而使教学活动的设计摆脱纯经验主义,纳入到科学的轨道。第二阶段,从20世纪90年代中期到90年代末,认知心理学成为教学设计的指导思想和理论,同时教学设计受到了系统论和传播学的影响,这个时期仍然把教学视为一个封闭的教学系统,教学设计的场所局限于课堂。这一时期大学教学论教师或研究者成为教学设计的主体。几乎所有教学设计的专著和文章都是以认知心理学对知识的表征以及对学习观的解读。在20世纪80年代后期,认知学派的战略目标受到了质疑。因为人们逐渐发现了隐藏其理论背后的两大致命弱点:一是将人类复杂的行为同基本的信息加工及其组织联系在一起,试图将复杂行为还原为一连串的简单的行为;二是在说明信息加工的神经机质时,从根本上忽略了人类所特有的自然学习情境中社会、

① 徐英俊.教学设计[M].北京:教育科学出版社,2001:41.

历史、文化对高级认知的中介作用①。第三阶段,从20世纪90年代末一直到现在,建构主义等相关理论成为教学设计的指导思想,同时与具体学科紧密相联系的教学设计开始兴起。建构主义对什么是知识,怎样看待知识,知识是如何获取的等有新的解释和回答。这个时期教学设计的总特点就是运用建构主义的知识观、学习观和教学观来指导与建构教学设计的理论与实践。建构主义对教学设计的启示如下:第一,从教学设计的视角来看,既然学习不是由教师把知识简单地传授给学生,而是由学生自己建构知识的过程,学习不是简单的信息输入、存储和提取,而是新旧知识经验之间双向的相互作用过程,也就是学习者与学习环境之间的互动过程,因此教学就是要避免教师课堂上的个人独白,要创设优化的学习环境,以支撑和促进学习者个体知识的建构。而且这样的环境应该是以制造适当的“困惑”,以帮助并引导学习者的“困惑”为主旨,把支撑问题解决作为教学设计的主要内容。第二,既然学习是在先前经验的基础上进行的一个自主的活动,但是在这个过程中,态度、知识、能力等建构不是从零开始的,而总是以一个已有的(知识)结构作为基础的。这些已有的知识,即经验,始终是解释那些作为知识建构信息的出发点。那么教学设计时就要对学习者先前经验进行分析,搞清楚学习者究竟需要什么和想要学习什么,因为对教学设计者来说,只有清楚地知道学习者预先的观念和经验,才能开发出适合学习者态度、知识、能力并对学习者进行有效体验的学习环境。第三,既然科学的学习不仅仅是一个人的现象,它同样是一个社会过程,必须通过对话、沟通的方式,提出不同的看法去刺激个体反省思考,在交互质疑辩证的过程中,以各种不同的方法解决问题,这是一种知识的社会协商。因此教学就是要让所有的学生发出自己的声音,允许多元的价值存在,并形成对共同价值进行分享。因此,要求教学设计要创建一种超越传统班级授课制的新型学习组织形式——学习者共同体②。

尽管目前存在许多教学设计模式,但是绝大多数教学设计模式来源于两大传统,一是客观—理性主义,二是建构—阐释主义。历史上,教学设计在认识和方法论上深受客观主义的影响,如知识的外在客观存在性、精确性,知识获得的个体性和线性过程,决定论、可预测性和因果关系等。许多从行为主义心理学乃至信息加工心理学出发的以及从教育技术发展而来的教学设计理论都可归属于这一传统。这种现状直到20世纪80年代末90年代初,随着相关科学理论革命,如混沌理论的渗透和建构主义认识论的兴起才有所改观。

典型的教学设计模式,也可以说是经典的传统的教学设计模式,它的突出性特

① 裴新宁.面向学习者的教学设计[M].北京:教育科学出版社,2005.

② 裴新宁.面向学习者的教学设计[M].北京:教育科学出版社,2005.

征是基于客观主义的。可以说,迄今为止,教学设计领域中的模式研究绝大多数是基于客观主义的模式,也是对教学实践影响最大的教学设计思潮。在客观主义认识论看来,教学过程即是传递客观知识的过程,这一过程具有客观性和规律性,其结果完全是可预测和可重复的。因此,教学应遵循客观规律,遵循固定的程序和步骤。由于复杂知识可以还原、分解为简单知识,因此可以对知识教学进行缜密的程序设计。受客观主义认识论所支配的教学必然具有外在控制性质。教学是传递固定的、程式化的"客观"知识的过程,学生的心灵是被教学过程塑造的对象,它需要忠实地接受以分门别类的学科形式体现出的"客观真理"。这样,教师是知识的象征,权威的化身,学生是被动的、复制"客观知识"的接受者,教学即是对学生施加控制的过程,也是如此考察基于客观主义认识论的教学设计模式。我们可以发现,他们"构建了上百种适用于不同层次和应用于不同领域便于操作的、程序化的教学设计过程模式,开发了诸多精细严密的分析方法和决策技术,如学习内容和任务分析方法,教学方法和媒体选择的决策技术,并逐步形成一整套突出循序渐进、合理有序、精细严密地运用系统方法进行分析、决策和评价的理论体系,并作为知识形态的要素的核心成分在教育技术学科体系中占据重要地位"。虽然基于客观主义的教学设计模式在表现形式上有这样或那样的差异,但是它们还是在本质上体现出许多相似的特点。

这些共同特点可以用 ADDIE 来概括:A(Analyze/分析)、D(Design/设计)、D(Development/开发)、I(Implementation/实施)、E(Evaluation/评价)。ADDIE 可以概括/代表诸多典型教学设计模式的一般性特征,如图 5.1 所示。虽然有很多数学教学设计的侧重点不同,如"数学诊断式教学","问题化教学设计"等,但是本质上都是典型的教学设计模式①。

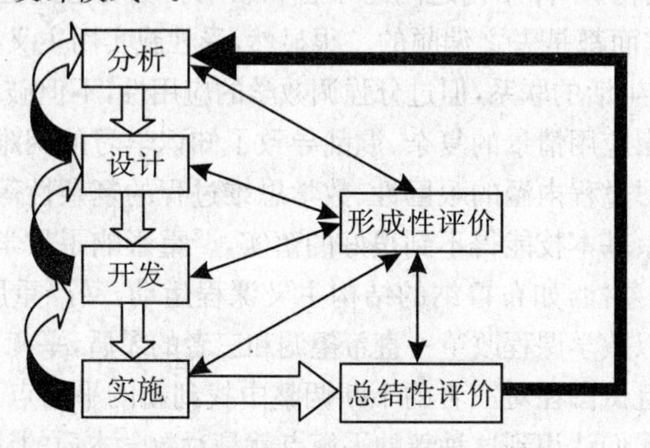

图 5.1　ADDIE——典型的教学设计模式

---

① 钟志贤.面向知识时代的教学设计框架[D].上海:华东师范大学,2004.

5.4.1 数学教学设计的背景分析

5.4.1.1 数学学习需要的分析

学习需要是指学习者已经具备的水平与期望学习者达到的水平之间的差距。已经具备的水平是指学习者在能力素质方面已经达到的水平，而期望学习者达到的水平则是指社会发展、学校、教师，甚至学习者自己对学习者提出的要求。正是期望水平与现实水平之间的差距为学习者的学习指明了方向，成为教学活动有效开展的前提条件，更是教学设计过程的重要开端。目前的学习需要分析研究主要集中在学习需要的类型、步骤与方法等层面。

在学习需要的类型上，伯顿和梅瑞尔把与教育有关的需要分成了六类：标准的需要，即个体或集体在某方面的现状与既定标准比较而显示出来的差距；比较的需要，即同类个体或集体通过相互比较而显示出来的差距；感到的需要，即个体必须改进自己的行为或者某个对象行为的需要和渴望；表达的需要，即个体把感到的需要表达出来的一种需要；预期的需要是指将来的需要；批评性事件的需要是一种很少发生，但一旦发生却可能引起重大后果的需要①。

5.4.1.2 数学学习内容的分析

1. 数学学习内容的结构分析

从对教材知识结构的历史研究中可以看出，数学课程改革反映到教材知识结构变革上，实际上主要围绕着两个问题进行：即“基础”与“应用”。这也反应了数学知识结构与社会结构、个体结构之间的矛盾和联系。历史已经证明，过分强调数学知识结构的某一方面都是失之偏颇的。很显然，受杜威实用主义教育思想影响的数学教育重视数学与生活的联系，但过分强调数学的应用性，不但破坏了数学学科应有的系统性，而且还由应用情景的复杂、混乱导致了知识学习的困难；过分强调学生兴趣爱好，与数学学习过程内涵的艰巨性、数学思维过程的复杂性等产生严重冲突，结果导致了基础知识、基本技能得不到很好的落实，严重影响了教学质量；而过分强调数学的理论性和抽象性，如布鲁纳的结构主义课程运动，又严重脱离教学实践和生产、生活实践。所以数学课程改革一直希望调和三者的矛盾，平衡三者在数学教育中的地位和作用，并且试图在对三者的不断调整中找到新的平衡点。随着人们对数学课程认识的深入，人们认识到这种新的平衡点就是对数学本质的认识。

一提起数学，我们首先想到的是大量的数字和符号。这既从某种程度上反映

① 徐英俊.教学设计[M].北京：教育科学出版社，2001：72～74.

了数学的特点，但同时反映了人们对数学知识认识的一种局限。在现代，人们越来越意识到这种局限对人类认知的限制，新的数学课程标准一再强调数学首先是一种文化，同其他学科一样的文化，就是希望改变对数学知识认识上的偏颇。所以，我们研究数学教材的知识结构，既要凸显数学自身的特征，更要凸显数学作为人类文化一部分的本质特征。

法国抽象数学的主角布尔巴基指出："数学不是研究数量的，而是研究结构的。"①数学知识结构主要是指数学内容结构与数学方法结构，它不仅包括数学的基本概念和一般原理，而且还包括基本的数学方法、数学思想和数学观念。数学内容结构既指数学教材内容的编排结构即数学内容及其排列、组合方式，也指数学内容本身所固有的内在的逻辑结构。数学内容本身的逻辑结构，如立体几何中空间的角与距离的概念都是通过转化为平面的角与距离来加以定义的，这些概念同时都具有科学性、合理性、简洁性、最优性和实用性。数学方法结构既指数学内容中所蕴含思想方法及其排列与组合的方式，也指解决某一数学问题所用的具体方法或步骤。如幂函数、指数函数和对数函数两单元的教材所蕴含的思想方法都是从实例抽象概括出一般数学模型，再用从特殊到一般、从具体到抽象、分类讨论、数形结合的方法研究函数的性质，最后应用函数性质解决问题。由上可知，数学知识结构的实质是数学知识本身所固有的内在的统一性与规律性②。

数学认知结构就是学习者头脑里的数学知识，按照自己理解的深度、广度，结合自己的感觉、知觉、记忆、思维和联想等认知特点组成的一个具有内部规律的整体结构。简单地说，就是包括学习态度和学习方法在内的学习者头脑中的数学知识结构。数学知识结构是数学经验的积累和总结，是客观的、外在的，而数学认知结构是学习数学时，学习者头脑中逐步形成的认知模式，是主观的、内在的。数学知识结构是教材按序组织起来的，通过学习是可以掌握的；数学认知结构是通过学习这些知识内容，形成的智能活动模式，它是一个人数学素质的体现，有正误与优劣之分。学习数学的过程就是把数学知识结构转化为数学认知结构的过程，数学教学的主要任务就是不断地形成、发展和完善学生的数学认知结构。数学认知结构对于学习者的行为有内在的调节作用，这主要表现在：① 一切外来知识对学习者的影响，都必须通过学习者的认知结构才能发生作用；② 由于作用的主体及其认知结构的不同，外来知识影响的结果也不同。

良好的数学认知结构"应该是构成这样一种含有种种力量——简约化知识的力量，产生新的诊断的力量，使知识体形成愈加严密的体系的力量的知识系统"（布

---

① 钟启泉，黄志成.美国教学论流派[M].西安：陕西人民教育出版社，1993.

② 李昌官.试论数学教学中的结构性原则[J].课程·教材·教法，2002(3).

鲁纳)。它具有以下特征:第一,简约性和单纯性。即它舍弃了使人发生混乱的杂乱的枝蔓,突出基本结构。第二,迁移性和发展性。即对学习新的数学知识、掌握新的数学方法和数学思想具有积极的影响和迁移作用,是新的知识的“固着点”和“生长点”;同时原有的数学认知结构又在学习新的知识、新的方法的过程中不断地完善、丰富和发展。第三,广泛性和严密性。即它比具体的数学知识、数学方法具有更高的抽象性和概括性,不局限于某个知识、某种方法、某类问题;同时学习者头脑中的数学知识和方法的内部组织和结构是严密而有序的。

2. 数学学习内容的类型分析

不同类型的知识,其掌握、保持、迁移等都可能有不同的规律,因此,课堂教学也应有不同的模式。在数学课堂教学过程中,如何根据不同数学知识类型的特点,设计合理的教学方式,实现预期的教学目标,使学生达到最佳的学习效果,是数学教学设计所要解决的问题。就知识内容特点而言,数学知识可分为:① 联结—陈述性数学知识。表述某些存在的事实,或者某些规定等,它们的获得不需要经过复杂的认知操作活动,这些命题主要是具有信息意义,如“两组对边分别平行的四边形叫做平行四边形”等。② 联结—程序性数学知识。表述事物普遍的规律或者逻辑必然性的东西,这类命题的获得要经过复杂的认知操作活动,它们既有信息意义,又有智能意义,如“三角形的内角和等于180°”。③ 运算—陈述性数学知识。不需要经过复杂的认知操作活动而获得的,只有信息意义的程序,如书写汉字的笔画程序“先上后下,先左后右,先中间后两边,从内到外,先里头后封口”。④ 运算—程序性数学知识。表述了普遍规律或者逻辑必然性的东西,它们不仅有信息意义,而且也有智能意义。如计算“1+2+3+4+5+…+100=?”之类等差数列之和,计算公式是“(首项+末项)×项数÷2”,这是完成这类计算题的计算程序,然而,这个计算公式或程序的得出,却需要经过分析、综合、推理等运算活动。个体联结类数学知识主要具有信息意义,宜采用有意义接受学习的方式学习,而运算类数学知识则适合以探究学习的方式进行①。

3. 数学学习内容分析方法

(1) 归类分析法

归类分析法,顾名思义即对相关信息进行分类的方法。归类分析法在教学内容诊断过程中使用比较频繁,涉及对教学内容多个维度的诊断。比如,对教学内容价值取向的诊断、对教学内容基本结构的诊断、对教学内容与课程目标的知识性的诊断、对教学内容与学生发展适切性的诊断、对教学内容所欲达到的学习结构内容的诊断等方面都要广泛地运用归类分析法。在对教学内容进行分类后,或用图表、

① 王光生.知识类型与数学教学设计[J].数学教育学报,2007,16(3).

或列提纲，把实现教学目标需要的学习内容归纳成若干方面，从而确定学习内容所能达成的教学目标。图5.2所示的是"实数"主题的归类分析①。

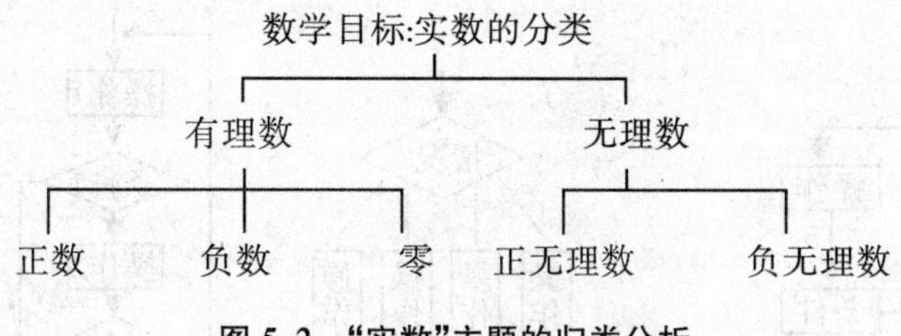

图5.2　"实数"主题的归类分析

(2) 层级分析法

层级分析法是用于揭示为了达成教学目标所需要掌握的从属技能的任务分析方法。这是一个逆向分析过程，从已确定的教学目标开始分析，分析从属目标(介于起点到终点之间的教学目标称为从属目标)及其类型。即从已确定的教学目标开始考虑，要求学习者获得教学目标规定的能力，他们必须具备哪些次一级的从属能力？而要培养这些次一级的从属能力，又需要具备哪些再次一级的从属能力？以此类推。各层次的知识点具有不同的难度等级——越是在底层的知识点，难度等级越低(越容易)；越是在上层的，难度越大。层级分析的原则虽较简单，但具体做起来却不容易。它要求参加教学设计的学科专家、学科教师和教学设计者熟悉学科内容，了解教学对象的原有能力基础，具备较丰富的心理学知识。

(3) 信息加工分析法

信息加工法是以信息加工心理理论为基础的一类诊断方法。信息加工分析法是将教学目标要求的心理操作过程揭示出来的方法。它按照思维顺序找出各部学习任务之间的结构关系，确定学习步骤，其最大特点是能够揭示有关学习行为的心理操作模式。这种诊断方法弥补了其他方法中线性发展的局限，致力于全面的诊断教学活动。通常认为信息分析法主要有三个基本的结构顺序组成。这三个基本的结构顺序分别是线性、交替性和重复性结构顺序。这三个结构顺序是绝对的和一成不变的，研究者博姆和雅各皮尼为这三种基本结构分别设计了变形结构。如图5.3所示。

(4) 图解分析法

图解分析法是一种用直观形式揭示学习内容要素及其相关联系的方法，主要用于对认知类学习内容的分析。在图解分析过程中，主要需要关注以下几个方面：分析是否完备？是否囊括了内容的全部要点？对于这些要点的安排是否合理高效？在运用图解法进行诊断时，通常可以分五步来进行：列出与教学目标相关的事实、概念、原理等；把所列内容按顺序排列；用线条把各要素连接起来；图解成型后，

① 张辉蓉. 数学诊断式教学设计研究[D]. 重庆：西南大学，2009.

全面核查内容的完整性、要素之间的逻辑性,如有必要则补充或修改;补充实例,提出教学建议。

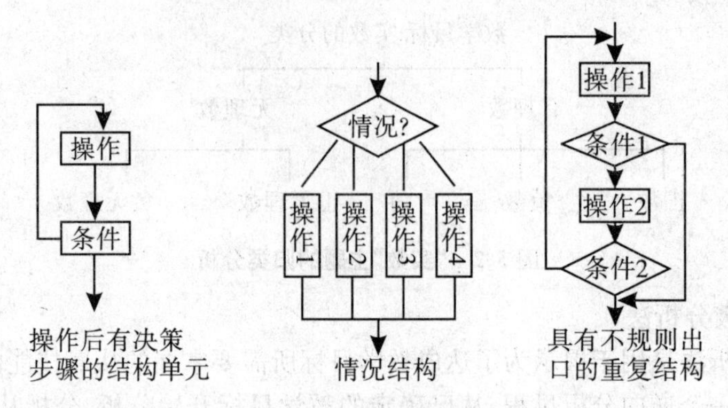

图 5.3 信息加工分析法的变形结构

5.4.1.3 学习者的分析

在教学设计中,对学习者分析的最终目的在于通过对学习者学习风格、学习准备状态等的了解,为教学内容的选择和组织、教学目标的制定、教学活动的安排、教学策略的使用等提供科学的依据,以实现有针对性的教学设计,提升课堂教学效果。当前,对学习者分析的研究主要集中在学习风格、认知发展与起点能力等方面。

学习风格是学习者持续一贯的带有个性特征的学习方式,是学习策略和学习倾向的总和。学习风格从知觉方式上分为场依赖型—场独立型,从信息加工的方式上分为整体型—分析型和言语型—表象型;从思维方式上分为聚合型和发散型;从记忆上分为趋同型和趋异型;从解决问题的方式上分为沉思型与冲动型。数学教育更本质的是一种特殊的教育,它有自己学科特有的学习规律和教学规律。在数学解题中,个体认知风格的差异是明显存在的,而且认知风格不同的学生在完成不同类型的学习任务时的成功率不同,换句话说,不同的题目有利于不同的认知风格的学生①。把数学学习认知风格描述为学生持续一贯的、带有个性特征的数学学习方式和数学学习倾向。数学学科具有高度的抽象性、严密的逻辑性和广泛的应用性,因而数学学习有自身的学习特征和认知风格。喻平对数学学习认知风格作了分类:① 强抽象型与弱抽象型。强抽象型学生习惯于通过引入新特征强化原型的方式去获取知识或解决问题,表现出一种演绎型的思维方式;弱抽象型的学生习惯于从原型中选取某一特征或侧面加以抽象去获取新知识或解决问题,表现出

① 袁贤琼.关于认知风格与数学解题的调查研究[J].数学通报,2001.

一种归纳型的思维方式。在解题中,强抽象型学生习惯于分列式思维,弱抽象型学生喜欢从整体上分析问题,即体现为整体型思维。② 分析型与综合型。在问题解决中,有些学生习惯于执果索因的思维方式,属于分析型认知风格;综合型学生喜欢由因到果的思维方式。③ 发散型与收敛型。具有收敛型认知风格的学生,在数学学习中习惯使所有信息朝着一个目标深入发展以生成和获取新信息,思维具有方向性和聚合性;具有发散型认知风格的学生,习惯对已知信息进行多方向、多角度的思考,在思维方向上具有逆向性和多向性。研究认知风格,对于深入了解学生,贯彻因材施教方针,提高教学质量是有重要意义的。数学学习过程是在特定的学习情景中,在数学教师的主导下,学生主体对数学知识的认知过程,在这个过程中,学生的数学认知结构在学习数学的情感系统的参与和影响下,不断地对数学新知识进行认知操作,结果导致学生的数学认知结构和学习数学的情感系统不断地变化和发展,从而达到数学学习目标的要求。因此数学教师的作用在于促使学生数学学习过程顺利进行,以达到良好的数学学习效果为目标。相应地,数学教学策略就应当围绕着使学生形成良好的数学认知结构和学习数学的情感系统来制定。

在学习者的认知发展方面,皮亚杰的认知发展阶段论是最为著名的研究成果。依据个体的认知发展在连续性中呈现的阶段性特征,皮亚杰将儿童的认知发展划分为四个阶段:感知运动阶段、前运算阶段、具体运算阶段和形式运算阶段。对于起点能力,研究者多集中在学生"数学现实"的研究。"数学现实"原则是由弗赖登塔尔提出的。弗赖登塔尔指出,数学"有各种各样的联系,有教师所理解的,也有教科书作者所理解的,这两种联系用处都不大,学校教学计划内建立的逻辑联系大多属于这一类,那就是数学内部的联系,构造成统一的数学,与此同时却牺牲了数学与外部的联系,而后者却是更自然与更重要的……这种联系必须是自然形成的,至于是否如此也应该从学生的观点来决定"。教学"应该从数学与它所依附的学生亲身体验的现实之间去寻找联系"①。华东师范大学的唐瑞芬教授把弗赖登塔尔的思想总结为一个基本结论:每个人都有自己生活、工作和思考着的特定客观世界以及反映这个客观世界的各种数学概念,它的运算方法、规律和有关的数学知识结构。就是说,每个人都有自己的一套"数学现实"。这个"数学现实",是客观现实与人的数学认识的统一体。数学教育的任务就在于,随着学生们所接触的客观世界越来越广泛,应该确定各类学生在不同阶段必须达到的"数学现实",并且根据学生所实际拥有的"数学现实",采取相应的方法予以丰富,予以扩展②。

---

① 弗赖登塔尔. 作为教育任务的数学[M]. 陈昌平,唐瑞芬,译. 上海:上海教育出版社,1995.

② 汤慧龙. 关于学生"数学现实"的研究[J]. 数学教育学报,2004(2).

5.4.2 数学教学设计的过程

数学教学设计过程有各种模式，根据教学理论和学习理论的要求，分为如下几个步骤：

5.4.2.1 数学教学目标的确定

目标对于教学顺序的安排和教学方法的选择具有指导作用，教学顺序的安排和教学方法的选择应与所针对的目标互相配合，并加以选择和排列。教学目标具有多种类型。对不同类型教学目标的确定有助于针对性地进行教学活动，清楚地鉴别教学结果，准确地测量教学效果。加涅与布鲁姆的目标类型划分是比较典型的。加涅将人类习得的性能划分成五类，也就是五类学习结果：第一类，言语信息，指可用言语表达的信息，是回答世界"是什么"的陈述性知识；第二类，智慧技能，指个体运用符号或概念与环境相交互的能力，是回答"怎么办"的问题；第三类，认知策略，指学习者用来选择和调节自己的注意、学习、记忆与思维方式等内部过程的技能，以学习者自己的认知过程为对象，是回答"怎么学"的问题；第四类，动作技能，指人类习得的有意识地利用身体动作去完成一项任务的能力，是回答"怎么操作"的问题；第五类，态度，指一种习得的影响个体行为选择的相对稳定的内部反应倾向，是回答"怎样对待"的问题。布鲁姆将教育目标按照学生学习之后发生变化的行为分为三个领域——认知领域、动作技能领域和情感领域，而且对三个领域的教学行为又进行逐层分析，形成了不同的学习水平，使教学结果更容易清楚鉴别和准确测量。

编制数学教学目标的步骤主要如下：第一，了解数学教学目的、内容和要求，明确数学教学的原则和测试评估的方法和要求。第二，明确单元教学目标。第三，明确本课时教学的具体内容和要求。第四，了解学生的基础和学习特点。第五，按照内容和水平分类，确定教学目标并加以陈述①。

5.4.2.2 数学教学策略的选择

1. 教学顺序的确定

数学教学顺序的安排，是在数学教学目标分析的基础上进行的，教学目标分析是从终点目标出发，通过分析得到一系列先决技能，最后分析得到起点能力。而数学教学顺序正好相反，从起点能力出发，经过一系列先决技能，最后达到终点目标。

① 奚定华. 数学教学设计[M]. 上海：华东大学出版社，2002.

包括以下几个方面:数学教学内容呈现顺序、教师活动顺序和学生活动顺序。对于数学教学不同的理解会将不同的方面放在重点,下面主要讨论数学教学内容呈现的顺序。

不同类型的学习结果需要不同的学习条件和教学顺序。第一,数学事实的呈现顺序。数学事实主要指数学符号、概念的名称和命题的内容等。一般采用奥苏泊尔的"先行组织者"理论,先简明概括地向学生解释数学事实的结构。第二,数学概念和原理的呈现顺序。一般有:从简单到复杂、从特殊到一般;由一般到个别,不断分化;类比的方式;从时间到理论,从感性到理性;发现学习等。第三,数学技能的教学顺序。一般分为三个阶段:认知,分解和定位①。

2. 教学组织形式的选用

数学教学活动的展开需要一定的教学组织形式,常用的形式有:全班学习、小组学习和个别学习。在教学实践中,越来越注重三种教学组织性的结合运用,但是相对来说,大部分还是全班学习的形式,小组学习往往流于形式,个别学习尚未引起足够的重视。实际上采取哪种组织形式为主,应该与数学教学内容有关:第一,在数学命题和问题解决教学中,可采用先个别学习,后小组学习,再全班学习的形式。第二,训练数学基本技能的教学中,可采用先全班学习,后个别学习,再小组学习的形式②。

3. 教学方法的选择

教学方法是引导、调节教学过程中最重要的教学法手段,是教学中旨在实现数学课程所计划的教学目标,旨在教授一定的教学内容,师生所必须遵循的原则性步骤。在教学过程中,教师如何处置这一类教学内容,不是找出适合教学过程各个阶段的方法,让学生"接受"知识,而是激发并引导学生以自我活动去掌握教学内容的学习依据,教学方法是以教学过程的内部逻辑为依据的。

教学方法首先受内容(符合教育学规律的教学内容)制约,例如,在历史教学中,要运用历史的思考方法来处理内容—方法之间的关系,历史教学要探讨历史过程的演进,而数学要用理性和创造性方法相结合的教学方式教学,因此,"内容决定方法"这一命题必须考虑学科教学方法的特殊性。一般来说,数学基本概念和技能的教学采用讲解法;数学定理公式和法则的教学采用讲练结合或引导发现方法;容易理解和掌握的内容的教学采用自学辅导的方法;实践性比较强的内容的教学采用实践活动方法。根据学生和教师的特点选择数学教学方法。学生年龄较小,认识水平较低,较多采用直观经验的方式,多参与实践活动,少用讨论交流的方式;学

① 奚定华.数学教学设计[M].上海:华东大学出版社,2002.

② 奚定华.数学教学设计[M].上海:华东大学出版社,2002.

生数学基础较好，自学能力较强，可适当选用自学辅导方式或引导发现的方式。对教学内容理解较透彻，善于用语言表达的教师可较多采用讲解法；洞悉数学思想发展的脉络，又善于启发学生的思维，运用引导发现法比较恰当。

5.4.3 数学教学过程的设计

一般来说，数学教学活动包含以下九类：引起学生注意；告知学习目标；呈现刺激材料；提供学习指导；引出行为；提供反馈；评价行为；促进保持和迁移。但是，这几类教学活动要按照不同的教学内容和目标等灵活地进行设计。研究者从不同的角度给出了数学教学活动的不同安排形式。

5.4.3.1 从数学知识的角度

数学知识分为“联结—陈述性数学知识”、“联结—程序性数学知识”、“运算—陈述性数学知识”和“运算—程序性数学知识”。联结类数学知识主要具有信息意义，宜采用有意义接受学习的方式学习，而运算类数学知识则适合以探究学习的方式进行①。

案例1 一次函数的图像及其性质的教学

需两个课时。内容涉及函数图像的概念、一次函数图像的画法、一次函数图像的特征、一次函数的性质以及一次函数之间的关系等，属于“运算类数学知识”，适合以探究学习的方式进行，“微软学生图形计算器”(Microsoft Student Graphing Calculator)软件为学生的探究学习提供了理想的工具与环境。

第一，函数图像的概念。

教师活动：函数是研究变量之间关系的数学模型，在实际生活中，这种变化关系不仅需要借助数学关系式来表达，更需要借助图形来直观地呈现，为此就需要研究函数的图像。函数图像不仅可以直观表征变量之间的关系，而且是人们认识函数性质的窗口，那么如何定义函数的图像呢？为此，请同学们先利用图形计算器画一个函数 $y=x^2$ 的图像，并利用图形计算器的跟踪(trace)功能感知函数图像的形成过程。通过操作你能发现函数图像是如何形成的吗？你能否给出函数图像的概念？

学生活动：利用图形计算器画出函数图像，并利用跟踪功能感知、体会函数图像的形成过程，归纳函数图像的定义。

设计意图：让学生明确学习函数图像的意义，并通过亲自操作感知函数图像形

① 王光生. 知识类型与数学教学设计[J]. 数学教育学报，2007，16(3).

成的过程。图形计算器使得学习内容由静态变动态，由抽象变形象，学生可以真正地看到点的运动过程和曲线的形成过程。图形计算器为学生观察现象、发现结论、探讨问题提供了理想的工具与环境。

第二，函数图像的画法。

教师活动 1：我们已经知道函数图像实质上是由直角坐标平面内满足函数关系的无数个点组成的图形，那么如何在直角坐标平面内找到这些点？需要找多少个点？怎样利用这些点画出函数的图像？

学生活动 1：自主思考，合作交流，形成共识。

设计意图 1：以问题为驱动，以问题探索为形式，以解决实际问题为目的，突出学生的认知主体地位，通过自主思考、合作交流明确画函数图像的基本思路，为下一步自己动手画出具体的函数图像奠定基础。

教师活动 2：明确了画函数图像的基本思路，现在请同学们亲自动手画出一次函数 $y=2x+1$ 的图像，并归纳总结出函数图像的画法。教师巡视收集反馈信息，适时点拨指导。

学生活动 2：手工绘制函数图像，并尝试归纳函数图像的画法：列表、描点、连线。

设计意图 2：尽管图形计算器能够迅速、直接地画出函数图像，但传统的手工画函数图像的方法仍然是不可废弃的，因为学生可以从中理解函数图像生成的过程，形成必要的画图技能，而利用图形计算器学生只能看到画图的结果。同时希望借此过程学生能够归纳总结出函数图像的画法。

第三，一次函数图像的特征。

教师活动：① 一次函数 $y=2x+1$ 的图像是一条直线，那么是否所有的一次函数的图像都是一条直线呢？请归纳一次函数 $y=kx+b$ 图像的特点，并利用图形计算器验证你得出的结论。② 虽然一次函数 $y=kx+b$ 图像都是一条直线，但这些直线与 x 轴正方向所成角的大小是不一样的，请你设计一个实验方案，利用图形计算器分别探索参数 k 与参数 b 对直线 $y=kx+b$ 的影响，从中你能发现什么规律？

学生活动：① 学生手工绘制若干一次函数图像，提出猜想，并利用图形计算器快速作图功能验证自己的猜想，进而得出一次函数 $y=kx+b$ 图像都是一条直线的结论。特殊地，正比例函数 $y=kx$ 的图像是经过坐标原点(0,0)的一条直线。② 学生设计实验方案，分别探索参数 k 和参数 b 对直线 $y=kx+b$ 的影响，并从中总结规律。

设计意图：基于计算机的图形计算器的使用正在改变传统数学的性质，数学既是演绎科学，也是归纳科学。图形计算器的出现改变了数学只用纸和笔进行研究的传统方式，给学生的数学学习带来了最先进的工具，使得“数学实验”成为学生进行探究性学习的一种有效途径,一种新的做数学的方法,即主要通过计算机实验从事新的发现。图形计算器既是学生验证猜想的工具,更是学生进行探索实验的平台,渗透着数学实验设计以及分类讨论等思想方法。

第四,一次函数的性质。

教师活动:通过上面的探索实验,我们已经从图形直观地了解了一次函数图像的特征,而这些特征本质上是由函数本身具有的性质决定的,这充分体现了数学研究的基本思想方法——数形结合,"数无形时少直觉,形少数时难入微"。下面请同学们借助一次函数图像的特征,从函数表达式即"数"的角度归纳一次函数的性质。

学生活动:自主探究,合作交流,汇报结果。

设计意图:函数图像是认识函数性质的窗口。利用图形计算器可视化的优势,能够从数与形的结合上准确呈现出一次函数的图像怎样随参数的变化而变化,帮助学生在操作中体会图像与 x 轴正方向所成角的大小、与 y 轴的交点等与参数的内在联系,为数与图像关联的教与学提供了极大的便利。本环节正是希望学生在动手实验探索的基础上,进一步进行理性归纳,得出一次函数的性质,并能进行适当的解释。

第五,拓展延伸——建构一次函数之间的关系。

教师活动1:由一次函数的性质可知,函数 $y=2x+6$ 和 $y=5x$ 随着 x 值的增大 y 的值也增大,请思考当 x 从0开始逐渐增大时,$y=2x+6$ 和 $y=5x$ 哪一个的值先达到20?这说明什么?提出你的猜想,并用图形计算器验证你的猜想。

学生活动1:自主思考,提出猜想,验证猜想,得出结论。

设计意图1:进一步让学生利用函数的性质,研究两个函数随着自变量 x 的增大,函数值变化的不同速度,渗透数形结合的思想、运动变化的观点以及所蕴含的单调函数的特征,为后续进一步学习函数性质奠定基础。

教师活动2:一次函数的图像都是一条直线,那么直线 $y=2x$ 和 $y=2x+6$ 的位置关系如何?直线 $y=2x+6$ 和 $y=5x+6$ 的位置关系又如何?从中你能得出什么结论?利用图形计算器验证你所得出的结论,并与同学进行交流。

学生活动2:学生手工绘制函数图像或用图形计算器画出函数图像,观察两条直线的位置关系,并提出猜想,验证猜想,得出结论:对于 $y_1=k_1x+b_1$ 和 $y_2=k_2x+b_2$,当 $k_1=k_2$ 时,两直线平行;当 $k_1\neq k_2$ 时,两直线相交。反之,结论也成立。

设计意图2:这是一个操作、观察、归纳、猜想、验证的数学活动过程,通过两个函数图像的位置关系,得出函数表达式的特征;反过来,两个函数表达式的特征也决定了函数图像的位置关系。此环节有效地沟通了不同的一次函数之间的关系,进一步渗透了数形结合的数学思想方法,同时也为后续学习二元一次方程组奠定了良好的认知基础。图形计算器为数学思想方法的可视化以及进行"数学实验"提供了理想的工具与环境。

5.4.3.2 从数学课类型的角度

通常,研究者将数学课的类型分为概念、问题解决和复习课等。针对不同类型课程的特点,进行不同的数学教学设计①。学生对概念的建构,一般经历引入、理解和应用的过程,这既是知识的形成过程,又是认知的渐进过程。第一,引入数学概念是理解和运用数学概念的前提。通过提供一定数量的实例来引入,然后概括出他们的共同特性。引入数学概念时应该注意选择的实例具有针对性和趣味性,淡化实例中的非本质特性,以免干扰数学概念的形成。第二,准确理解数学概念是学好数学概念的关键。如前所述,抽象出数学现象的本质需要通过变式教学,即通过对概念的多角度理解,分为概念变式(其中又可以根据其在教学中的作用分为概念的标准变式和非标准变式)和非概念变式(其中包括用于揭示概念对立面的反例变式),使学生获得对概念的多角度理解。具体过程有:通过直观或具体的变式引入概念数学概念,建立感性经验与抽象概念之间的联系;通过非标准变式突出概念的本质属性;通过非概念变式明确概念的外延。第三,数学概念的运用分为两个层面:一种是直觉水平的运用,另一种是思维水平的运用。基于"问题解决"的数学教学设计为新课程实施提供了一条有效的教学思路。"问题解决"是数学教学设计的逻辑起点。数学学习的核心是让学生获得灵活的数学知识和高层次的问题解决能力。以"问题解决"为主线进行教学设计,以整体、综合的思维方式组织课程内容,使数学学习与具体问题解决相一致,为实现数学课程目标提供了一种动态、融合的机制②。

数学复习课具有概括性、重复性、系统性和综合性的特点,因此,在复习课的教学内容设计上,应该把最基本和最重要的部分放在首位。引导学生对最基本和最重要的知识进行梳理,将各部分的知识整合成一个系统③。

案例2 "分数"概念的教学④

本案例的信息技术环境为一人一机型的多媒体教室,使用的信息技术媒体主要为MP_Lab创意教学平台。MP_Lab(Multi-Purpose Laboratory,万用拼图实验室)以数学实验教学的思想为指导,采用拼图而非画图的模式,向师生提供包括作图、拼图、变形、背景图片、文字编辑等功能,是专为开展小学数学学习活动,帮助学

---

① 奚定华.数学教学设计[M].上海:华东师范大学出版社,2002.

② 李红婷.基于"问题解决"的数学教学设计思路[J].中国教育学刊,2006(7).

③ 奚定华.数学教学设计[M].上海:华东师范大学出版社,2002.

④ 庄慧娟,李克东.基于活动的小学数学概念类知识建构教学设计[J].中国电化教育,2010.

生"学"而设计的数学学习情境建构平台。

阶段1:感知认识分数

教师活动:在MP_Lab平台上创设"唐僧分饼,怎样分才公平?"的问题情境,设计层层递进的问题:把4个饼平均分给2人,八戒可取走几个?把2个饼平均分给2人,八戒可取走几个?把1个饼平均分给2个,八戒怎么取呢?

学生活动:学生进入分饼的情境并很快对前两个问题做出回答,对于第三个问题,有一部分学生可以做出"半个"的回答。

教师活动:继续追问"半个"可以用哪个数来表示?引发学生产生认知冲突,引入"分数"的新概念。本阶段教师通过创设层层递进的问题情境,让学生在回答前两个问题的过程中初步体会"平均分"和"取"的意义,并用"同样多"这样生活化的语言表示"平均分"的含义。最后一个问题的提出引发了学生的认知冲突,让学生体会分数的应用情境(分东西时经常用到)并认识到分数产生的必要性,对分数形成初步感知。

阶段2:体验理解分数

教师活动:教师一边演示把一个饼平均分为两份从中取走一份的动画,一边口述动画展示的分物过程,并板书。接着教师提问:① 我们把这个饼分成几份?② 这两块饼的大小怎样?是如何分的?③ 这一块我们可以用哪个数来表示?另一块呢?④ 你能用一句完整的话,把我们分饼的过程说一说吗?

学生活动:学生通过观察一个饼平均分成两份,取走一份的过程,理解1/2的意义,然后用自己的语言表述以上过程。通过观察,学生体会到分数是如何形成的,表示的意义是什么;通过对问题的回答并结合分饼的过程理解它们所代表的意义。

教师活动:为了让学生更深入地体验1/2的意义,教师设计学生活动:请你在MP_Lab平台上用多种方法分出一个长方形的1/2。

学生活动:学生在MP_Lab平台上进行自主操作与探索,通过数学活动体验"平均分"的含义,并相互交流方法。因受年龄对思维的限制,大部分学生能想出前四种传统的分法(横着分、竖着分、斜着分)。在MP_Lab平台的支持下,学生突破常规,放开思维,大胆探索,不断尝试,获得第5,6种分法,还有更具创意的第7,8,9种分法,而且把利用直角分割的方法自称为"楼梯分法"。在这一活动过程中,学生通过亲自动手探索平均分的方法,更深刻地体会到"平均分"的含义,使原来从观察中得到的表象经验内化到自己的知识结构中,实现了从感知现象到抓住本质的过渡,同时此过程也是对学生创新性思维的一种有益训练。

阶段3:抽象定义

教师利用MP_Lab再次播放分饼过程的动画,并结合动画依次展现分数线、分母、分子，使动画展现的对象与分数每一部分的内容对应，帮助学生理解分数的意义。之后，将此过程泛化表示到更多的分数意义中去。最后，教师引导学生总结分数的概念。此时，学生通过在前两个阶段的认识、体验中已逐步理解分数所表示的意义，把握了分数概念的两个核心点“平均分”和“取”，初步建构起“几分之一”的抽象数学概念。

阶段 4：应用拓展

为了巩固和检验对分数意义的理解，我们设置了多样化的练习活动，使学生通过观察、操作、探索交流等，再次确认和深化对几分之一和分数意义的理解。① 表象的再次建构让学生根据概念，将其意义用图像表征出学生对所给分数意义的表征。② 概念的再次建构让学生自主在 MP_Lab 平台上利用画图、剪刀(平均分)、涂色等功能创作两个分数的图形表示。学生通过自主创作，将“概念”通过意义与其“表象”相连，这是表象概念的反复验证、建构的过程。③ 概念所描述对象的变式化表示。认知心理学认为，只有当概念本质特征和变形了的非本质特征同时被认识时，本质特征才能被正确地认识。为了帮助学生深化理解概念，我们在 MP_Lab平台上设计了变式化表示练习。学生可通过自己动手探索，剪切、重合、旋转、移动图形等得出结论。

5.4.3.3　教师作为教学设计的主体

作为教学设计主体的教师，其主体性具体表现在四个维度：教师是教学内容的开发者；教师是教学目标的制订者；教师是教学策略的创造者；教师是教学评价的决定者。教师作为教学设计的主体进行数学教学设计。

案例 3　“分式”主题的诊断式教学设计案例片段

第一，教材背景系统分析。

知识背景：“分式”主要内容是分式的基本性质及其应用——分式的约分以及在此基础上的分式的化简。本节课是在学习了分式的概念的基础上进一步学习分式的基本性质，这为学习分式的运算做准备的，具有承上启下的作用，在教材中处于重要的位置。分式的基本性质是分式乘除法、加减法及分式恒等变形的基础，掌握好分式的基本性质是学好分式的四则运算乃至全章的关键。教材首先提出两个探索性问题，引出“分式的基本性质”；接着利用这一知识对分式进行变形，再应用它对分式进行化简，并引出“约分”的概念；最后通过“做一做”和“议一议”介绍什么是“最简分式”，并说明化简分式时一定要化到最简。

学生背景：经过小学分数的学习，学生已知道了分数的基本性质，并会运用分数的基本性质进行分数的乘除运算，这是学生掌握分式的基本性质的前提条件。但是小学的分数运算又是他们学习的薄弱环节，这将给他们学习分式带来一定的困难。通过上一节课的学习,学生已掌握了分式的概念及分式有意义的条件,知道字母可代表任何数,因此,分式可类比分数来学习,由分数的基本性质易猜想得出分式也有类似的性质。事实上,分式基本性质是分数基本性质的抽象与延伸。由此学生可建立起对分式新的认知结构。同时,整式的除法、多项式的因式分解是学生学习分式化简的重要前提技能。由于学生未学习多项式除以多项式,因此,部分学生在遇到分子分母为多项式的分式化简时将会遇到障碍,教学中对他们应予以重点关注,出现问题及时分析原因并给予指导。最后,约分不彻底是学生容易出现的问题,教师教学时要根据学生出现的问题加以引导交流。

第二,教学目标系统设计。

依据《数学新课程标准》,以教学内容的特点和学生认知水平为出发点,将本节课的教学目标确定为以下三个方面:

(1) 知识和能力。① 掌握分式的基本性质,会化简分式。② 理解分式约分的概念,知道分式约分的依据,初步掌握分式约分的方法。③ 了解最简分式的概念,知道分式化简的结果必须是最简分式或整式。

(2) 过程与方法。① 让学生经历观察、类比、猜想、归纳的方法,类比分数的基本性质推出分式的基本性质,培养学生的类比思维能力。② 利用分式的基本性质对分式进行“等值”变形,让学生通过交流体会分式化简的要求。③ 培养学生独立思考、大胆质疑的创新精神,积累数学活动的经验。

(3) 情感、态度、价值观。以激励评价为手段,培养学生良好的情感态度与学习习惯。

第三,教学内容系统设计。

本节课为了调动学生的积极性,教师不仅要设计一个合理的新课引入方法,还要类比分数的基本性质与约分,讲解分式的基本性质与约分,这样学习不会感到新知识的突然,接受新知识也较容易。通过知识结构的安排合理,突出与学生已有知识的联系,既考虑学生的学习需要,又能兼顾学生的知识体系。本课通过锯子发明的故事引出类比的方法,创设了思维的具体情境,激发了学生多样化学习需要,满足了学生的求知欲,同时让学生在类比猜想的思考过程中完成对知识的构建。之后教学中又多次设计由分数的知识类比引出分式的知识,目的是诊断学生类比思想的掌握程度及独立思考的思维发展水平,同时又促进了学生总结归纳能力的提高。教学中还设计了多组分式化简的练习,以便学生熟练掌握这项技能,最后通过应用拓展环节的设计来满足多层次学生的学习需要,同时为诊断学生是否真正熟练掌握分式基本性质提供了一剂良方。

第四,教学策略系统设计。

本节课以师生合作探索为核心,学生在参与活动中学习知识。在知识的呈现方式上，尽可能给学生留出一定的思考与探索空间，在一定程度上培养学生的思维能力与数学概括能力。基于前面对教学背景系统的分析，为能更好地达到教学目标，本节课将主要采用类比—发现式教学法，并结合自主探究、讨论，借助多媒体课件，按照“复习旧知诊断缺陷—问题情境引发新知—探索新知解释应用—拓展引用归纳”的思路展开教学。

5.4.3.4　评价阶段

数学教学设计方案的评价是教学设计的重要组成部分，可以对数学教学过程的各个要素和环节的选择和组织是否恰当做出判断和优化。按照评价的功能，教学评价可分为诊断性、形成性和总结性评价；按照评价基准不同，可分为过程评价和结果评价。数学教学设计方案的评价一般包括：第一，制定评价标准。主要包括以下几个方面：教学目标，教学内容，过程设计，教学方法和媒体的选择是否符合学生的学习规律等。第二，选择评价方法。主要有测验、调查和观察三种。第三，试用设计方案和收集资料。第四，整理和分析资料，得出评价结果。

有学者在梳理前人研究的基础上从八个方面总结了传统教学设计的局限[①]：① 基于工业时代，适应工业时代对人才培养与发展需求的产物。② 其思维方式是典型的笛卡儿思维方式——要素还原主义，“原子论”分析思维。③ 认为知识是外在于学习者个体的客观存在，是可以通过传送、灌输的方式“给予”学习者的实体。④ 是自上而下的、技术/专家驱动的设计思路，具有明显的工程设计/技能训练设计经验的推演痕迹。⑤ 追求所谓“一般性和通适性的”的设计模式，通常设定一种理想化的教学状态，构建线性的、程式化的模式，宣称设计的准确性和使用的优先性，导致用模式寻找问题的倾向，忽视了教学情境的独特性和教学主体对理论转换生成的必然性。⑥ 局限于低阶知识和能力的学习，忽视高阶知识和能力（尤其是高阶思维能力）的学习，忽视学习者的潜能开发、人格培育、创新与实践能力的培养，难以促进学习者的发展。⑦ 是一种繁琐的哲学，其推崇的精确细致、循序渐进的模式，很容易蜕变为一种形式主义，貌似严谨严密，却严重缺乏实用性和操作性。⑧ 教学设计和教学活动相分离。传统的教学设计一般在教学活动之前进行，教学活动严格按照教学计划来实施，教学设计和教学活动似乎是两种可以截然分开的活动。

尽管客观—理性主义在教学设计理论研究、教科书设计和教学实践中一直占主宰地位，但自20世纪80年代以来，教学设计的另一种哲学倾向建构—阐释主义

---

① 钟志贤.面向知识时代的教学设计框架：促进学习者发展[M].北京：中国社会科学出版社，2006.

的逐渐兴起，对客观—理性主义教学设计提出了深刻的挑战。虽然建构—阐释主义至今还未取代客观—理性主义而成为主宰性的教学设计理论框架，但其教学设计理念与实践得到越来越多的研究者认同。在教育技术研究领域，与客观—理性主义教学设计关注教学设计模式不同的是，建构—阐释主义主要关注的是教学理论问题。例如，大量的研究文献讨论了抛锚式教学、情境认知和认知弹性超文本教学问题，却很少有研究文献涉及教学设计过程本身。尽管迄今为止，人们对建构—阐释主义教学设计模式的理解存在一定的差异，但还是可以概括其显著的共同特点。

问题与讨论

1. 简单阐述数学教学的含义。
2. 数学教学过程的阶段有哪些？
3. 简述数学教学各种模式的区别和联系。

第6章　中学数学逻辑基础

中学数学是由概念、定义、公理、定理等组成的逻辑体系。逻辑是研究思维形式和思维规律的科学，在理解数学概念、数学命题，进行推理证明时，都要遵循逻辑规律。因此，理解和掌握数学中有关的逻辑知识，对深刻领会数学教学内容，进行数学推理和证明以及提高学生的逻辑思维能力，都有着重要的意义和作用。

6.1　数学概念

概念是思维的基本单位，是思维的基础。概念是人脑对事物本质特征的反映，是反映客观事物本质属性的思维形式。现代心理学认为，大脑的知识可以等效为一个由概念结点和连枝构成的网络体系，称为“概念网络”。因此，学生掌握数学概念对理解数学命题，学会数学中的推理与证明，领悟数学思想方法都具有重要的意义。

人们对客观事物本质的认识，需要经历一个复杂的思维历程。首先，通过感觉、知觉、表象形成对事物的感性认识，然后，通过比较、分析、综合、抽象、概括等一系列的思维活动，对丰富的感性材料进行去粗取精、去伪存真、由此及彼、由表及里的加工与提炼，从而抓住事物的本质属性，剔除非本质属性，形成有关事物的概念。

6.1.1　数学概念的特点

数学研究事物的空间形式和数量关系。因此，数学概念具有与一般概念不同的特点。

6.1.1.1　数学概念是一类对象的思维形式

(1) 数学概念代表一类对象，而不是个别对象。它排除一类对象的具体内容的物理性质、化学性质等以后的抽象，反映的是一类对象在数与形方面的内在的、固有的属性,而这种在数与形方面的本质属性,是这一类对象所具有的。例如,“正方体”这个概念,不是指任何具体形状、颜色、大小、密度等性质的正方体,而是这些具体形状、颜色、大小、密度等性质的正方体的抽象。凡是具有正方体空间形式和数学关系的本质特征的图形,不论大小、颜色以及密度统称为正方体。

(2) 数学概念反映的是一类对象在数与形方面的内在的、固有的属性,而不是表面属性。所以学习概念就意味着学习、掌握一类数学对象的本质属性,而这类对象是现实世界的数量关系和空间形式的反映,它们已被舍去了具体的物质性质,也被舍去了具体的物质关系,仅被研究量的关系和形式特征。数学概念不仅产生于客观世界中的具体事物,而且产生于“思维构造的结果”(例如,“虚数”,“无穷远点”,“n 维空间”,“群”,“环”,“域”等)。这些作为思维构造结果的数学概念尽管对数学理论的建立,以及对现实世界的广泛应用有着重要作用,但就概念的引入及其反映属性与现实内容看,具有相对独立性。

6.1.1.2 数学概念是现实世界的概括反映

数学概念的本质特征往往用符号表示,这种用符号表示概念的本质特征,对数学学科体系的建立和数学学科的发展具有重要的意义。

(1) 用符号表示数学概念的本质特性,使得数学学科的表述形式比其他学科表述形式更加简明、清晰、准确,有助于数学学科建立严密的科学体系。例如,欧几里得的《几何原本》从最初体系缺乏严密的逻辑根据到建立严密的希尔伯特公理体系花了 2000 多年时间。微积分刚刚建立的时候,逻辑上是很不严密的,到建立严密的理论基础花了很长时间。自从符号表示数学概念本质特征后,比较方便地建立了严密欧氏几何体系与微积分体系。

(2) 用符号表示数学概念的本质特性,推动了数学的加速发展。例如,函数概念表示为 $f: X \to Y$。正是数学概念有这种特定揭示了概念本质的符号表示,才使得数学内容的表现形式简明。历史上每一重大数学进展都和符号的创造性运用分不开。中国古代的位置记数法,用黑色算筹表示负数,为人类的数学文明做出过重大贡献;阿拉伯人用字母代表数,推动了代数的快速发展,创立了代数的新纪元;到了近代,符号化的趋势越来越明显。微积分使用 $\lim$、dx、$\int$、$\iint$、$\iiint$、$\oint$ 等符号,使用这些符号使得微积分内容表现形式简明、清晰,同时揭示了自然语言表达难以揭示的数学本质,用符号写成微分方程成为描写现实世界问题以及解决现实世界问题的有力工具。

(3) 数学概念用符号表示,使复杂的数学推理与证明成为可能。合理的符号体系是简洁表述数学内容、揭示数学本质的工具,同时,也是逻辑演绎的工具。

6.1.1.3　数学概念是具体性与抽象性的辩证统一

数学概念既然代表了一类对象的本质属性,那么它是抽象的。如“正方体”概念,现实世界中没有见过抽象的正方体,而只能见到形形色色的具体的“正方体”。它是客观现实的抽象,因此,从这个意义上说,数学概念“脱离”了现实。由于数学中使用了形式化、符号化的语言,使得数学概念发展离现实越来越远,也就是说抽象程度越来越高。抽象程度愈高,数学概念与现实的原始对象之间的联系就愈弱,这是数学概念抽象性的一面。另一方面,尽管数学概念是一种抽象,但它必须以具体素材为基础。任何抽象的数学概念,都具有具体、生动的现实原型。例如,“对应”是一个抽象的数学概念,它是以原始人的分配、狩猎和计数等具体活动为现实原型的,更高程度的抽象也有相对具体的基础。因为学生可以获得概念,概念一旦被学生所掌握,对学生来说,就是“实在的”东西了,这是概念具体性的一面。例如,锐角三角函数是一个高度抽象的概念,学生学习它时,所联系的具体内容虽然相对少些。但是学习锐角三角函数的概念上升到学习以任意实数为自变量的三角函数概念时,表现为“圆”函数时,学生所联系的具体内容就更少了,涉及的具体对象是锐角三角函数作为相对“实在的”扩展到“圆运动”;再进一步上升到以任意复数为自变量的三角函数时,抽象程度更高,其涉及的具体对象是“锐角三角函数”、“圆运动”作为相对“实在的”则又扩展到包含圆运动在内的周期运动,这说明再抽象也仍有相对具体的基础。数学的抽象性不仅以具体性为基础,而且还以更广泛的具体性为归宿。数学中的具体和抽象是相对的,相互区别,又相互联系,而且在一定条件下又相互转化。由感性的具体到抽象,又由抽象到思维的具体,这是人们认识具体数学事实的基本的认识过程。因此,数学概念是具体性与抽象性的辩证统一。

6.1.1.4　数学概念之间具有内在逻辑性

客观事物不仅自身是由许多方面的因素构成的,而且同其他事物相互制约、相互作用。因此,概念也不例外。数学中的概念,除了原始概念之外,都是在其他概念的基础上形成的。数学概念往往是“抽象之上的抽象”,先前的概念往往是后续概念的基础,从而形成了数学概念的系统。公理化体系就是这种系统性的最高反映。同时,数学概念又具有相对的独立性,概念之间又是有本质区别的。在一个数学分支中,诸概念形成一个结构严谨的概念体系,构成了该数学分支的理论框架,将概念之间的逻辑联系清晰地表达出来。

6.1.2 数学概念的逻辑关系

6.1.2.1 数学概念的逻辑基础

在一个科学体系中，任何一个概念都反映事物的一定范围和这个范围内事物的共同本质。概念所反映事物的范围（或集合），叫做这个概念的外延；这些事物的本质属性的总和（或集合），叫做这个概念的内涵。它们分别是对这个事物集合的质和量的描述。概念的内涵与外延，是概念的基本特征，是准确把握概念、系统以及掌握知识的基础。例如，“锐角三角形”这个概念的内涵是三角形的三个内角都是锐角，其外延是所有锐角三角形的全体。“二元一次方程”这个概念的内涵是“含有两个未知数且未知数的最高次数是1次的整式方程”，其外延是一切形如 $ax+by+c=0$（$ab\neq0$，a、b、c 是常数）的方程的全体。

要正确地把握概念，不仅要明确概念的内涵与外延，还要掌握概念的内涵与外延之间的关系。概念的内涵与外延这两个方面是相互联系、相互制约的。当概念的内涵扩大时，则概念的外延就缩小；当概念的内涵缩小时，则概念的外延就扩大。内涵和外延之间的这种关系，称为反变关系。例如，“平行四边形”概念其内涵比“四边形”概念内涵多。而“平行四边形”的外延比“四边形”的外延少。

概念的限制与概括是明确概念的逻辑方法。概念的限制与概括是以概念的内涵和外延的反变关系为依据的。概念的限制是增加概念的内涵，从而缩小概念外延的逻辑方法。它是由外延较大的概念过渡到外延较小的概念的思维过程。概念的限制是使概念越来越趋向特殊化的活动。例如，从“四边形”到“平行四边形”到“矩形”，这就体现着一个限制的过程。在使用限制方法时，必须遵守两个规则：

(1) 正确的限制必须按照概念的种类关系逐级进行。限制的结果，必须是外延大的概念包含着外延小的概念，如果限制的系列不具有种类关系，那就是错误的限制，必须予以纠正；

(2) 限制必须适度，否则，即使概念具有种类关系，如果不适可而止，也会模糊概念的本质。

从某种意义上说，数学概念的逻辑系统，就是概念的限制和概括的反映。把握住概念的限制和概括，有利于认识各类数学概念的体系，有助于掌握概念之间的内在联系，便于更好地使概念系统化。

概念的概括是通过减少概念的内涵，以扩大概念的外延的逻辑方法，它是由外延较小的概念过渡到外延较大的概念的思维过程。概念的概括是使概念越来越趋向一般化的思维活动。例如，从“自然数”到“整数”到“有理数”到“实数”到“复数”，这就体现着一个概括过程。

2. 概念间的关系

逻辑上所说的概念间的关系,通常是指概念外延间的异同关系。在形式逻辑中,两个概念的外延之间主要有以下几种关系:

(1) 相容关系

如果两个概念的外延交集是非空集合,即外延至少有一部分是重合的,则称两者具有相容关系。相容关系又分为以下三种情形:

① 全同关系。如果两个概念的外延完全重合,那么就说这两个概念具有全同关系。具有全同关系的概念,其外延虽然完全重合,但它们的内涵可以不同。例如,两组对边分别平行的四边形与一组对边平行且相等的四边形,都是平行四边形,它们外延重合,具有全同关系。

② 交叉关系。外延只有一部分重合的两个概念之间的关系,称为交叉关系,这两个概念称为交叉概念。例如,“等腰三角形”与“直角三角形”、“负数”与“整数”、“菱形”与“矩形”等概念之间的关系都是交叉关系。

③ 从属关系。如果一个概念的外延包含另一个概念的外延,那么这两个概念间的关系称为从属关系。其中被包含的概念叫做包含概念的属概念(或上位概念),包含的概念叫做被包含概念的种概念(或下位概念)。例如,多项式概念是整式概念的种概念,而整式概念是多项式概念的属概念。

(2) 不相容关系

如果两个概念是属于同一属概念下的种概念,并且它们的外延集合的交集为空集,那么称这两个概念间的关系是不相容关系或全异关系或排斥关系。不相容关系又分为矛盾关系和反对关系。

① 反对关系。在同一属概念下的两个种概念,如果它们的外延之和小于属概念的外延,而且这两个种概念具有全异关系,那么,这两个种概念的关系为反对关系或者对立关系。例如,“正整数”与“负整数”是对立关系的两个概念,因为它们的外延互相排斥,其外延之和小于它们最邻近的属概念“整数”的外延。

② 矛盾关系。在同一属概念下的两个种概念,如果它们的外延之和等于属概念的外延,而且这两个种概念的关系为矛盾关系。例如,“大于”与“不大于”、“实数”与“虚数”、“相等”与“不相等”等概念之间的关系都是矛盾关系。

3. 概念的定义

(1) 定义的结构

在数学科学系统中,对于每一个数学概念都要给予确定的内容和含义。任何定义都是由被定义项、定义联项和定义项三部分组成的。被定义项就是需要加以明确的概念,定义项是用来明确被定义项的概念,定义联项则是用来联结被定义项和定义项的语词,表达定义联项的语词很多,常用的定义联项语词有:“是”、“就是"、"叫做"、"称为"等。

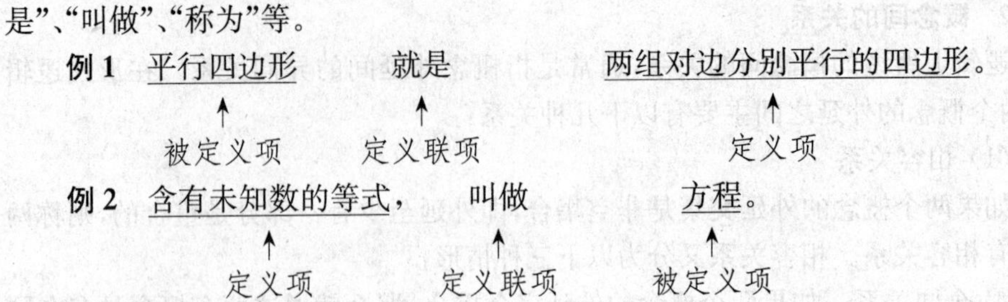

(2) 定义的方法

概念的定义是揭示概念的内涵或外延的逻辑方法,它是明确概念的主要方法之一。用已知的概念来认识未知的概念,使未知的概念转化为已知的概念,叫作给概念下定义。概念的定义都是由下定义的概念(已知概念)与被下定义的概念(未知概念)这两部分组成的。例如,有理数与无理数(下定义的概念),统称为实数(被下定义的概念);平行四边形(被下定义的概念)是两组对边分别平行的四边形(下定义的概念)。数学中常用的定义方法有下列几种:

① "属+种差"定义法

这种定义方式由如下公式表示:

被定义项=邻近的属+种差

例如:正多边形 是 各内角相等且各边也相等 的 多边形。

被定义项　　　种差　　　邻近的属

在这个定义中,"正多边形"是被定义项,"多边形"是"正多边形"最邻近的属概念,"正多边形"不仅具有"多边形"的本质属性,而且还具有"各角相等且各边也相等"这一属性;这是用以区别"正多边形"与"多边形"这个属概念下的其他种概念的属性,这样的属性称为该概念的种差。用这种方法给概念下定义要解决两个问题:

其一,要找出被定义项的概念的最邻近的属概念;

其二,要指出它区别于这个属概念下其他种概念的属性,即种差。

对于同一个概念,选择同一个属的不同种差,可以作出不同的定义。例如,平行四边形还可用"两组对边分别相等"、"一组对边平行且相等"、"对角线互相平分"等作种差给出定义,且它们都是彼此等价的。这种定义方法,既准确又明了地揭示了概念的内涵,有助于建立概念之间的联系,使知识系统化,因此,在中学数学概念的定义中应用较多。

② 发生式定义法

这是一种特殊的"属+种差"定义法,是把只属于被定义的概念,而不属于其他事物的发生或形成的特有属性作种差的定义。例如,平面(空间)上与定点等距离的点的轨迹叫做圆(球)。此外,中学数学中对圆柱、圆锥、圆台、椭圆、双曲线、抛物线等概念也都是采用发生式定义法。

③ 外延定义法

它是用并列的种概念给属概念下定义的方法。在外延定义中，被定义项是属，定义项是几个种的并集，实质是直接指出被定义项所指对象的外延。例如，整数和分数统称为有理数；正弦函数、余弦函数、正切函数、余切函数、正割函数和余割函数统称为三角函数；椭圆、双曲线和抛物线叫做圆锥曲线等等，都是这种定义法。

④ 约定式定义法

约定式定义法是依据数学上的某种特殊的需要，通过约定的方法来下的定义。例如：$a^0=1(a\neq0)$，$0!=1$，$C_n^0=1$，形如 $a+bi(a,b\in\mathbf{R})$的数是复数，都是约定式定义法。在数学教学中应当明确这种定义的必要性和合理性。

⑤ 递归定义法

当被定义项与自然数的性质直接有关时，应用递归公式给出的定义。它适应于与自然数的性质有直接关系的对象。下定义时首先给出定义对象的初始意义，然后明确对象从 n 过渡到 $n+1$ 的方法。例如：实数 $a(a\neq0)$的 n 次幂 a^n 的递归定义为：首先定义 $a^0=1$，再规定 $a^{k+1}=a^k\cdot a$（k 为自然数）。

⑥ 关系定义方式

关系定义是以事物间的关系作为种差的定义。它指出这种关系是被定义事物所具有而任何其他事物都不具有的本质属性。例如：大于直角而小于平角的角叫做钝角；$b(b\neq0)$整除 a，就是有一个 c，使 $a=bc$ 成立。

⑦ 充分必要条件定义（语境定义）

如 $A=B$：当且仅当 $A\subseteq B$ 且 $A\supseteq B$；一个数是素数，当且仅当这个数只有 1 和它本身两个约数。

4. 定义的规则

为了正确地给概念下定义，定义要符合下列基本要求：

规则 1　定义应当相称

即定义概念的外延与被定义概念的外延必须是相同的，既不能扩大也不能缩小。应当恰如其分，既不宽也不窄。例如，无限不循环小数，叫做无理数。而以无限小数来定义无理数（过宽），或以不尽方根的数来定义无理数（过窄），都是错误的。

规则 2　定义是不应当循环的

即给概念下定义时，不能用被定义项自己来说明自己。例如，用两直线垂直来定义直角，又用两直线成直角来定义垂直，这就犯了循环定义的逻辑错误，结果什么也没有说清楚。

规则 3　定义应当清楚确切

即定义要简明扼要，所列定义项必须是确切的概念，不能用比喻或其他含糊的说法来代替定义。

规则 4　定义一般不用否定形式

给概念下定义应表示被定义项具有某种属性,用肯定形式而不应用否定形式。例如,圆是不方的几何图形;加就是不减;正就是非负等,都没有揭示出被定义概念的本质。但这个要求不是绝对的,有些事物的本质属性就是揭示它缺乏某种特性,如斜棱柱的定义:侧棱不垂直于底面的棱柱。

5. 概念的划分

概念的划分就是把被划分的概念作为属概念,并根据一定的标准把它的外延分成若干个全异的种概念,是从概念的外延方面明确概念的逻辑方法。概念的划分有三要素:被划分的概念叫做划分的母项;分出的各个种概念叫做子项;进行划分所用的准则叫做划分的标准。把一个母项分为几个子项,必须根据一个统一的标准来进行,标准不同,划分的结果也不同。例如,根据边的大小这一属性,可以把"三角形"这个属概念划分三类:等边三角形、等腰三角形和不等边三角形。如果按照角的大小来划分,则"三角形"这个属概念又可分为以下三类:锐角三角形、直角三角形和钝角三角形。

(1) 划分的基本方法

划分有一次划分、连续划分和二分法等基本形式。

① 一次划分:只包括母项和子项两个层次的划分称为一次划分。例如,根据奇偶性,整数可划分为奇数和偶数。在划分一次以后已达到划分的目的,不需要再继续划分,这时就用一次划分。

② 连续划分:包括母项和子项三个层次以上的划分,即把一次划分得出的子项作为母项,继续划分子项,直到满足需要为止。例如,有理数划分为整数和分数;整数又划分为正整数、零和负整数;分数划分为正分数和负分数。

③ 二分法:它是每次划分后所得的子项总是两个相互矛盾概念的划分法。它是把一个概念的外延中具有某个属性的对象作为一类,把恰好缺乏这个属性对象作为另一类。例如,用二分法对复数划分。

二分法常用于以下两种场合:一是不需要了解被划分概念的全部外延性质时;二是被划分的概念的外延尚未完全弄清时。二分法是一种简便易行、不易发生错误的划分方法,这是它的优点;但是,这种划分方法总有一部分外延不能明确地显示出来,这是它的缺点。

(2) 正确的分类应符合的要求

① 分类应按照同一标准;

② 分类应逐级进行;

③ 分类应不重复、不遗漏;

④ 分类后分得的各子类应不相容。

6.1.2.2 概念的教学策略

1. 多视角地揭示概念的内涵

在数学教学中，教师应当从不同背景、不同层次、不同侧面、不同结构去揭示概念的内涵，使学生把握概念的本质属性。

(1) 在多种背景下揭示概念的内涵

数学概念反映的是一类对象在数与形方面的内在的、固有的属性，而不是表面属性。数学概念是抽象的，但它必须以具体素材为基础。任何抽象的数学概念，都具有具体的、生动的现实原型。一个概念的产生背景源于现实或现实模型，而现实或现实模型又多是概念的一些特例。反过来，认识、理解和把握概念，可以通过特例去认识，使学生在丰富的感性材料的基础上获得对概念的初步认识，同时由感性认识逐步上升到理性认识，达到对概念在多种背景意义下的认识概念的本质属性。

例1 "函数"概念的认识。

在教学设计时，可以采用从特殊到一般的概念形成模式，从函数的多种现实背景出发，让学生在观察、比较、概括的过程中获得概念。下面是一组实例：

① 以每小时80千米的速度匀速行驶的汽车，所行驶的路程和时间之间存在什么关系？

② 长方体形状的游泳池，其水的深度与水的容积之间存在什么关系？

③ 在一天的24小时中，气温与时间之间存在什么关系？

④ 在整数的平方运算中，底数与它的二次幂之间存在什么关系？

四个实例有着共同的本质，变量之间的关系是一个变量(因变量)随着另一个变量(自变量)的变化而变化，并且每个自变量唯一对应着一个因变量。

(2) 在变式中把握概念的内涵

数学概念具有发展性，如距离公式：在一维空间下，两点间距离公式为 $d=|x_1-x_2|$；在二维空间下，两点间距离公式为 $d=\sqrt{(x_1-x_2)^2+(y_1-y_2)^2}$；在三维空间下，两点间距离公式为 $d=\sqrt{(x_1-x_2)^2+(y_1-y_2)^2+(z_1-z_2)^2}$。

随着维数的变化，距离公式的表现形态不同。在变化中，认识数学概念，才能使人们对概念的认识不断深入，同时又反映出数学概念的复杂性和抽象性。如绝对值的概念从数与形来认识；从数与形的变化来认识；从数与形的关系来认识；还可从与其他概念的联系来认识，如绝对值概念表现形态为：

① 数 a 的绝对值 $|a|$ 指数轴上表示数 a 的点与原点的距离。

② $|a|=\begin{cases}a, & a\geqslant 0\\ -a, & a<0\end{cases}$

③ 数 $a-b$ 的绝对值 $|a-b|$ 指数轴上表示数 a 的点与数 b 的点的距离。

④ $|a-b|=\begin{cases}a-b, a\geqslant b\\ b-a, a<b\end{cases}$

⑤ $\sqrt{a^2}=|a|$

⑥ 向量 $\overrightarrow{OZ}$ 的模（即有向线段 $\overrightarrow{OZ}$ 的长度）r 叫做复数 $z=a+b\mathrm{i}$ 的模（或绝对值），记作 $|z|$ 或 $|a+b\mathrm{i}|=\sqrt{a^2+b^2}$。

显然，如果 $b=0$，那么 $z=a+b\mathrm{i}=a$，$|z|=|a|$，即 a 是在实数意义上的绝对值。

⑦ $|x+y\mathrm{i}|$，表示以原点为圆心，以 r 为半径的圆。

如此等等，从概念的变式中，认识概念的本质。

(3) 从不同侧面揭示概念的内涵

采用“属＋种差”给概念下定义时，对于同一概念，选择同一属的不同种差，可以作出不同的定义。而这些定义之间又是彼此等价的，它们从不同侧面刻画了同一个概念的本质属性。在教学中，教师要引导学生从不同侧面去认识概念，全面把握概念的本质。

例2 “菱形”概念。

侧面1 有一组邻边相等的平行四边形叫做菱形。

侧面2 对角线互相垂直的平行四边形叫做菱形。

侧面3 四条边都相等的四边形叫做菱形。

侧面4 对角线互相垂直平分的四边形叫做菱形。

上述不同的定义中，第一个定义与第二个定义，选择同一属（平行四边形），但种差不同。第一个定义是有一组邻边相等，第二定义是对角线互相垂直；第三个定义与第四个定义，选择同一属（四边形）。但种差不同，第三个定义是四条边都相等，第四个定义是对角线互相垂直平分。从不同侧面揭示概念的内涵，有利于学生加深对概念的理解。

(4) 不同的表现形态中揭示概念的内涵

一个概念，表现形态往往有多种情形。例如，在平面上，建立直角坐标系，点用有序实数对来表示，于是，曲线与方程之间就建立了一一对应关系。平面上的点集与有序实数对之间建立一一对应关系，架起了数与形之间的一座桥梁，在分析问题和解决问题时，可把形的问题，转化为数的问题，也可把数的问题转化为形的问题，即数形结合。

例3 椭圆的概念。

形态1 把平面内与两定点 F_1、F_2 的距离之和等于常数（大于 $|F_1F_2|$）的点的轨迹叫做椭圆。这两个定点叫做椭圆的焦点，两个焦点之间的距离叫做焦距。

形态2 点 $M(x,y)$ 与定点 $F(c,0)$ 的距离和它到定直线 $l: x=\dfrac{a^2}{c}$ 的距离比

是常数$\frac{c}{a}$($a>c>0$),点 M 的轨迹是椭圆。

形态3　椭圆用图形表示。

形态4　普通方程$\frac{x^2}{a^2}+\frac{y^2}{b^2}=1$　($a>b>0$)

形态5　参数方程$\begin{cases} x=a\cos\theta \\ y=b\sin\theta \end{cases}$　($a>b>0$)

形态6　极坐标方程 $\rho=\frac{ep}{1-e\cos\theta}$　($0<e<1$)

形态7　复数方程$|z-c|+|z+c|=2a$(z 表示复数,a、c 是实数,$a>c>0$),则 z 的轨迹是椭圆。

2. 完成概念分类(划分)

概念的划分揭示了概念的外延。掌握概念不仅要掌握概念的内涵,而且要掌握概念的外延,这是概念的质和量的表现,两者是不可分割的。完成概念的划分也是形成概念的必要条件和具体标志之一。

3. 掌握有关概念的逻辑体系

每一个概念都处在和其余一切概念的一定关系、一定联系中。引导学生正确地认识有关数学概念之间的逻辑联系,认识它们外延之间的关系,通过比较加深对概念的理解,能使知识系统化、条理化。

4. 加强概念的应用

概念应用有不同的层次,低层次是知觉水平的应用。概念在知觉水平的应用是指学生获得一个概念后,当遇到这个概念的特例时,能够把它作为概念的具体例子加以识别,也就是说,学习者能够判断一组特例是否属于某个概念的外延,就达到了一种知觉水平的应用。例如,学习了等比数列的概念后,能判断一个具体的数列是否为等比数列。知觉水平的应用主要是对概念自身结构和内涵的理解,涉及概念体系中其他概念因素较少。概念应用的高层次是思维水平的应用。概念在思维水平上的应用是指将概念用于问题解决中。由于问题解决涉及的概念、命题较多,因此概念在思维水平上的应用就是一个比较复杂的过程,它需要学习者通过外部信息去激活、选择和提取相关的概念和命题,并将其与当前问题联系起来,经过一定的解题训练,把这些经验内化为个人的认知结构。

教师的一项任务,就是要努力为学生应用知识创设良好的环境,使他们在应用概念的过程中明了概念之间的关系,并且引导他们去构造和生成命题。概念的这种特性要求学生在数学学习时必须做到循序渐进,一步一个脚印,扎扎实实地打好基础。值得指出的是,数学概念的特点不能与个体所掌握的数学概念的特点相混淆。个体所掌握的数学概念是与他本人的数学认知结构水平相适应的,即同一个数学概念,由于认知结构水平的不同,存在着不同水平的理解。

6.1.3 数学概念的教学过程

概念的获得过程实质上是掌握同类事物共同的关键属性的过程。同类事物的关键属性可以从大量同类事物的不同例证中独立发现,这种概念获得的方式叫做概念形成;也可以用定义的方式向学生直接揭示,学生利用已有认知结构中的有关知识来理解新概念,这种获得概念的方式叫做概念同化。概念形成与概念同化是两种基本的概念获得方式。

6.1.3.1 概念形成

最早对概念形成的研究,是赫尔对人工概念的研究。他提出了联想理论,试图根据强化反应的原理解释概念的形成。如果学生能正确识别出某个概念的一个例子,就给予强化,告诉他是对的;如果学生对刺激识别错了,则告诉他是错的,这样,学生就不会形成错误的联结。通过一系列尝试,正确的反应与适当的刺激联系起来,从而形成概念。后来布鲁纳等人继续对人工概念的形成进行了深入的研究,提出了概念形成的假设考验说。该理论认为,人在概念形成过程中,需要利用已获得的有关信息来主动提出一些可能的假设,即设想所要掌握的概念可能是什么。"假设"可看作认知的单元,它是人解决概念形成问题的行为的内部表征。这些可能的假设组成一个假设库。在概念学习中,学习者面对一个刺激,须从他自己的假设库中取出一个或几个假设并据此作出反应,即对所应用的假设进行考验。如果学生作出的某个假设被教师告之是正确的,这个假设就继续使用下去,否则更换假设,直到获得正确的假设。这种假设考验的过程就是概念形成的过程。对概念学习中的概念形成理论,大多数心理学家已达成共识。所谓概念形成,指人们对同类事物中若干不同例子进行感知、分析、比较和抽象,以归纳方式概括出这类事物的本质属性而获得概念的方式。

奥苏伯尔把学习从两个维度上进行划分,根据学习的内容,把学习分为机械学习和有意义学习。根据学习的方式,把学习分成接受学习和发现学习。机械学习是指学生未理解由符号所代表的知识,仅仅记住某个数学符号或某个词句的组合;有意义学习则是指学生经过思考,掌握并理解了由符号所代表的数学知识,并能融会贯通;接受学习指学习的全部内容以定论的形式呈现给学习者,这种学习不涉及学生任何独立的发现,只需要他将所学的新材料与旧知识有机地结合起来(内化)即可;发现学习的主要特征是不把学习的主要内容提供给学习者,而由学生独立发现,然后内化。有意义学习和机械学习,发现学习和接受学习是划分学习的两个维度，这两个维度之间的关系是彼此独立，但又互相联系的。奥苏伯尔提倡有意义的接受学习，有意义学习有两个先决条件：首先，学生表现出一种有意义学习的倾向，即表现出一种在新学的内容与自己已有的知识之间联系的倾向；其次，学习内容对学生具有潜在意义，即能够与学生已有的知识结构联系起来，这两个“联系”一定要是“非任意性的、非字面上的联系”，也就是说，这种联系不能是牵强附会的，而应是实质性的联系。奥苏伯尔关于有意义学习的观点是：在学校条件下，学生的学习应当是有意义的，而不是机械的。从这一观点出发，他提倡有意义的接受学习。奥苏伯尔认为，概念形成的过程是概念有意义的发现过程。这个过程一般时间较长，在概念形成过程中，要不断地区分事物的本质特征和非本质特征，最后掌握本质特征，放弃非本质特征。具体操作过程如下：

(1) 辨别各种刺激模式。这些刺激模式可以是学生自己在日常生活中的经验或事实，也可以是由教师提供的有代表性的典型事例。但不管是哪种刺激模式，都必须通过比较，在知觉水平上进行分析、辨认，根据事物的外部特征进行概括。

(2) 分化出各种刺激模式的属性。为了理解该类刺激模式的本质属性，就需要对各种刺激模式的各个属性予以分化。

(3) 抽象出各个刺激模式的共同属性，并提出它们的共同关键属性的种种假设。

(4) 在特定的情境中检验假设，确认关键属性。检验过程中，采用变式是一种有效手段。

(5) 概括，形成概念。验证了假设以后，把关键属性抽象出来，并区分出有从属关系的关键属性，使新概念与已有认知结构中的相关观念分化出来，用语言概括成为概念的定义。

(6) 把新概念的共同关键属性推广到同类事物中去。这既是在更大范围内检验和修正概念定义的过程，又是一个概念应用的过程，从中可以看出概念的本质特征是否已被学生真正理解。因此在这个过程中，教师可以用一些概念的等值语言让学生进行判断和推理。

(7) 用习惯的形式符号表示新概念。通过概念形成的上述步骤，学生比较全面地了解概念的内涵，而且还掌握概念的许多具体例证，对于概念的各种变式也有较好的理解，总之，学生对概念的内涵和外延都有了比较准确、全面的理解。这时，就应该及时地引进数学符号。引进数学符号以后，应当引导学生把符号与它所代表的实质内容联系起来，使学生在看到符号时就能够联想起符号所代表的概念及其本质特征。事实上，如果概念的符号能够与概念的实质内容建立起内在联系，那么，符号的掌握可以提高学生的抽象概括能力。数学中的逻辑推理关键就在于能够合理、恰当地应用符号，而这又要依靠对符号的实质意义的把握。在概念学习中，形式地掌握符号而不懂得符号本质含义的情况是经常发生的，这时符号将使知识学习产生困难，导致数学推理的错误。

用概念形成方式教学概念时，教师必须注意按学生的心理发展规律办事。

(1) 给学生提供的刺激模式应该是正例，而且数量要恰当。

(2) 向学生呈现刺激模式时，应该采用同时呈现的方式，以利于学生进行分析、比较，这样可以减轻学生的记忆负担。

(3) 要注意选择那些刺激强度适当、变化性大和新颖有趣的例子作为刺激模式，这样的刺激模式有利于学生进行深入的观察，展开积极的思维活动，对各个刺激模式的属性进行充分的分化，对刺激模式之间的各种属性进行比较，有利于培养学生从平常的现象中发现不平常的性质，从貌似无关的事物中发现相似点或因果关系的能力。

(4) 要让学生进行充分的自主活动，使他们有机会经历概念产生的过程，了解概念产生的条件，把握概念形成的规律，在分化和比较的基础上，引导学生及时对各个刺激模式中的共同属性进行抽象，并从共同特征中抽象出本质属性，及时对概念的本质特征进行抽象概括，有利于学生更加准确、迅速地掌握概念，因为这时学生还没有把智力动作与刺激模式中的无关特征联系起来的习惯，否则就有可能使无关特征得到强化，使学生将刺激模式中的无关特征当成本质特征，从而产生对概念的错误理解。

(5) 在确认了事物的关键属性，概括成概念以后，教师应该采取适当的措施，使学生认知结构中的新旧概念分化，以免造成新旧概念的混淆，以为新概念被旧概念所湮没。例如，学习三角函数中的“第一象限的角”这个概念以后，如果不及时与已有的“锐角”概念分化，则学生很有可能把它与锐角等同起来。

(6) 必须使新概念纳入到已有的概念系统中去，使新概念与认知结构中已有的起固着点作用的相关观念建立起实质的和非人为的联系。这样可以使概念的记忆效果提高，有利于概念的检索，有利于用掌握的概念去吸收和理解新的知识。在用概念形成的方式进行概念教学时，教师的语言中介作用很大，因为教师的语言引导可以使学生更加有的放矢地对概念的具体事例进行分析、归纳和概括。否则，学生就很可能会用“尝试错误”的方式去辨别、分化概念的具体事例，这样会减缓辨别的速度，使具体事例的各种属性的分化不充分，由此就会影响到概括的质量。另外，教师还应该设法用一定的教学情境来引导学生回忆和提取与概念学习相关的知识，激发新概念与已有认知结构的矛盾，引起学生的积极思维，使学生积极主动地投入学习。应当强调，用概念形成方式进行概念教学时，教师一定要扎扎实实地引导学生完成概念形成的每一个步骤，如果没有经历概念形成的全过程，学生往往很难全面正确地理解概念，很容易造成对概念的片面、孤立甚至是错误的理解。教师应当引导学生在认清概念的内涵以后再进行概念应用，引导他们在揭示概念背后的丰富内容的基础上形成新概念，在建立新概念与已有认知结构中有关观念的实质性和非人为的联系上下功夫，而不仅仅是在字面上逐字逐句地再现概念。否则，将给学生的知识保持带来困难，而且也会使学生的思维训练受到危害，因为在没有清晰地把握概念的本质特征就去应用概念只能是一种盲目的应用，他们的思维也会是杂乱无章的。下面就"幂函数"概念的学习，说明如何进行概念形成的教学设计。

(1) 提出一组实例让学生辨认，指出它们有哪些共同的属性。

$$y=x, y=x^2, y=x^3, y=x^4, y=x^{-1}, y=x^{-2}, y=x^{-3}, y=x^{-4}$$
$$y=x^{\frac{1}{2}}, y=x^{\frac{1}{3}}, y=x^0, y=x^{-\frac{1}{2}}, y=x^{-\frac{1}{3}}, \cdots$$

(2) 让学生提出这一组例子的共同成分的假设，并依据这些假设检验每一个例子。

(3) 提出一个一般模式(由学生通过比较、分析和概括归纳而得) $y=x^{\alpha}$，检验是否每一个实例均属于这一模式。

(4) 将这一函数表达式同学生已学过的正比例函数、反比例函数、二次函数等有关概念联系起来。这不仅说明研究这一种新函数的意义，而且建立了函数概念的网络结构，使学生形成新的认知结构。

(5) 给出幂函数的定义，并由教师作详细分析。

(6) 举出正、反例强化概念。

6.1.3.2　概念同化

奥苏贝尔认为新知识的学习必须以已有的认知结构为基础。学习新知识的过程是学习者积极主动地从自己已有的认知结构中提出与新知识最有联系的旧知识，用来"固定"或"归属"新知识的过程。这个过程是一个动态的过程，是新知识在认知结构中进行"同化"或"类属"的过程。过程的结果导致原有的认知结构不断分化和整合，使学习者获得了新知识或清晰稳定的意识经验，原有的知识也在同化中发生了意义的变化。所以，"同化"就是新旧知识或观念相互作用的过程。其相互作用的结果使习得的知识观念获得心理意义。与此同时，原有的认知结构也发生了量变或质变。在教学中，利用学生已有的知识经验，以定义的方式直接提出概念，并揭露其本质属性，由学生主动地与原认知结构中的有关概念相联系去学习和掌握概念的方式，叫做概念同化。

概念同化的心理过程包括以下几个阶段：

(1) 辨认。辨认定义中的新观念哪些是已有概念？新旧观念之间存在什么关系？新旧概念之间的联系与区别，辨认过程包含了回忆与知识的重现。例如，学习"正方体"概念，在给出正方体的定义后，学生必须对"长方体"、"正四棱柱"、"棱长都相等”、“高等于底面的边长”等已有概念进行回忆和辨认。

(2) 同化。奥苏贝尔认知结构同化论的核心就是相互作用观。为了说明相互作用的具体过程，他提出了新知识学习的不同同化模式，即“下位学习”、“上位学习”和“并列结合学习”。

① 下位学习或类属学习。当新知识从属于学生认知结构中已有的、包容范围较广的知识时，则构成下位关系。这是新知识与学生已有认知结构之间的一种最为普遍的关系。例如，学生先学习了“三角形”的概念，再学习等腰三角形、等边三角形，或者锐角、钝角、直角三角形的概念时，就构成了下位关系的学习。再如，学生掌握“函数”的一般定义、性质以后，再学习具体的函数：幂函数、指数函数、对数函数、三角函数等也构成下位关系学习。从中可以看出，这种学习一般表现为通过增加条件对上位概念进行限制或补充而形成新的概念。

② 上位学习或总括学习。当要学习的新知识比已有知识的概括程度更高，包容范围更广，可以把一系列已有知识包容其中时，即原有的观念是从属观念，而新学习的观念是总括性观念。新旧知识之间便构成一种上下位关系，这时的学习就称为上位学习或总括学习。例如，高中数学中的“导数概念”就是对学生已学习的“瞬时变化率”概念的进一步概括。实数概念是对“有理数”、“无理数”或“正数”、“负数”、“零”概念的发展。在上位关系学习过程中，关键是从下位概念中归纳概括出它们的共同特征。

③ 并列结合学习。如果新旧知识之间既不产生下位关系，又不产生上位关系，但是新的内容与学习者已有的一些观念有某种属性或结构的相似。可以通过合理地组织这些潜在的已有的观念学习新知识，这种学习类型就称为并列结合学习。在实际学习中，很多新概念的学习都属于这种学习。例如，学习“直线与平面的平行(垂直)”就需要组织起学生在平面几何中获得的“直线与直线的平行(或垂直)”的知识进行学习。学习“负数”就需要组织起学生已有的“相反意义的量”的观念，“向量”的概念可以组织起学生在物理学习中已建立的“位移”“速度”等概念。进一步，可以通过类比数及其运算，研究向量运算。通过并列结合学习，学生能够从貌似无关的两个事物中发现它们的某些共同的本质特征，从而获得对知识的一种全新理解。从上面的论述中可以发现，无论哪种类型的概念学习，在教学开始时一般都需要先于具体的教学内容而向学生呈现的一种引导性材料，它的作用是在学生认知结构中原有的观念和新的学习任务之间建立起关联。这些材料在认知心理学中称作“先行组织者”，这种教学策略就是先行组织者策略。

(3) 强化。通过将新概念与某些反例相联系，使新概念更加稳固和清晰。概念同化的本质是利用已经掌握的概念获取新概念，因此概念同化的学习形式必须具备一定条件。从客观方面看，学习的材料必须具有逻辑意义，所学的新概念应与学生已有的有关概念建立"非人为"和"实质性"的联系。例如,有的学生在学习中会出现类似于 $\lg(x+y)=\lg x+\lg y$ 的错误,就是把 $\lg(x+y)=\lg x+\lg y$ 与原有认知结构中已有的"分配律"即 $a(b+c)=ab+ac$ 知识强行联系起来,使知识间产生了"人为的"联系。

从主观方面看,学生不仅应具备同化新概念所需要的知识经验,还要有积极的学习心向,让个人的认知积极参与活动,才能使新概念与自己认知结构中有关的旧知识发生相互作用,或者改造旧知识形成新概念,或者使新概念与原有认知结构中的有关知识进一步分化和融会贯通,实现概念同化。下面就"二次函数"概念的学习,说明同化方式学习概念的心理过程:

(1) 揭示概念的本质属性,给出它的定义、名称和符号。例如,学习"二次函数"的概念一般是用概念同化的方式进行的。首先给出二次函数定义:形如 $y=ax^2+bx+c(a\neq0,a、b、c$ 是常数)的函数叫 x 的二次函数。

(2) 对概念进行特殊的分类,讨论这个概念表达的各种特殊情况,突出概念的本质。例如,可讨论二次函数的各种特例:

$$y=ax^2\quad(a\neq0),$$
$$y=a(x-m)^2\quad(a\neq0),$$
$$y=ax^2+c\quad(a\neq0),$$
$$y=a(x-m)^2+k\quad(a\neq0),$$
$$y=a(x-x_1)(x-x_2)\quad(a\neq0),$$
$$y=ax^2+bx+c\quad(a\neq0),$$

不同的函数表达式中,要突出自变量 x 的最高次数为二次这个关键特征。

(3) 建立新概念与原认知结构中的有关概念的联系。把新观念纳入到已有概念体系中,同化新概念。例如,学生在学习二次函数概念之前,学习了函数的概念,也学习了一些特殊函数,如正比例函数,反比例函数,一次函数。新学习的二次函数是一种特殊函数,它与以前学习函数相比区别在于:自变量最高次数不同,二次函数的最高次数为2。

(4) 用肯定例证和否定例证让学生辨认。例如:$y=2x^2+1$,$y=x+\dfrac{1}{x}$,$y=2(x-1)^2$,$y=2^x$,$y=(x-2)(x-3)$,$y=x^3$。让学生辨认,哪一个是二次函数,是,是为什么?不是,又是为什么?

(5) 实际应用强化概念,并把所学的概念纳入到相应的概念系统中。例如,把二次函数概念纳入到函数概念的体系中去。新概念纳入到相应的概念体系中,使有关概念融会贯通,组成一个整体。

概念获得的两种形式既有区别,又有联系。概念形成是以学生的直接经验为基础,用归纳的方式抽取一类事物的共同属性,从而达到对概念的理解。因此,在教学方法上，表现出与布鲁纳倡导的“发现法”一致，适合低年级的学生学习数学概念，也适合“原始概念”的学习，因为原始概念多建立在对具体事物的性质的概括上，依赖的是学生的直接认识与直接经验。概念同化则以学生的间接经验为基础，以数学语言为工具，依靠新、旧概念的相互作用理解概念，因而在教学方法上多是直接呈现定义，与奥苏伯尔的“有意义地接受学习”方法基本一致。由于数学概念具有多级抽象的特点，学生学习新概念在很大程度上依赖旧概念以及原有的认知结构，因此，概念同化的学习方式在概念学习中经常使用，对高年级学生的学习更加适用。概念形成包含着同化的因素，要用具体的、直接的感性材料同化新概念。同样，概念同化也不能脱离分析、抽象和概括，因而含有概念形成因素。无论是低年级还是高年级，在概念教学中都不宜单纯地运用某一种方式。概念形成的教学形式比较耗费教学时间，但有利于培养学生观察、发现问题的能力；概念同化的教学形式可以节约教学时间，有利于培养学生的逻辑思维能力。因此在概念教学中，应当把两种形式结合起来综合运用，扬长补短。

6.2 数学命题

本节所讲的数学命题(指真命题)，主要包括数学公理、定理、公式、法则等。数学命题(除公理之外)都必须论证，只有论证之后，才可作为证明的重要依据。数学命题与概念、推理、证明有着密切的联系，命题是由概念组成的，概念是用命题揭示的；命题是组成推理的要素，可作为证明的重要依据。因此，数学命题的教学不仅是数学概念教学的展开与深化，而且是进行数学推理与证明的教学基础。

6.2.1 数学命题的逻辑基础

6.2.1.1 数学命题的意义和结构

概念产生之后，人们就要运用已有的概念对客观事物进行肯定或否定。对思维对象有所肯定或否定的思维形式叫做判断。由于判断是人的主观对客观的一种认识，所以判断有真有假，正确地反映客观事物的判断称为真判断，错误地反映客观事物的判断是假判断。其真假要由实践来检验，在数学中要进行证明。

在逻辑学中，按判断本身是否含有其他判断将判断分为简单判断和复合判断。在一个判断中，如果不包含其他的判断，叫做简单判断。简单判断又可以分为性质判断和关系判断。性质判断是指断定事物具有或不具有某种性质的判断，性质判断由四个部分组成：主项，用来反映判断中对象；谓项，用来反映判断中对象具有或不具有的性质；联项，用来指明判断的主项和谓项之间所存在的联系词；量项，用来反映主项的数量和范围，如"所有"、"一切"、"任何"等叫做全称量词，而"有些"、"有的"、"存在"等叫做特称量词。根据量词的不同就得到不同的判断，现分述如下：

单称肯定（或否定）判断，就是对论域中一个对象是否具有某一性质进行的判断。如三角形 ABC 是直角三角形，三角形 $A'B'C'$ 不是直角三角形等。

特称肯定（或否定）判断，就是对论域中部分对象是否具有某一性质的进行判断。如有些整数是完全平方数，有些数列是不存在极限的等。

全称肯定（或否定）判断，就是对论域中所有对象是否具有某一性质进行的判断。如所有一元二次方程在复数范围内都有两个根，所有正三角形都不是直角三角形等。

关系判断是指断定论域中的对象与对象之间关系的判断。关系判断由三部分组成：关系、关系项、量项。数学中常见的关系有对称关系、反对称关系、非对称关系、传递关系和反传递关系等。如：若 $\triangle ABC \sim \triangle A'B'C'$，则 $\triangle A'B'C' \sim \triangle ABC$，所以相似关系就是对称关系；若 $a>b$，则 $b<a$，所以不等关系就是反对称关系；又如2整除4，则4不整除2，所以整除关系为非对称关系；$a>b$，$b>c$，则 $a>c$，所以大于关系是传递关系；a、b、c 表示同一平面内的直线，$a\perp b$，$b\perp c$，则 $a\parallel c$，所以在同一平面内的垂直关系是反传递关系。

判断要借助于语句，表示判断的陈述语句叫做命题。关于数学对象及其属性的判断叫做数学判断，在数学中，表达数学判断的语句或符号的组合称为数学命题。例如，"$5<6$"，"$x^2=0$"，"$a^2-2ab+b^2=(a-b)^2$"，"$x>1$"，"$\triangle ABC \sim \triangle A'B'C'$"等都是数学命题。由于判断有真假，所以数学命题也就有真命题和假命题之分。命题的"真"和"假"，称为命题的真值，我们分别用1和0表示。一个命题要么真，要么假，两者必居其一。

6.2.1.2　数学命题的基本运算

命题有简单命题和复合命题，把简单命题用一些逻辑联结词联结起来，就构成复合命题。常用的逻辑联结词有否定、合取、析取、蕴涵、当且仅当五种。

第一，否定（非）。

设 p 表示一个命题，若否定命题 p，则得到命题"非 p"，记作 $\neg P$。显然，p 与 $\neg P$ 互为否命题，$\neg P$ 称为 p 的否定式。例如，"$\sqrt{2}$ 是无理数"是一个真命题，它的否定式为"$\sqrt{2}$ 不是无理数"是一个假命题。

第二，合取（与）。

设 p，q 表示两个命题，用逻辑联结词"与"把它们联结起来得到新命题"p 与

q”，记作 $p\wedge q$，这个式子叫做命题 p,q 的合取式。若 p,q 均为真，则 $p\wedge q$ 为真；若 p,q 中至少有一个为假，则 $p\wedge q$ 为假。

第三，析取（或）。

给定两个命题 p,q，用“或”连接起来，构成复合命题“p 或 q”称为命题 p,q 的析取式，记作 $p\vee q$。若 p,q 中至少有一个为真，则 $p\vee q$ 为真；若 p,q 中两个均为假，则 $p\vee q$ 为假。例如，命题“$3=3$”和“$3>3$”，前者为真命题，后者为假命题，其析取式为“$3\geqslant 3$”是一个真命题。

第四，蕴涵（若……则……）。

给定两个命题 p,q，用“如果……那么……”连接起来，得到的新命题“若 p，则 q”称为命题 p 蕴涵命题 q，或简称蕴涵式，记作 $p\rightarrow q$。若 p 真 q 假，则 $p\rightarrow q$ 为假；在 p,q 的其余情况下，$p\rightarrow q$ 均为真。

第五，当且仅当。

给定两个命题 p,q，用“当且仅当”连接起来，构成复合命题“p 当且仅当 q”，记作 $p\leftrightarrow q$。若 p,q 同真或同假，则 $p\leftrightarrow q$ 为真；否则，$p\leftrightarrow q$ 为假。

否定式、合取式、析取式、蕴涵式、等值式是复合命题中最简单、最基本的形式，由这些基本形式，经过各种组合，可以得到更为复杂的复合命题。为了省略括号，通常约定逻辑连接词$\neg$、$\vee$、$\wedge$、$\rightarrow$、$\leftrightarrow$的结合力依次减弱。例如，可以将$(p\vee q)\rightarrow r$记作 $p\vee q\rightarrow r$。反之，为了改变运算顺序，可增加括号。以 p,q 分别表示简单命题，以五个联结词联结，简单命题形成如下五类复合命题。

① 否命题，表示为$\neg p$，读作非 p，称为 p 的否定式，p 是该复合命题的支命题。例如，“$\sqrt{2}$不是无理数”。这里 p 即“$\sqrt{2}$是无理数”。

② 联言命题，表示为 $p\wedge q$，读作 p 且 q，称为 p,q 的合取式，p,q 称为合取项（合取支）。例如，“3 是质数且是奇数”，这里 p 为“3 是质数”，q 为“3 是奇数”。

③ 选言命题，表示为 $p\vee q$，读作 p 或 q，称为 p,q 的析取式。p,q 称为析取项（析取支）。例如，“$\triangle ABC$ 是等腰三角形或$\triangle ABC$ 是直角三角形”。这里 p 为“$\triangle ABC$ 是等腰三角形”，q 为“$\triangle ABC$ 是直角三角形”。

④ 充分条件假言命题，表示为 $p\rightarrow q$，读作如果 p，那么 q，称为 p,q 的蕴涵式。p 称为蕴涵式的前件，q 称为蕴涵式的后件。例如，“若整数的末位数是 0，则此整数是 5 的倍数”。前件 p 为“整数的末位数是 0”，后件 q 为“整数是 5 的倍数”。

⑤ 充分必要条件假言命题，表示为 $p\leftrightarrow q$，读作 p 等价于 q。当且仅当 p，则 q，称为 p,q 的等价式。p,q 分别称为等价式的左端和右端。例如，“一个整数是偶数，当且仅当它能被 2 整除”。这里 p 为“一个数能被 2 整除”，q 为“一个数是偶数”。

6.2.1.3　命题的运算律

（1）复合命题的真值取决于它所包含的各个命题的真假及其复合方式。根据复合命题各种基本形式的真值情况，可以确定一个复合命题在各种情况下的真值。

（2）命题运算中常用的定律。

如果两个复合命题 M,S 的真值完全相同，那么，称 M,S 逻辑等价（或称 M,S 为等价命题），记作 $M\equiv S$。逻辑等价的两个命题，在推理论证中可以互相代替。

在命题逻辑中，常用的等价式有：

幂等律：$p\vee p\equiv p \quad p\wedge p\equiv p$

交换律：$p\vee q\equiv q\vee p \quad p\wedge q\equiv q\wedge p$

结合律：$(p\vee q)\vee r\equiv p\vee(q\vee r)$

$(p\wedge q)\wedge r\equiv p\wedge(q\wedge r)$

分配律：$p\vee(q\wedge r)\equiv(p\vee q)\wedge(p\vee r)$

$p\wedge(q\vee r)\equiv(p\wedge q)\vee(p\wedge r)$

吸收律：$p\vee(p\wedge q)\equiv p \quad p\wedge(p\vee q)\equiv p$

德·摩根律：$\neg(p\wedge q)\equiv\neg p\vee\neg q \quad \neg(p\wedge q)\equiv\neg p\vee\neg q$

双否律：$\neg(\neg)p\equiv p$

幺元律：$p\vee 0\equiv p \qquad p\wedge 1\equiv p$

极元律：$p\vee 1\equiv 1 \qquad p\wedge 0\equiv 0$

互补律：$p\vee\neg p\equiv 1 \qquad p\wedge\neg p\equiv 0$

利用等价可以将结构复杂的命题化简，也可以推证两个命题的等价关系。

6.2.1.4　命题的四种基本形式及关系

数学真命题反映数学对象的属性之间的逻辑关系。在数学中，为了全面地研究命题中条件和结论的逻辑联系，往往把一个命题的条件和结论换位，或者把条件和结论变为它们的否定，就可以得到三个新的命题。

（1）把原命题“若 A，则 B”的条件和结论换位得到新命题“若 B，则 A”，这个命题叫做原命题的逆命题，两命题之间的关系叫做互逆关系。

（2）把原命题“若 A，则 B”的条件和结论分别变为它们的否定 $\neg A$（非 A）和 $\neg B$（非 B），则得到新命题“若 $\neg A$，则 $\neg B$”，这个命题叫做原命题的否命题，两命题之间的关系叫做互否关系。

（3）把原命题“若 A，则 B”的条件和结论分别变为它们的否定式 $\neg A$ 和 $\neg B$ 后又互相换位，则得到新命题“若 $\neg B$，则 $\neg A$”，这个命题叫做原命题的逆否命题，两命题之间的关系叫做互为逆否关系。

应当注意,上述的逆命题、否命题、逆否命题是相对原命题而言的。在数学论证中研究这四种命题之间的真假关系是十分重要的,我们可以从一些具体例子来考察命题的四种形式的真假关系。例如:

原命题:"如果两个角是对顶角,那么这两个角相等"。

逆命题:"如果两个角相等,则这两个角是对顶角"。

否命题:"如果两个角不是对顶角,则这两个角不相等"。

逆否命题:"如果两个角不相等,则这两个角不是对顶角"。

显然,原命题与逆否命题都是真的,而逆命题和否命题都是假的。可见,互逆或互否的两个命题不一定是同真或同假,只有互为逆否的两个命题,才是同真同假。四种命题的真假,有着一定的逻辑联系。互为逆否的两个命题的真假性是一致的,同真或同假。互为逆否的两个命题的同真同假的性质通常称为逆否律(或叫做逆否命题的等效原理)。用符号表示为

$$p\rightarrow q\equiv \neg q\rightarrow \neg p \quad q\rightarrow p\equiv \neg p\rightarrow \neg q$$

互逆或互否的两个命题的真假性并非一致,可以同真,可以同假,也可以一真一假。根据逆否律,对于互为逆否的两个命题,在判定其真假时,只要判定其中一个就可以了。当直接证明原命题不易时,可以改证它的逆否命题,若逆否命题得证,也就间接地证明了原命题。从欲证原命题,改证逆否命题这一逻辑思维方面来说,逆否律是间接证法的理论依据之一。互逆的两个命题未必等价。但是,当一个命题的条件和结论都唯一存在,它们所指的概念的外延完全相同,是同一概念时,这个命题和它的逆命题等价。这一性质通常称为同一原理或同一法则。例如,"等腰三角形底边上的中线是底边上的高线"是一个真命题,这个命题的条件"底边上的中线"有一条且只有一条,结论"底边上的高线"也是有一条且只有一条。这就是说,命题的条件和结论都是唯一存在。由于这个命题为真,所以命题的条件和结论所指概念的外延完全相同,是同一概念。因此,这个命题的逆命题"等腰三角形底边上的高线是底边上的中线"也必然为真。同一原理是间接证法之一的同一法的逻辑根据。对于符合同一原理的两个互逆命题,在判定其真假时,只要判定其中的一个就可以了。在实际判定时,自然要选择易判定的那个命题。

6.2.2 数学命题的教学策略

数学是人们在对客观世界定性把握和定量刻画的基础上,逐步抽象概括,形成模型、方法和理论,并进行应用的过程。这个过程充满着探索与创造。

6.2.2.1 命题的提出

命题的提出是指在数学命题获得的教学中,教师为了引起学生注意,激发学生

学习动机，调动学生积极情感，通过有效的问题引起学生强烈的内在期望和认知需要的一种教学策略。认知心理学的研究表明，当学生学习某种新知识时，他们必须有一种对知识的需求欲望，即因学生现有知识、能力、方法策略的局限，面对新的问题情境产生困难时，他们更有可能产生一种想要解决问题的内在愿望，而且问题的解决可能导致他们对现有知识的修正、完善或新知识的建构。

在数学命题的教学过程中，追溯命题产生的过程，就是寻求命题生长的根（命题的来龙去脉），从逻辑关系看，也就是溯源命题的逻辑起点。一般说来，这个逻辑起点是先于命题产生的、先于学习者已经习得的知识。显然，引导学生去经历知识产生的过程，也就是要使他们厘清知识之间的关系，为形成命题系统建立认识基础。根据加涅的有指导的发现学习理论，在数学教学中，不宜由教师直接给出定理的现成内容，而是应该启发学生，通过实验、观察、演算、分析、类比、归纳、作图等步骤，自己探索规律，建立猜想，发现命题。作为引入的数学任务应能引起学生认知新知识的内在需要。几种比较好的引入方法：

1. 通过对具体事物观察、实验、类比、联想，作出猜想，发现结论

典型的例子是教三角形内角和定理时，可以让学生事先各自用硬纸做一个任意形状的三角形，把它的三个内角剪开后拼在一起，自己发现三个内角之和等于180度，引导学生进一步思考如何论证。又如，在“有理数乘法法则”教学中，有的教师以“蜗牛运动”为问题情境，利用学生已有的知识“数轴”为工具，把蜗牛运动的方向与运动的路程大小，在数轴表示出来，通过方向的变化和路程的变化，猜想有理数乘法法则。再引导学生独立观察、思考，或者合作交流，进一步探索，通过抽象概括，上升到一般规律，进一步用符号表示有理数乘法法则。

2. 通过推理直接发现结论

例如，“三角形任何两边的和大于第三边”，就是由公理“两点之间，线段最短”直接推出的。还有“直角三角形斜边上的中线等于斜边的一半”，课本中也是采取了由演绎推理直接推出的办法。再如，多边形的内角和定理就是由三角形的内角和定理通过推理而得出的。还可以通过归纳或类比推理再作出猜想的办法引入定理、公式。例如，在教“商的算术平方根的性质”时，可以先组织学生演算：$\left(\sqrt{\frac{2}{5}}\right)^2=?$，$\left(\frac{\sqrt{2}}{\sqrt{5}}\right)^2=?$ 然后提问：“演算结果表明，$\sqrt{\frac{2}{5}}$和$\frac{\sqrt{2}}{\sqrt{5}}$都是$\frac{2}{5}$的算术平方根，而$\frac{2}{5}$的算术平方根只有一个，你由此可以得到什么等式？”接下来由特殊到一般，以$\frac{a}{b}$（$a\geqslant 0$，$b>0$）代替$\frac{2}{5}$，逐步引导学生得到商的算术平方根的性质：$\sqrt{\frac{a}{b}}=\frac{\sqrt{a}}{\sqrt{b}}$（$a\geqslant 0,b>0$）。

6.2.2.2 明确命题

引导学生明确学习的新命题与已有命题之间的关系属于上位关系、下位关系或并列关系的哪一类。

引导学生分清命题的条件与结论，这既是弄清命题本身的要求，又是对命题进行证明的前提，也是应用命题来解决问题的需要。每个数学命题都有相应的适用范围，都是在某些条件下或某个范围内成立的相对真理。例如，算术根的运算法则是以各个算术根存在为前提；对数运算法则必须以各对数有意义为前提等。

数学教材中，大部分命题都是以充分条件的选言命题的形式出现的，一般地，前提是结论的充分条件，具有"若 p，则 q"的形式。但有一些定理的表述采取的是简化形式，容易使条件和结论变得不明显，学生开始时会感到难以掌握。例如，"圆的内接四边形的对角互补"，对于这类命题，可以先转换为"若 p，则 q"的形式，即"若两个角是圆的内接四边形的一组对角，则这两个角互补"。对于用文字叙述的定理，分清条件和结论后还要进一步用数学符号表达出来。如"三角形三个内角的和等于 180 度"，即"如果三个角是一个三角形的三个内角，那么这三个角的和等于 180 度"。用数学符号表达为：若 $\triangle ABC$ 的三个内角为 $\angle A$、$\angle B$、$\angle C$，则 $\angle A+\angle B+\angle C=180°$。

要弄清与命题有关的概念、关键词的意义。例如，学习定理"在角平分线上的点到这个角的两边距离相等"。应让学生首先回忆"角平分线"和"点到直线的距离"这两个概念。学习定理"同弧或等弧所对的圆周角相等"时，就需特别强调"等弧"的概念，它并非是长度相等的弧，而是"在同圆或等圆中，能够互相重合的弧"。又如，"过直线外一点有且仅有一条直线与已知直线平行"，其关键词"有且仅有"指出存在性与唯一性。

6.2.2.3 掌握命题的证明思路与方法

命题的证明必须具备一些基本条件：其一，一个命题的证明要以某些已经证明为真的命题为基础，也就是说待证明的命题与原有命题之间存在某种内在的联系；其二，一个命题的证明要用到某种解决问题的策略和数学思想方法；其三，证明命题的过程中要遵循形式逻辑规则。命题证明过程对学习者形成命题系统有独特作用。事实上，一个命题的证明可能以一组命题作为基础，也可能以另一组命题作为基础，这就使得在命题的证明中可能与多个命题产生联系。得到问题最后结果或结论的条件往往不是直接呈现在问题的已知之中的，而是需要根据问题的已知条件线索，调用一系列数学命题进行推理的。灵活应用与解决问题有关的数学命题，关键在于应用数学命题的条件模式的扩充，这种模式扩充的典型特征是学生发展了与应用数学命题相匹配的策略性知识。在数学教学中,我们不是简单地按照问题的类型和解题方法来设计问题,而应该按照数学问题具有的潜在的认识功能来设计相应的教学问题。另一方面,证明一个命题还可能用到多种方法,这也是个体形成命题系统所需要的积淀。在寻找命题的思路和方法的过程中,不断地经历直观感知、观察发现、归纳类比、空间想象、抽象概括、符号表示、运算求解、数据处理、演绎证明、反思与建构等思维过程。这些过程是数学思维能力的体现,因此,在命题的证明过程中,要特别注重学生数学思维能力的培养。

数学命题证明是对数学命题逻辑真值的肯定。对学生而言,数学命题证明的意义在于使他们明确数学命题的前提和结论之间内在的逻辑关系。因此,数学命题证明的教学中应注意引导学生区分数学命题的前提和结论,并通过证明使学生认识命题的条件和结论之间的关系。数学命题证明有利于学生注意命题的条件线索和抽取命题条件模式。因此,数学命题证明的教学中还要注意引导学生认识数学命题的条件模式。从获得数学证明过程看,数学命题的证明过程实际上是数学问题的解决过程,因此数学命题证明的教学应体现解题的一般思想和方法,这样有助于学生数学能力的发展。例如,直线与平面平行的判定定理采用了反证法,其证明的教学可以使学生进一步领会反证法调整思维的作用。由于教材表现的是一个完整的证明过程,是一个逻辑证明,因此,数学命题证明中所蕴涵的数学思想和方法要靠教师去挖掘。有些数学命题很有用,但它的证明非常复杂,或者学生不具备证明所必需的知识,那么数学教学中就可以不去证明它的正确性。但是,在教学中,一定要通过适当的方式使学生认识命题的正确性。例如,采用实验法、不完全归纳法等。同时,还要注意以适当的方式使学生认识到它的条件模式。

定理(公式)的证明是定理的重要组成部分,是定理教学的重点,许多定理的证明方法本身就是重要的数学方法,所以定理的证明不仅是得出结论的手段,它本身也是学生学习的重要内容。定理证明的教学还是学生学习思维方法、发展思维能力、培养良好的思维品质和思维习惯的最为重要的过程。教学时,教师要着重分析,使学生了解证明的思路和方法。对于定理、公式证明,以下的教学处理常常是有效的。

1. 分析证明的思路,掌握证明的方法

掌握证明的方法主要是掌握思考的方法,要让学生掌握"从求证着想,从已知入手"的方法。"从求证着想",即通常所说的分析法或逆推法,从要证的结论想起,看看要使之成立必须具备些什么条件,进一步又想,要使这些条件成立,又需什么条件……仿此继续下去,直到与已知条件或已学的定义、公理、定理联系上。"从已知入手"即综合法或顺推,将组成证明的推理过程从已知开始逐步展开,直至推出结论为止。通过前一过程,找到证明的途径,通过后一过程,完成证明的书写。分析是通向发现之路,综合是通向论证之路。教科书由于文字表达的局限,多采用综合法写出证明，教师应注意，教学中需自己作教学法的处理。人们比较熟悉在证明几何定理时运用分析法，其实，在证明代数公式时，运用分析法也常常是有效的。

2. 注意定理、公式的多种证法

对一个命题采用多种证明方法，不仅可以开拓学生的思路，训练思维能力，而且还能使学生从横向和纵向方面把握命题，加深对命题的理解。但考虑到教学时间的限制，可以以一种证明为主，另外的证明方法经教师提示后由学生自己在课后完成。例如，正弦定理的证明，在直角三角形中，边之间的比就是锐角三角函数，研究直角三角形的正弦，就能证明直角三角形中的正弦定理。考察锐角三角形，可以发现 $a\sin B$ 与 $b\sin A$ 都表示 AB 边上的高，利用同高的两种不同表示，很容易证明锐角三角形的正弦定理。钝角三角形中可以利用正弦函数的诱导公式证明正弦定理。除了这些方法之外，还可以用向量的投影和数量积的概念证明正弦定理，即向量法。我们对定理寻求多种证法，还需有所分析和比较。而首先应该寻找相学生来讲是最简单、最自然的那些方法。

3. 重视定理证明的书写格式和要求

课堂教学中定理证明的书写对学生起着示范作用，要根据教学的不同阶段对学生的不同要求，在书写格式中予以明确，做到条理清楚、表达准确、严谨而不繁琐。

6.2.2.4 形成命题系统

布鲁纳认为，学科基本结构有利于理解学科内容；有利于记忆保持和检索；有利于学习迁移；有利于区分高级知识和低级知识之间差别；有利于培养学科的兴趣；有利于儿童智慧的发展。获得的知识如果没有完整的结构把它们联系在一起，那是一种多半会被遗忘的知识。一串不连贯的论据在记忆中仅有短暂的可怜的寿命。

奥苏伯尔认为，认知结构对新知识获得和保持的影响因素主要有三个：可利性——当学习者面对新的学习情境时，他的认知结构中是否有可以用来同化新知识的较一般的、概括的、包容广的观念；可辨别性——当原有观念同化新知识时，新旧观念的异同点是否可以清晰地辨别；稳定性——原有的、起固定作用的观念是否稳定、清晰。

数学命题是一个有系统的知识体系，具有很强的系统性。任何一个命题都处在一定的知识系统之中。因此，在命题的教学过程中，应瞻前顾后，弄清每个命题在数学体系中的地位、作用以及命题之间的内在关系，可以从总体上、全局上把握数学命题的全貌，从而，加深对数学命题的理解，牢固记忆数学命题。具体可从两方面着手：一方面，通过单元小结、一章小结或阶段复习、总复习，把学过的知识整理成系统的知识体系，形成命题的知识链；另一方面，可以通过讨论一些公式、定理的推广方法来表现命题知识的系统性。

6.2.2.5 加强命题的应用

命题应用是指利用命题去解决相关的问题。命题应用的质量和数量是形成命题系统的关键环节,反之,形成良好命题系统又能促进学习者解题能力的发展。在命题的应用教学设计中,首先,精选的问题应具有层次性,这是因为简单的低级学习是复杂的高级学习的基础。其次,应当精选问题,设计数学问题应注意条件模式的变化。以问题为桥梁沟通命题之间的联系,但是,学生还是很难建立命题之间的联系,教师应反复强化。再次,在命题应用的教学设计中,应尽量拓宽命题的使用范围,形成"多题一解"的模式,从而建立命题与多个命题之间的联系。

命题的应用是命题学习的重要环节,通过这个环节,不仅可以起到巩固所学知识的作用,更重要的是还能培养学生的能力。这个环节通常是让学生应用所学命题解答有关的问题。

6.3 数学推理与证明

6.3.1 数学推理的教学

6.3.1.1 数学推理教学的理论依据

1. 形式逻辑的基本规律

思维形式使用是否正确,就看它是否符合思维形式的规律。在公元4世纪前,古希腊大哲学家亚里士多德发现了正确思维必须遵循的三个规律:同一律、矛盾律和排中律。在17世纪末,德国的哲学家和数学家莱布尼茨又补充了一个充足理由律。数学中的推理和论证必须遵守逻辑思维的基本规律,正确的思维应该是确定的、无矛盾的、前后一贯的、论据充足的。

(1) 同一律。同一律是指在同一个思维(论证)过程中,概念和判断必须保持同一性,亦即确定性。用公式表示:A 是 A(A 表示概念或判断)。同一律有两点具体的要求:① 思维对象要保持同一,所考察的对象必须确定,要始终如一,中途不能变更;② 表示同一对象的概念要保持同一,要以同一概念表示同一思维对象,不能用不同的概念表示同一对象,也不能把不同的对象混同起来用同一个概念来表示。如果违背了同一律的要求,那就会破坏思维的一贯性,造成思维混乱。在同一个推理、证明的过程中,就会犯"偷换概念"、"偷换论题"等逻辑错误。例如,在平面内,垂直于同一条直线的两条直线互相平行;在空间,就不成立了。又如,在实数范围内,两个数可以比较大小,在复数范围内,如果两个数有一个是虚数,则不能比较大小。

(2) 矛盾律。矛盾律是指在同一思维(论证)过程中,对同一对象所作的两个互相对立或矛盾的判断不能同真,至少必有一假。也就是说,对于同一个思维对象不能既认为它是 A,又认为它不是 A,用公式表示为:A 不是 $\neg A$($\neg A$ 读作非 A)。例如,如果我们对实数 2 作出相互矛盾的两个判断:“2 是整数”,“2 不是整数”。那么根据矛盾律,它们不能同真,必有一假。也就说,不能既肯定 2 是整数,又否定 2 是整数。又如,“$a<b$”和“$a>b$”(a、b 是实数)的两个对立的判断也不能同真,至少必有一假。矛盾律是用否定的形式来表达同一律的思想内容的,它是同一律的引申,同一律说 A 是 A,矛盾律要求思维首尾一贯,不能自相矛盾,实际上也是思维确定性的一种表现。因此,矛盾律是从否定方面肯定同一律的。违背矛盾律要求的逻辑错误在于,在同一个思维过程中,把 A 与 $\neg A$ 同时肯定了下来,因而造成了自相矛盾的困境。

(3) 排中律。思维(论证)过程中,对同一个对象所作的两个互相矛盾的判断,不能同假,必有一真。也就是说,对于同一个思维对象,必须作出明确的肯定或否定,不能既不是 A 又不是 $\neg A$,A 和 $\neg A$ 两者必居其一,且仅居其一,用公式表示为:A 或 $\neg A$。例如,“$\triangle ABC$ 是直角三角形”和“$\triangle ABC$ 不是直角三角形”是对 $\triangle ABC$ 作出的两个互相矛盾的判断,两者之中不能同假,必有一真,两者必居其一,没有第三种可能。也就是说,对于 $\triangle ABC$ 要作出直角三角形的肯定或否定的回答。“排中”就是排除第三者,或 A 或 $\neg A$,两者必居其一,排中律要求人们的思维有明确性,不能含糊不清,不能模棱两可。违背排中律要求的逻辑错误在于,同时否定了 A,又否定了 $\neg A$。从逻辑上说,违背了排中律就要犯模棱两可、含含糊糊的逻辑错误。排中律是反证法的逻辑基础。当直接证明某一判断的正确性有困难时,根据排中律,只要证明这一判断的矛盾判断是假的就可以了。例如,要证明 $\cos 10^\circ$ 不是有理数有困难时,只要证明 $\cos 10^\circ$ 是有理数为假就可以了。同一律、矛盾律、排中律三者之间的联系是:三者是从不同的角度去陈述思维的确定性的,排中律是同一律和矛盾律的补充和深入,排中律和矛盾律都不允许有逻辑矛盾,违背了排中律就必然违背矛盾律。同一律、矛盾律、排中律三者之间的区别是:同一律要求思维保持确定、同一,而没有揭示思维的相互对立或矛盾的问题,矛盾律是同一律的引申和发展,它指明了正确的思维不仅要求确定,而且不能互相矛盾或对立,指出对于同一个思维对象所作的两个互相矛盾或对立的判断,只要承认不能同真,至少必有一假即可,并不要求作出肯定或否定的表示。排中律又比矛盾律更深入一层,明确指出正确的思维不仅要求确定、不互相矛盾,而且应该明确地表示出肯定或否定,指出对于同一个思维对象所作的“肯定判断”和“否定判断”,不能同假,必有一真,要么“肯定判断”真,要么“否定判断”真,两者必居其一。

(4) 充足理由律。充足理由律是指在思维(论证)过程中,对于任何一个真实的判断,都必须有充足的根据(理由)。也就是说,正确的判断必须有充足的理由。可表示为:因为有 A,所以有 B,即由 A 一定能推出 B,其中 A 和 B 都表示一个或几个判断,A 称为 B 的理由,B 称为 A 的结论(推断)。

充足理由律和同一律、矛盾律、排中律也有着密切的联系。同一律、矛盾律、排中律是保证概念或判断在同一论证过程中对象要确定(符合同一律),判断不能自相矛盾(符合矛盾律)和不能模棱两可(符合排中律),要有充分依据(符合充足理由律)。充足理由律是保证判断之间的内在联系的合理性,因此,在同一思维(论证)过程中,如果违背了同一律、矛盾律、排中律,那么必然导致违背充足理由律。

2. 数学推理

(1) 推理的概念

推理是从一个或几个已知判断推出一新判断的思维形式。如在平面内,线段的垂直平分线,到线段两端距离相等,因此,在平面内,到线段两端距离不等的点不在线段的垂直平分线上;又如,菱形是平行四边形,四边形 $ABCD$ 是菱形,所以,$ABCD$ 是平行四边形。

(2) 推理的结构

任何推理都由前提和结论两部分组成。前提是在推理过程中所依据的已有判断,它告诉人们已知的知识是什么。推理的前提可以是一个或几个,结论是根据前提所作的判断,它告诉人们推出的知识是什么。推理有内容方面的问题,也有形式方面的问题,前者就是前提和结论的真假性,后者就是推理的结构问题。形式逻辑不研究也不能解决推理内容方面的问题,即不能解决推理的前提和结论的真假性。形式逻辑只研究推理形式,指出哪些推理是正确的,哪些推理是不正确的。因此,逻辑思维对推理的要求是推理要合乎逻辑。所谓推理合乎逻辑,就是指在进行推理时要合乎推理形式,遵守推理规则。

(3) 推理的形式

数学中常用的推理有演绎推理、归纳推理和类比推理。

① 演绎推理,又叫演绎法,它是由一般到特殊的推理。演绎推理的前提和结论之间有着必然的联系,只要前提是真的,推理合乎逻辑,得到的结论就一定正确。因此,演绎推理在理论上和实践上中有着重要的作用:演绎推理的重要作用是用以判断命题的正确性,可以作为数学中严格证明的工具。数学知识只有经理论上的推理论证,才能心悦诚服地被接受,才能脱离经验型而纳入学生的认知结构;演绎推理也是发现的重要方法,在数学的历史发展中,依据推理发现知识不乏其例。由于数学的高度抽象性,数学的发展,不可能都是来自外部实践,很多时候,由于数学理论本身内部产生矛盾,通过演绎推理的方法,解决了矛盾,发展了数学理论。众

所周知,虚数,是16世纪,卡尔丹在寻找一元三次方程的求根公式的过程中开始引进的;群论,是18世纪末期,伽罗华在研究五次或五次以上的代数方程的求解过程中创立起来的。数学上的成就,显示演绎推理的巨大威力。学生的数学活动虽然是以接受前人的知识为主,但也是在自己数学化的基础上进行同化,发现知识;演绎推理是整理知识,形成知识结构的重要形式;演绎推理能使人养成言必有据的严谨思维习惯,这正是数学素质教学的重要组成部分。

演绎推理的形式多种多样,数学中运用最普遍的有"三段论"、联言推理、选言推理和关系推理。

第一,三段论。在演绎推理中,由两个前提(大前提、小前提)推出一个结论的思维形式称为三段论。大前提是指一般性事物,如已知的公理、定理、定义、性质等,它是反映一般原理的判断;小前提是指具有一般性事物特征的特殊事物,它是反映个别对象与大前提有关系的判断;结论是由两个前提推出的判断。三段论的理论根据是逻辑公理。这个规律是:如果某一集合 M 中的所有元素 x 都具有性质 F,而 x_0 是集合 M 中的一个元素,那么 x_0 也具有性质 F。三段论推理规则实际上还隐含着问题的另一面:如果某一集合 M 的所有元素 x 都不具有某种属性 E,而 x_0 是 M 中的一个元素,那么 x_0 也不具有属性 E。

第二,联言推理。联言推理是根据联言判断的逻辑性质进行推演的推理。其推理规则为:$p \wedge q \rightarrow p$;$p \wedge q \rightarrow q$。

第三,选言推理。选言推理是根据选言判断的逻辑性质进行推演的推理。其推理规则为:$(p \vee q) \wedge \neg q \rightarrow p$;$(p \vee q) \wedge \neg p \rightarrow q$。

第四,假言推理。假言推理是根据假言判断的逻辑性质进行推演的推理。其推理规则为:$p \wedge (p \rightarrow q) \rightarrow q$(假言推理肯定式);$\neg q \wedge (p \rightarrow q) \rightarrow \neg p$(假言推理否定式)。

第五,关系推理。关系推理是从已知的关系判断推出另一个关系判断的推理。

② 归纳推理又叫归纳法,它是由个别、特殊到一般的推理。根据研究对象所涉及的范围,归纳推理可分为完全归纳推理和不完全归纳推理。完全归纳推理是通过对某类事物中每一个对象的情况或每一个子类的情况的研究,而概括出关于该类事物的一般性结论的推理。完全归纳推理考查了某类事物的每一个对象或每一个子类的情况,因而由正确的前提必然能得到正确的结论。所以完全归纳推理可以作为数学证明的工具,在数学解题中有着广泛的应用。不完全归纳推理是通过对某类事物中的一部分对象或一部分子类的考查而概括出该类事物的一般性结论的推理。不完全归纳推理仅对某类事物中的一部分对象进行考查,因此,前提和结论之间未必有必然的联系。由不完全归纳推理得到的结论,具有或然性,结论不一定正确。结论的正确与否,还需要经过严格的逻辑论证和实践的检验。不完全归纳推理的可靠性虽然有疑问,但在科学研究和数学教学中,仍具有非常重要的作

用:通过不完全归纳推理得到的猜想,可以启发人们更深入地思考,提供研究问题的线索,帮助人们发现问题和提出问题,即在数学研究中有发现知识、探索真理的作用;在数学学习中有预测答案、探索解题思路的作用;在数学教学中有培养创造能力、发展思维的作用。

归纳推理和演绎推理既有区别又有联系。第一,演绎以归纳为基础,归纳为演绎准备条件。从演绎的前提看,最初的前提是数学公理,这些公理是人们经过长期反复实践归纳得来的,从演绎所得到的结论看,这些结论都还需要经过实践检验,并且在实践中又归纳出新的结论加以补充和发展。第二,归纳以演绎为指导,演绎给归纳提供理论根据。例如,由$\sqrt{4\times9}=\sqrt{36}=6$,$\sqrt{4}\times\sqrt{9}=2\times3=6$,可得$\sqrt{4\times9}=\sqrt{4}\times\sqrt{9}$,由此得出积的算术平方根的运算性质:$\sqrt{ab}=\sqrt{a}\times\sqrt{b}(a\geqslant0,b\geqslant0)$,这是一个以个别开始的归纳推理。这个推理是以演绎提供的一般原理(算术平方根的定义)作指导的,而且在得到$\sqrt{4\times9}=\sqrt{4}\times\sqrt{9}$过程中,又运用了演绎推理。可见,归纳的每个环节都离不开演绎。因此,归纳和演绎是互相渗透、互相联系、相互补充的,是辩证统一的。在实践中通常把两种推理结合使用,由归纳得到猜想,由演绎给予证明。

③ 类比推理

类比法是根据两个或两类对象的某些属性相同或相似,而推出它们的某种其他属性也相同或相似的思维形式,也称为类比推理。类比法是以比较为基础的,在对两个或两类对象的属性进行比较时,若发现它们有较多的相同点或相似点,则可以把其中一个或一类对象的另外一种属性推移到另一个或另一类对象中去。由于类比法是根据两个或两类不同对象的某些特殊属性的比较,而作出有关另一个特殊属性的结论的,因此类比法是从特殊到特殊的推理。类比推理的客观基础在于相似事物之间的同一性。但任何两个相似事物之间不仅有同一性的一面,也必然存在差异性的一面。因而从两个或两类对象之间的某些属性的相同或相似,并不能必然地得出它们在其他方面也相同或相似的结论,一般来说,当类比推理的结论恰好是它们具有同一性的属性时,这个结论就是正确的;而当推理的结论性是它们呈现差异性属性时,就导致了结论的谬误,这是类比法的局限性。因此,与归纳法一样,类比推理的结论也具有或然性,只能称之为类比猜想,其正确性是需要严格论证的。类比的结构模式一般为:

对象 A:具有属性 $a_1,a_2,a_3,\cdots,a_n,m$。

对象 B:具有属性 $a_1',a_2',a_2',\cdots,a_n'$。

a_1 与 a_1',a_2 与 a_2',$\cdots$,a_n 与 a'_n 相同或相似。

对象 B:具有属性 m'(m'与 m 相同或相似)。

应当说,类比法是各种逻辑思维方法中最富于创造性的一种方法。这是因为,类比法不像归纳法那样局限于同类事物，也不像演绎法那样受到一般原理的严格制约。运用类比法可以跨越各类事物的界限，进行不同事物的类比，而且既可以比较事物的本质属性，也可以比较事物的非本质属性。同时，类比法比归纳法更富于想象，因而也就更具有创造性。事实上，人类在科学研究中建立的不少假说和数学中许多重要的定理、公式都是通过类比提出来的，工程技术中许多创造和发明也是在类比法的启迪下获得的。因此，类比方法已成为人类发现发明的重要工具。著名哲学家康德说过："每当理智缺乏可靠论证的思路时，类比方法往往指引我们前进。"当人们面临一个比较生疏或比较复杂的数学问题时，常常寻找一个比较熟悉或比较简单的问题作为类比对象(类比源)，它或者可以提供一种解决问题的方法模式，或者可以为问题解决提供一个思考的途径，从而有助于问题的解决。在数学教学中可以作为发现命题与拓宽知识的方法。类比方法的客观基础在于事物系统与过程间存在的普遍联系以及这种联系的可比较性。例如，三角形与四面体虽然不是同种的事物，但可以进行类比，其原因在于这两者分别是最简单的多边形与最简单的多面体，它们都以数量最少的边界元素在平面内或空间中界定了一个区域。一般地，在数与式、平面与空间、一元与多元、低次与高次、相等与不等、有限与无限、连续与离散之间都可以通过类比作出预见和发现，从而为数学教学与数学发现开辟了广阔的空间。因此，类比法有助于科学的发现和发明；在数学问题解决中有启迪思路和触类旁通的作用；在数学教学中可以作为发现命题与拓宽知识的重要方法。

3. 数学推理的本质

最早人们认为数学推理本质上是一种纯粹的逻辑推理，因此它常被作为思维严格训练的材料。19世纪伟大数学家彭加勒对数学"三段论"推理说，率先提出质疑，人们对推理的理解更加深刻。数学不能理解为纯粹分析的，它在一定程度上存在着归纳的性质，具有创造的特性，从而不同于"三段论"，但它始终保持着严格的特征。

之后，著名的数学家、数学教育家波利亚明确把数学推理概括为演绎推理和合情推理。其中，演绎推理表现为严格的逻辑形式，是可靠的、无可争议的；而合情推理带有猜测的特征，与推理者本人具有更大的亲和力，镶嵌着明显的个性化的特征。演绎推理只是数学推理的一个方面。另一方面，在论证数学命题以前，人们必须先猜测论证的方向、方法及策略，启发猜想的产生和促进其进化的机制。演绎推理和合情推理在数学论证中发挥着各自作用。

心理学家、数学教育家斯滕伯格根据多年的教学实践经验、实践调查和对学生认知过程的分析，认为数学推理的三个方面——分析性推理、创造性推理和实践性推理同时起着重要作用。其中分析性推理倾向于演绎式逻辑分析，创造性推理倾向于猜想与发现的活动过程，而实践性推理则意指在具体、真实的问题情境中，推断、策划解决问题的办法。分析性推理是数学推理的基本要素，因为它在一定程度上对创造性推理和实践性推理都具有明显的促进和制约作用。但有效的教学应同时注意培养和评估三个方面的推理能力。

4. 数学推理的心理机制

推理的心理学研究是描述人们在实际演绎推理活动中的认知过程,它是研究人们实际上是如何进行演绎推理的描述性研究,旨在揭示人们在实际演绎推理时的信息加工过程以及所犯逻辑错误的特点和原因,并提供合理解释。国内外在数学推理的心理机制研究方面取得了一定成果。

幼小的儿童常把假言推理当作合取推理,稍微大一点的儿童把假言推理当作充分必要条件推理,青年和成人才能正确地进行假言推理。儿童在10岁以后能把经验事实与逻辑有效区分开来。研究表明,事实论据和信念在年幼儿童的思维中可能不是相互独立。青少年在完成需要根据逻辑关系才能得出有效结论的题目时,受信念偏见的影响较大,这些影响取决于推理题目的难度和推理者所具有的知识结构。激活推理者已有的知识能促使他们对命题做进一步的思考,从而提高推理成绩。假言推理能力在小学9岁组到15岁组之间随着年龄的增长而增长,儿童熟悉的内容促进了推理成绩的提高,并且在小学六年级到13岁组之间出现加速现象。儿童对充分条件假言推理规则的掌握没有固定的难易顺序,这取决于课题任务的水平和主体思维发展水平。9～15岁儿童充分条件假言推理能力的发展可区分出三种水平:

① 大部分9岁儿童,有关的推理能力已经开始发展,但水平较低,尚处于皮亚杰所称的具体运算阶段,各种可能性的假设性思维仍有待于发展;

② 大部分12岁儿童,假言推理能力属于过渡阶段,他们的思维活动往往还不能使事物间的"关系"从他们具体的或知觉的束缚中解放出来;

③ 大部分15岁儿童,处于推理的成熟水平,他们的推理过程基本符合有关的逻辑规则,推理的错误率大大降低。

演绎推理心理模型的建构如下:

① 心理逻辑理论——运用规则推理。心理逻辑理论认为,人们应用类似于逻辑学中的抽象规则进行推理。应用心理规则进行推理的过程是:首先,对推理的前提进行编码以抽取出一定的逻辑形式;其次,通过推理程序来协调规则的应用,推理程序通过在心理证明中构造和关联推理步骤来搜索和生成合适的推理结论;最后,依据前提的内容给出所得推理结论的具体意义。

② 心理模型理论——运用心理模型进行推理。推理的心理模型理论认为,人类推理主要涉及世界中的真实的语义条件,而不是运用语法式的逻辑形式进行的。其论点是,人们不是运用抽象规则进行推理,而是建构和组合心理模型并产生和那些模型一致的推论。运用模型推理一般分为三步:首先,依据前提意义和普遍语义

知识建构初始模型;其次,生成与初始模型相一致的假设结论;最后,搜索与假设结论不相容的反例模型,如果搜索失败,就认为假设结论就是有效结论;如果搜索成功,就返回第二步寻找与所有模型相一致的假设结论。心理模型理论能够解释推理错误的模式,如内容效应与偏差的存在,解决问题中反应时间和难度的决定因素。心理模型理论认为,当一个推理需要建构的外显模型越多,推理越难,人们出错也会越多,费时也越多。已有的实验证据表明,当需要建构的模型越多时,被试对问题难度的评价越高。

心理模型是推理研究中最有影响的理论之一,理论体系完整地解释了推理的进行,认为个体推理要经历理解、描述、有效检验三个阶段。心理模型理论对推理做了大量预测,单模型问题比多模型问题容易,系统错误与第一个前提模型有关,知识影响推理过程,并检验了预测的合理性。心理模型是关于真实、假设或想象情境的心理表征。心理模型理论假设,推理者更多地依赖于他们对推理前提的理解能力,面对一个推理问题,推理者基于自身的理解力和相关知识建立对推理前提事件状态的心理模型。心理模型理论假设提出推理者的三步骤:

第一,推理者理解前提,建立一个关于前提的模型。

第二,形成一个关于所建构模型的简练的描述,这种描述通常提示着某个结论,如果没有这种结论,推理者就会做出由前提得不出任何结论的判断。

第三,通过建构关于前提的其他模型来对这一结论进行证伪,如果他们不能建构其他的模型,推理者就会把最初的结论当作正确的答案。如果能建构其他的模型,他们就会返回第二阶段,试图发现是否有在所有建构的模型中都正确的结论,这样反复进行下去,以穷尽所有可能的模型。

被试通过这三个阶段可完成推理任务,心理模型理论的核心是,心理模型是一个真实的事件状态的类似表征,与命题表征相比较而言,类似表征不含人为的结构,它的结构与被表征的事件状态相似。

5. 数学推理教育功能

培养学生的数学推理能力应当作为数学教育的中心任务。这是 2002 年 8 月在北京召开的第 24 届国际数学家大会上,数学教育圆桌会议所达成的基本共识。因为,数学中的推理证明对人的逻辑思维的训练有着其他学科所无法替代的作用,也是数学立足于科学之林的根本。具体的功能在于:

(1) 培养学生理性思维的习惯和能力,能使人的思维方式严格化,能训练心智,使之能正确而活泼地思考,能增进人们认识与理解事物的敏锐性和渗透性,能启发人们对新问题进行有效地分解与组合,发展分析问题与解决问题的基本功。著名的数学史家、数学教育家 M·克莱茵对此作过深刻的论述,在最广泛的意义上说,数学是一种精神,一种理性精神。正是这种精神,使得人类的思维得以运用到最完善的程度，也正是这种精神，试图决定性地影响人类的物质、道德和社会生活，努力去理解和控制自然，尽力去探索和确定已经获得知识的最深刻和最完美的内涵。

（2）增进学生对数学的理解。数学推理过程中的每一个环节都需要将新命题与认知结构中已有的相关命题和概念重新结合，以特殊方式连接起来，并通过相互作用使学习者对新命题从逻辑意义上的认同过渡到心理意义上的认同。具体地讲，数学推理的过程是学生积累有助于理解命题的"过程性知识"的过程。所谓"过程性知识"是指体验性知识、策略性知识及元认知知识。由于过程性知识是在主体的尝试、探索过程中形成的，融入了个体特定数学活动场景中的特定心理体验，因而是理解相关数学命题所必需的基本要素。数学推理活动的最大特点在于推理活动者本人的"自主参与性"，在这个过程中学习者本人根据待研究的命题特点，从相关知识储备中，提取推理链条中所需的信息，经筛选、组织、转换，使之与正在编码的新信息协调、整合起来，加工成符合逻辑的信息体。在此过程中，既有新旧知识的同化与顺应，又有对象及性质的甄别与重组；既有关系及图式的匹配与构建，又有过程及结构的反省与修正。这些活动充分调动了推理者本人的思维机制，形成了一条系统、有序的推理活动链。无论是顺利的成功推理，还是经过多次挫折、迂回获得的胜利，都使推理者本人获得了相关的过程知识，增强了对数学问题的感悟和理解。推理活动易于唤起基于相似性的探索，构建理解命题所需的网络知识；对错误推理的反省有助于深化数学的理解，错误的推理正好暴露了学习者对数学知识及其关系掌握的真实情况，往往能唤醒学习者自觉反省意识，这是增进理解的重要一环。

（3）使学生正确认识数学，形成正确的数学观。数学推理是数学的根本，对数学推理的认识就是对数学本质的认识和理解，因此，也就是形成数学观的基础。

（4）使学生掌握学习推理的方法。数学推理的方法仅仅依靠教师的讲授是很难掌握的，必须经过大量的推理实践才能掌握。

6.3.1.2 数学推理教学策略

1. 明确推理的意义

推理是数学的基本特点，数学对象的正确性的保证必须依据运用逻辑推理方式的证明手段，因而推理是证明的过程。另外，推理也是发现新的数学问题、创立新的数学概念、形成新的数学思想的基本方法。如在数学中，有一个基本的命题，就是"平面内两个点可以确定一条直线。"依据对偶原理可以推理，平面内任意两条直线应该可以确定一个点，然而，平行直线的问题怎么解决？人们创造了"无穷远点"的概念来完成对偶命题成立的"心愿"，这一创造又为数学研究增添了新的活力；掌握基本的推理知识，推理是从一个或几个判断得到一个新的判断的思维形式;推理必须遵循形式逻辑的基本规律以及推理规则,如三段论推理规则;推理有演绎推理和合情推理两种形式等这些基本的推理知识,应该使学生掌握。另外对于常用的推理形式,也应该适当地使学生掌握其逻辑基础。

2. 把推理能力的培养落实到不同内容领域之中

培养学生数学推理的载体不仅在于几何,而且广泛存在于"数与代数"、"空间与图形"、"概率与统计"、"实践与综合应用"之中。在新课程中,几何教材中几何证明的削减程度比较大,这并不意味着把推理能力培养放在次要位置。所以,数学教学必须改变传统的培养学生推理能力的"载体"单一化(几何)的状况,教学中一定要在其他数学内容,加大培养推理能力的力度,要为学生提供自主探索、合作交流的时间和空间;要设置现实的、有意义的、富有挑战性的问题,引导学生参与"过程";要恰当地组织、指导学生的学习活动,并真正鼓励学生,尊重学生,与学生合作。这样,就能拓宽发展学生推理能力的空间,从而有效地发展学生的推理能力。

3. 把推理能力的培养融合在数学教学过程中

能力的发展绝不等同于知识与技能的获得。能力的形成是一个缓慢、复杂的过程,有其自身的特点和规律,它不是学生"懂"了,也不是学生"会"了,而是学生自己"悟"出了道理、规律和思考方法等。因此,数学教学过程要力求为学生创设推理的机会和环境,暴露推理的真实过程,引导学生自主参与到推理活动中去。推理能力的获得不是靠传授得来的,而是在学生自主参与推理的活动中"领悟"出来的。这是一种体验、探索"再创造"的过程,需要留给学生自主学习的时间和空间。教学活动应当注重创设活动的环境,提供探索、交流的机会,形成良好的推理活动风气。首先,教师要注重教学中的现推现想,暴露推理活动中的真实思维过程,力求避免直接呈现结论的"结果性教学";其次,注意选择,设置能激起有效推理活动的、富有挑战性的问题,引导学生自主参与活动,获得基于个人体验的、领悟问题所需的过程知识;最后,重视"错误推理"的教学价值,注重启发学生从中发现问题的症结所在,养成认真反思的良好习惯,有时,甚至适当地引导学生"犯错误",以促进对问题的深刻理解。

当然,数学推理能力的培养并不局限于课堂,注重拓宽发展学生推理能力的空间,有利于增强学生的推理意识,形成自觉推理的良好习惯。毫无疑问,学校的教育教学(包括数学教学)活动能推进学生推理能力更好地发展。但是,除了学校教育以外,还有很多活动也能有效地发展人的推理能力。例如,人们在日常生活中经常需要作出判断和推理,许多游戏活动也隐含着推理的要求等。所以,要进一步拓宽发展学生推理能力的渠道,使学生感受到生活、活动中有"学习",养成善于观察、勤于思考的习惯。

4. 要注意层次性和差异性

数学教学要紧密联系学生的生活实际,从学生的生活经验和已有知识(从学生的实际)出发。推理能力的培养,必须充分考虑学生的身心特点和认知水平,注意层次性。培养学生的推理能力不仅要注意层次性,而且要关注学生的差异。要使每一个学生都能体会推理的必要性,从而使学习推理成为学生的自觉要求,克服“为了推理而推理”的盲目性;又要注意推理论证“量”的控制,以及要求的有序、适度。

6.3.2　数学证明的教学

6.3.2.1　数学证明的教学理论依据

1. 数学证明及其结构

所谓证明,是借助于真实性已经确定的判断,再借助推理来确定另一个判断的真假的思维过程。证明是数学最显著的特点之一,任何数学结论不管其多么显然,都必须经过证明才能被接纳。任何证明都是由论题、论据和论证三部分组成的。所谓论题,就是要判定真实性的那个命题。所谓论据,就是被引用作为论题真实性的根据的判断。所谓论证是指论据通过一系列的推理来证明论题真实性的过程,它是由推理组成的。整个证明是由论题和论据通过论证联系起来的。数学证明是根据已经确定其真实性的公理、定理、定义、公式、性质等数学命题来论证某一数学命题的真实性的推理过程。

数学证明过程往往表现为一系列的推理。证明教学是寻求、发现和做出证明的思维过程的教学,而不是熟记和再现现成的证明的教学。数学证明教学的主要目的是促进学生对数学证明意义和方法的理解。在教学中如何设计有效的教学途径去促进学生对证明的数学理解,是教师面临的一项挑战性任务。数学证明的学习必须是环境性的,促进数学理解的证明教学应该呈现一种情境,在这个情境中,学生不但能够看到一个结论是真的,而且能看到一个结论之所以为真的必然性(解释性证明)。在教学中,如果教师能为学生得到不同类型的证明创造机会,将加深学生对证明乃至数学的理解。

数学证明和推理之间既有联系又有区别:从本质上讲,证明就是推理,是一种特殊形式的推理。但是,证明和推理又是不同的。首先,从它们的结构上看,推理包含前提和结论两部分,前提是已知的,结论是根据前提推出来的;证明由论题、论据、论证三部分组成,论题相当于推理的,结论是已知的,论据相当于推理的前提,是事先不知道的。因此,它们的思维过程正好相反。其次,从它们的作用来看,推理只解决形式问题,对于前提和结论的真实性是管不了的,而证明却要求论据必须是真实的,论题经过证明后真实性是确信无疑的。

教师的任务就是把策略创造的精神尽可能地渗透在教学中。数学证明的学习是要让学生利用已学得的知识和方法,自己去解决适当水平的问题。但由于证明没有固定的模式和现成的公式可依照,故显得较难把握。一般地讲,数学证明就是将问题与认知结构中有关概念、命题联系起来,对条件、命题、概念做出有选择的组合,运用推理形式使新的命题获得承认。

证明要有真实理由,并且真实理由和所要证明的命题之间具有逻辑上的必然联系,这就要求证明必须遵守一定的规则:

(1) 论题要明确

论题是证明的目标。如果论题中的一些内容含糊不清,那么已知什么,要证明什么就搞不清楚,证明也就无法进行。

(2) 论题应始终如一

根据同一律的要求,在同一个证明过程中,论题应当始终如一,中途不能变更。违反这一规则的常见错误是"偷换论题"。

(3) 论据要真实

论据是确定论题真实性的理由,如果论据是假的,那么就不能确定论题的真实性。违反这一规则的错误是"虚假论据"。

(4) 论据不能靠论题来证明

论题的真实性是靠论据来证明的。如果论题的真实性又要用论题来证明,那么结果什么也没有证明。违反这一规则的错误是循环论证。

(5) 论据必须能推出论题

违反这一规则错误,叫不能推出。最常见的错误叫论据不充分。在归纳论证中,论据不充分经常表现为只看到一部分情况,而没有看到另一部分情况;只注意到正面的例子,没有看到反面的例子,论据不全面。犯不能推出的错误时,论题未必是假的,问题在于人们可能还没有找到论据与论题的合乎客观实际的联系,或使用了错误的推理形式。

(6) 论证要严谨

证明过程要严谨,思考要缜密,做到无懈可击、无可置疑。

2. 数学中常用的证明方法

(1) 演绎证法与归纳证法

按照推理的形式来分,证明分为演绎证法与归纳证法。

① 演绎证法。演绎证法是用演绎推理证明论题的方法,也就是从包含在论据中的一般原理推出包含在论题中的特殊事实的方法。

例 1 证明 函数 $f(x)=-x^2+2x$ 在 $(-\infty,1)$ 内是增函数。

分析 证明本例所依据的一般原理(大前提)是:在某个区间 (a,b) 内,如果 $f'(x)>0$ 那么函数 $y=f(x)$ 在这个区间内单调递增。一般原理包含论题中的特殊事实(小前提):$f(x)=-x^2+2x$ 在 $(-\infty,1)$ 内 $f'(x)>0$,这是证明本例的关键。

证明：$f'(x)=-2x+2$。因为当 $x\in(-\infty,1)$时，有$1-x>0,f'(x)=-2x+2>0$，于是，根据“三段论”，可知函数 $f(x)=-x^2+2x$ 在$(-\infty,1)$内是增函数。

② 归纳法。归纳法是用归纳推理来证明论题的方法，也就是从包含在论据中的个别、特殊事实推出包含在论题中的一般原理的方法，由于不完全归纳法不能作为严格证明的工具，因此归纳法只能使用完全归纳法。例如，证明正弦定理时分为锐角三角形、直角三角形、钝角三角形三种情况来证明，使用的是完全归纳法。

(2) 直接证法与间接证法

要证明某一个命题成立，可以从原命题入手，也可以从它的等价命题入手。据此，证明方法可分为直接证法和间接证法。

① 直接证法。从命题的条件出发，根据已知条件以及已知公理、定义、定理、性质等，直接推断结论的真实性的方法叫做直接证法。直接证法属于演绎推理，凡是用演绎法证明命题真实性的都是直接证法，它是常用的证明方法。分析法和综合法是直接证明中最基本的方法。

(a) 分析法。从命题的结论出发一步一步地探索其能成立的条件，最后探索到命题的已知条件或已知事实为止，这种证明方法叫做分析法。即执果索因的方法。分析法的特点是：从“未知”探“需知”，逐步靠拢“已知”，步步探求的是充分条件。这种方法思路集中，不分散，有利于探求到解答问题的途径。

(b) 综合法。从命题的条件出发，利用已知的公理、定理、定义、公式、性质，经过逐步的逻辑推理，推出结论真实性的证明方法叫做综合法。如果证明命题“若A，则B”，那么综合法的思路可表为：$A\Rightarrow C\Rightarrow D\Rightarrow\cdots\Rightarrow B$。

② 间接证法。有些命题用直接证法比较困难或难以证出，这时可间接地证明原命题的等价命题，这种证明方法叫做间接证法。间接证法又分为反证法和同一法。所谓反证法就是把否定的结论纳入到原条件中，使两者共同作为条件，在正确的逻辑推理下，导致逻辑矛盾，根据矛盾律知道否定结论的错误性，再根据排中律知道原结论的正确性。反证法可简要地概括成：否定—推理—否定。用反证法证明命题“$p\rightarrow q$”其一般步骤是：

第一，反设。将结论的反面作为假设，即作出与命题结论 q 相矛盾的假设$\neg q$。

第二，归谬。将“反设”和“原设”作为条件，即从 p 和$\neg q$ 出发，应用正确的推理方法，推出矛盾的结果。

第三，结论。说明“反设”不成立，从而肯定原结论是正确的，这就间接地证明了命题“$p\rightarrow q$”为真。第二步所说的矛盾结果，一般指的是推出的结果与已知条件、已知定义、已知公理、已知定理、临时假定相矛盾以及自相矛盾等各种情况。

在论证数学命题时，直接证法和间接证法有着密切的联系。当直接证法显得繁琐或"遭遇挫折",可考虑间接证法。在直接证法中,分析和综合有着密切的联系。在解答数学题时,一般总是先进行分析,寻找解题途径,再用综合法写出解答过程。当论题较为复杂时,常常联合运用分析法与综合法找解题途径,分别从题设和结论出发,经过"顺推"和"逆索"推演到一个结果上去,找到解题途径,然后加以整理并用综合法写出。这种方法称为"两头凑法"。在间接证法中,反证法具有分析法的特点,它们都是从命题的结论入手。所不同的是:分析法是从结论开始,反证法是从结论的反面开始;分析法是得到正确的结果而结束,反证法是以得到不成立的结果而结束。在论证数学问题时,各种数学方法并不是孤立运用的,往往是灵活的、综合的。比如用分析法、反证法探索问题证明的思路,用综合法表述论证过程。下面例2证明思路的探索过程,说明在解决问题中各种方法是交织在一起的。

例2 证明 若 $x>0,a>0,b>0,xab=8$,则$\frac{1}{\sqrt{1+x}}+\frac{1}{\sqrt{1+a}}+\frac{1}{\sqrt{1+b}}<2$。

思路探索过程:若联想到三角平方公式:$1+\tan^2\theta=\sec^2\theta$,利用换元法,设 $x=\tan^2\alpha$, $a=\tan^2\beta$, $b=\tan^2\gamma$(不妨设 $0<\alpha\leqslant\beta\leqslant\gamma<90^\circ$)。

命题:若 $x>0,a>0,b>0,xab=8$,则$\frac{1}{\sqrt{1+x}}+\frac{1}{\sqrt{1+a}}+\frac{1}{\sqrt{1+b}}<2$

转化为 $\tan\alpha\tan\beta\tan\gamma=2\sqrt{2}(0\leqslant\alpha\leqslant\beta<90^\circ)$时,证明:$\cos\alpha+\cos\beta+\cos\gamma<2$。

尝试直接证明各种方法的努力,都失败了。只好寻找间接证法,把不等式左边放大,困难又出现,如何放大呢?如 $\cos\alpha$,直接放大行不通,联想到 $\cos^2\alpha+\sin^2\alpha=1$,若把它变成 $\cos\alpha=\sqrt{1-\sin^2\alpha}$,"奇迹"出现了,因为当 $h>0$ 时

$$\sqrt{1\pm h}<\sqrt{1\pm h+\frac{h^2}{4}}<1\pm\frac{h}{2}。$$

接着,我们就可以顺利做如下工作:

$$\cos\alpha=\sqrt{1-\sin^2\alpha}<\sqrt{1-\sin^2\alpha+\frac{1}{4}\sin^4\alpha}=1-\frac{1}{2}\sin^2\alpha$$

即 $\cos\alpha<1-\frac{1}{2}\sin^2\alpha$,同理,$\cos\beta<1-\frac{1}{2}\sin^2\beta$, $\cos\gamma<1-\frac{1}{2}\sin^2\gamma$。下面的问题是从 $\cos\alpha$、$\cos\beta$、$\cos\gamma$ 中选择一项,两项,还是三项放大。直觉告诉我们,选择两项,其中一项不变。跟着感觉走,试一试。不妨把 $\cos\alpha$、$\cos\beta$ 放大,$\cos\gamma$ 不放大。因此

$$\cos\alpha+\cos\beta<2-\frac{1}{2}(\sin^2\alpha+\sin^2\beta)<2-\sin\alpha\sin\beta \tag{1}$$

注意到条件 $\tan\alpha\tan\beta\tan\gamma=2\sqrt{2}$,想到用 α、β 三角函数关系表示 $\cos\gamma$,寻找不等式成立的条件就比较容易了。

因为

$$\tan\alpha\tan\beta\tan\gamma=2\sqrt{2},$$

所以

$$\tan\gamma=\frac{2\sqrt{2}}{\tan\alpha\tan\beta}$$

因此

$$\frac{1}{\cos^2\gamma}=\sec^2\gamma=1+\tan^2\gamma=1+\frac{8}{\tan^2\alpha\tan^2\beta}=\frac{8+\tan^2\alpha\tan^2\beta}{\tan^2\alpha\tan^2\beta}$$

$$\cos\gamma=\frac{\tan\alpha\tan\beta}{\sqrt{8+\tan^2\alpha\tan^2\beta}}=\frac{\sin\alpha\sin\beta}{\sqrt{8\cos^2\cos^2\beta+\sin^2\alpha\sin^2\beta}} \tag{2}$$

由(1)和(2)得

$$\cos\alpha+\cos\beta+\cos\gamma<2-\sin\alpha\sin\beta\left[1-\frac{1}{\sqrt{8\cos^2\alpha\cos^2\beta+\sin^2\alpha\sin^2\beta}}\right]$$

因为

$$1-\frac{1}{\sqrt{8\cos^2\alpha\cos^2\beta+\sin^2\alpha\sin^2\beta}}>0\Leftrightarrow 8\cos^2\alpha\cos^2\beta+\sin^2\alpha\sin^2\sin^2\beta\geqslant 1\Leftrightarrow$$

$$8+\tan^2\alpha\tan^2\beta\geqslant\frac{1}{\cos^2\alpha\cos^2\beta}=(1+\tan^2\alpha)(1+\tan^2\beta)\Leftrightarrow\tan^2\alpha+\tan^2\beta\leqslant 7$$

若 $\tan^2\alpha+\tan^2\beta\leqslant 7$，显然 $\cos\alpha+\cos\beta+\cos\gamma<2$。

下面需要论证：$\tan^2\alpha+\tan^2\beta>7$，命题也成立。因为 $\beta\geqslant\alpha$，所以 $\tan^2\beta\geqslant\frac{7}{2}$，又因为 $\gamma\geqslant\beta$，所以 $\tan^2\gamma\geqslant\tan^2\beta\geqslant\frac{7}{2}$，所以

$$\cos\gamma\leqslant\cos\beta=\sqrt{\frac{1}{1+\tan^2\beta}}\leqslant\sqrt{\frac{1}{1+\frac{7}{2}}}=\frac{\sqrt{2}}{3}$$

于是

$$\cos\alpha+\cos\beta+\cos\gamma\leqslant 1+\frac{\sqrt{2}}{3}+\frac{\sqrt{2}}{3}=1+\frac{2\sqrt{2}}{3}<2$$

因此，原命题成立。

3. 数学证明的教育功能

(1) 数学证明可以培养学生理性精神，学会理性思考

“言必有据”的思想是当代每一位普通公民必须具备的基本素质，数学证明对这一思想的形成具有重要的意义。数学对证明的依赖性，说明了在数学中任何权威、迷信都是行不通的，这也就是数学的理性精神。所谓理性精神是人们对外部世界与自身的一种理智的、根本的看法或基本态度，它对人类自身存在、社会发展和文化发展具有特别重要的意义。数学对象是抽象思维的产物，它存在于一个独立

的、不依赖人的意志为转移的客观世界——理念世界之中。数学对象的这种二重性也就构成了数学文化的二重性，而这正是数学理性的重要内涵——主客体的严格区分。数学方法是采用推理的形式，也蕴含理性精神。

(2) 数学证明增进学生对数学的理解

数学证明实质上是建立数学事实、概念和原理之间的逻辑关系，其过程是寻找新旧知识之间的内在联系，使学生能系统化其所获得的知识，促进认知结构的发展与完善，从而去建构自己对数学的理解。而一旦理解了数学证明，则会澄清一些数学观念，还有可能获得一些新的数学关系，从而诱发新的思考，获得新的发现。

(3) 发展智力

数学是人类智力的创造物，数学证明要求论题真实、论据确凿、论证严密。因而，成为训练人的思维，提高人的智力水平的最有效的途径。

(4) 把命题系统化为一个公理体系的一部分

数学证明有助于核实真理，确定数学命题的真实性，使数学成为一个严谨的逻辑系统，具有严谨性、协调性的特点。这是它在数学发展中的价值。

4. 数学证明的心理学机制

证明的心理机制，就是在问题的条件与结论的启发下，激活记忆网络中的一些知识点，然后沿知识点之间的网络连线向外扩散，依次激活新的有关知识，同时要对被激活的知识进行筛选、组织、评价、再认识和转换，使之能协调起来，直到条件与结论之间的线索接通，建立起逻辑演绎关系。

当代著名的认知心理学家安德森将知识划分为程序性知识与陈述性知识，并对其心理机制作了充分的阐述。陈述性知识是个人有意识地提取线索，因而能直接陈述的知识；程序性知识是个人无意识地提取线索，因而其存在只能借助某种作业形式间接推测的知识。因此数学证明是一种程序性知识。

斯滕伯格的语言—表象混合模型是指三段论推理既包含语言过程，也包含表象过程。学习者在进行三段论推理论证的过程中，采用信息加工的语言和空间表象进行表征。首先将数学命题题设的语言表层结构解码为语言深层结构的命题形式，然后在空间上将这些信息重新编码成一种空间表象，这是可以进行传递推理的形式，在接着的搜索和提取过程中进一步进行语言加工，一旦连成了命题的题设和结论之间的通路，数学命题即得到证明。有些命题推理论证使学习者感到比较困难，是因为他们不能在推理过程的不同环节上有效地提取到有关命题的信息。而这些信息也就是不同性质的激活交叉，也就是说，从产生激活交叉的不同通路可以得到有关命题信息。例如，上下级命题联系、命题的特征匹配与否、正例与反例、联系或排斥等等。如果最后未能提取或搜索到相关信息，则推理无法完成。这其中搜索和提取的能力起了很大作用。

5. 影响数学证明的因素

研究表明：对大多数学生来说，数学证明的学习和使用是一个缓慢和曲折的过程，究其原因，主要是学生的认知发展缓慢以及必要的概念和技能的水平低等因素限制了大多数学生的演绎推理能力的发展。

(1) 认知发展对学生理解证明概念和作出证明的能力的影响

皮亚杰的认识发生阶段论，认为大多数儿童在 13～15 岁是从具体运算思维阶段进入到形式运算思维阶段的最佳时期。在具体运算思维期，学生的思维几乎完全依赖于他们的感知。而在形式运算思维期，学生的思维不仅能开始进行演绎思维，而且头脑里能同时考虑几个因素，甚至能思考自己的思维方法。在认识发展转型期的学生，往往兼具两类思维的特点，但后一阶段的思维能力还比较弱。

维思海尔深入研究了几何学习，提出了心智发展水平的模型。按照这个模型，所有的儿童都要经历从低级的几何理解水平逐步过渡到高级的几何理解水平的过程。而且这个过程的进展受到学习时间、学习内容以及教学方法的综合影响。把学习水平分为五级，分别是：

水平①感知，学生能从外形上整体地认识图形，而且学会了一些有关的图形的词汇。例如，处在这个水平上的学生能认识长方形的形状，但通常不了解长方形的许多性质。

水平②分析，学生能对图形的性质进行分析。处在这一水平的学生能认识到长方形的对边平行且相等，但还未注意到长方形与正方形的联系。

水平③逻辑整理，学生能在逻辑上对几何图形进行整理。例如，认识到所有的正方形都是矩形，但并不是所有的矩形都是正方形，并能理解图形与准确定义的重要性之间的内在联系。在这个水平上，演绎思维技能还未得到完全的发展。

水平④演绎，学生能理解演绎法的意义和公理、公设及证明的重要作用。处在这一水平的学生虽然可以完成一些证明，但是思维还缺乏足够的严密性。

水平⑤严密，学生能理解精确论述欧氏几何基础中诸如公理、公设的系统的重要性，能分析演绎系统，能理解演绎体系的严密性最终归结为公理的相容性、独立性和完备性，这是最复杂的一种思维水平。这个模型的基本观点是：学习是一个由下而上、由低到高的循序渐进的过程，无论是学习中的表现，还是学习的结果，都必须由浅入深，而整个过程则是相互联系、相互依赖的。

(2) 概念和技能的状况对学生理解和作出演绎证明的影响

许多学生缺少一些必要的技能和对一些概念的理解，这也是他们在理解和使用演绎证明时发生困难的又一原因。例如“等差数列$\{a_n\}$中，若 $a_l=a_m$，求证 $S_{m+l}=0(l\neq m)$”，这题证明的方法是多样的，不论哪一种方法都要求对等差数列的通项公式 a_n 及前 n 项和 S_n 的概念有充分的认识，如果能认识到 a_n 和 S_n 分别

是项数 n 的一次和二次函数，则当公差 $d\neq 0$ 时，可以设 $a_n=an+b$（a,b 为常数），$S_n=en^2+fn$（e,f 为常数），再由条件 $a_l=a_m$ 知，S_n 的图像关于 $n=\frac{l+m}{2}$ 对称，从而 $S_{m+l}=S_0=0$。若要完善地证明，还必须具备一些技能，如式的变形技能。

6.3.2.2 数学证明的教学策略

数学证明的教学是数学教学的重要组成部分，但是数学证明由于受学生认知状况的影响和证明本身的特点的影响而成为数学教学中的难点。为此，教师在证明教学中要做到以下几点。

1. 提高学生的证明意识

数学证明教学的重要目的之一，就是发展学生的证明概念，提高学生的证明意识。由学生对证明的初步的模糊的认识逐步发展为对证明的明确认识。

(1) 教学生分析要证明的问题

做数学证明对于学生来说就像是走迷宫，条件和相关的数学知识是通路，而结论则是迷宫的出口。教师在教数学证明时，要让学生学会认识迷宫的出口，知道自己要证明的问题是什么。培养学生的审题意识，对要证明的问题作详细全面地分析，分清已知条件与结论，特别要明确条件与结论之间的制约关系，这样有利于学生寻求证明的思路。

(2) 教学生分析从哪里找到能推出命题的相关知识

这里涉及由什么样的前提才能推得要证明的命题，教学的重点是让学生掌握证明的思路和方法，这样做才不会使学生出现“上课听得懂，下课不会做”的现象，为此教师在进行数学证明教学时，可先口头上以分析法探索证明途径，而后用综合法简练地表述出来，让学生养成执果索因的习惯。此外在教学中还要尽可能暴露教师尝试探索的过程，让学生了解教师分析问题的方法与着眼点，且如果在此过程中教师适当出一些小差错并让学生自己发现，还有利于培养学生的数学自信心。

(3) 教学生如何在已知条件与证明结论中架起一座桥梁

如何架起这座桥梁，是证明教学的核心部分，波利亚说，学习解题的最好途径就是自己去发现。所以，教师在指导学生证明时，要给学生充分思考的机会，不能由教师把整个证明过程包揽下来。所谓“授之以鱼不如授之以渔”，当教学生证明时，应向学生讲清证这一类题目的思想方法，而不仅仅告诉他们这一个题目的证法。

2. 培养学生批判性思维的能力和提高学生的逻辑素养

推理论证素质的形成主要依赖于批判性思维和逻辑修养。批判性思维是指善于严格地估计思维材料和精细地检查思维过程的思维方式。批判性思维具体呈现在以下几个特点上：分析性——在思维过程中不断地分析解决问题所需的条件和反复验证业已拟定的假设、计划和方案。策略性——在思维课题面前，根据自己原有的思维水平和知识经验在头脑中构成相应的策略或解决问题的手段，然后使这些策略在解决思维任务中生效。整体性——在思维活动中，善于客观地考虑正、反两方面的论据，认真把握问题的进展情况，随时坚持正确计划，修改错误方案。独立性——坚持规则，不为情境性的暗示所左右，不人云亦云，盲从附和。严谨性——思维过程严谨，组织有条理，坚持实事求是。逻辑修养，是以抽象概念为形式的思维能力，主要从概念、判断和推理的过程中表现出来，是假设的、形式的、反省的思维品性。逻辑思维是通过假设进行的思维，思维者按照提出问题、明确问题、提出假设、依据逻辑规则检验假设的过程，就其形式来说，包括形式逻辑思维和辩证逻辑思维。由于批判性思维和逻辑思维修养的成分复杂，推理论证素质的养成不是轻而易举的，是一个需要长期磨炼、逐渐积淀的过程。

3. 使学生掌握证明的本质

数学证明是根据已经确定其真实性的公理、定理、定义、公式、性质等数学命题来论证某一数学命题的真实性的推理过程，数学证明过程往往表现为一系列的推理。因而证明的本质就是由推理得出命题正确性的过程。在证明的教学中，应该首先使学生明确这一过程的必要性，还必须使学生掌握证明应该由论题、论据、论证三个部分组成。论题是需要证明其真实性的判断，论据是用来证明论题真实性所引用的那些判断，论证就是根据论据进行系列推理来证明论题真实性的过程。要使学生把握证明的过程，最重要的就是使学生能够对论题进行分析，并找出论题中条件与结论的联系。我们可以认为，证明的本质就是通过推理，在论题的条件与结论之间建立联系。

6.4　中学数学思想方法

6.4.1　数学思想方法概述

6.4.1.1　数学思想方法的内涵

从哲学角度看待数学思想，是现实世界的空间形式和数量关系反映到人的意识之中，经过思维活动而产生的结果。它是对数学事实与数学理论的本质认识，是数学基础知识的精髓，是学生形成良好的认识结构的纽带，是由知识转化为能力的桥梁；它蕴涵于具体的内容与方法之中，又经过了提炼与概括，成为理性认识。它直接支配数学教学的实践活动，数学概念的掌握、数学理论的建立、解题方法的运用、具体问题的解决，无一不是数学思想方法的体现和应用。它在认识活动中带有普遍指导意义，是学习数学和用数学解决问题的指导思想。

数学思想比数学概念具有更高的抽象和概括水平，后者比前者更具体、更丰富。而前者比后者更本质、更深刻；数学思想、数学观点、数学方法三者密不可分。如果人们从某个角度运用数学去观察和思考问题，那么，数学思想也就成了一种观点。而对于数学方法来说，思想是其相应的方法的精神实质和理论基础。方法则是实施有关思想的技术手段。

在数学思想中，有一类思想是体现于基础数学中的具有奠基性和总结性的思维成果，这些思想可以称为基本的数学思想。基本的数学思想含有传统数学思想的精华和近现代数学思想的基本特征，并且也是历史地形成和发展着的。数学方法通常是指人们为了达到某种目的而采取的手段、途径和行为方式中所包含的可操作的规则或模式；是处理、探索、解决问题，实施有关"数学思想"的技术手段与操作程式；是以数学为工具进行科学研究的方法，即用数学语言表达事物的状态、关系和过程；是经过推导、运算和分析，以形成解释、判断和预言的方法。"方法"是指向"实践"的，是理论用于实践的中介，数学方法的运用、实施与数学思想的概括、提炼，是并行不悖、相互为用、互为表里的。人们通过长期的实践，发现了许多运用数学思想的手段、工具或程序，同一手段、工具或程序被重复运用了多次，并且都达到了预期的目的。数学方法具有以下三个基本特征：一是高度的抽象性和概括性；二是精确性，即逻辑的严密性及结论的确定性；三是应用的普遍性和可操作性。

6.4.1.2 数学思想方法的层次性

从本质上讲，数学教育不仅要理解教育本质，还要把握数学本质。数学教师除了具备丰富的数学知识、熟练的数学技能，理解数学的本质外，更重要的是把握数学思想方法的精髓。

数学教学有两种不同的水平。低层次的教学水平是介绍数学概念，陈述数学定理和公式，指出解题程式和套路，布置大量的作业和发放大量的试卷让学生去练习，以便通过各级、各类的考试。高层次的教学水平是着眼于数学知识背后蕴含的数学思想方法，在解决数学问题时，引导学生深层次地思考，经过科学的思维训练，才真正获得数学美的享受。

数学思想方法具有不同的层次。哲学是关于自然、社会和思维发展的普遍规律的理论，而数学是自然科学的一个分支，数学是研究现实世界的空间形式和数量关系的科学。因此，哲学思想方法处于最高层次，数学的具体解题技巧处于最低层次。从宏观到微观地将数学方法分成以下四个层次。

1. 基本的和重大的数学思想方法

普遍性寓于特殊性之中，数学是自然科学的一个分支。因此，哲学范畴寓于数学学科之中，成为基本的、重大的、统领地位的数学思想方法。

形式和内容是一对哲学范畴。形式化的数学内容，源于客观实在。数学教学要联系实际，要反映现实世界中的运动。

运动与静止也是一对哲学范畴，它的数量化就是常量数学和变量数学。函数思想反映物质运动时变量之间的依赖关系，微积分思想则是跨越无限，成为研究函数变化率的有效工具。

偶然与必然这对哲学范畴的数量化，形成了确定性数学和随机性数学。概率论是研究随机现象的数学，数理统计方法则是通过分析数据的随机性产生的学科。

任何事物都有现象和本质两个方面，在数量关系上也是如此。数学建模过程，就是透过现象看本质，建立起一种可以进行分析研究的模型，借以观察变化，获取特性，推测未来。

世界上万物都有一定的因果关系。揭示因果关系是各门学科的任务。数学承担的任务，是彼此间的逻辑关系。如充分条件，必要条件，排中律，传递性等等。

其他如精确与近似（计算数学），整体与局部（函数的整体性质与局部性质），同一与差异（模糊数学）等等，都是考察重大数学思想方法的视角。

2. 与一般科学方法相应的数学方法

数学方法是一般科学方法的特例。如分析与综合、归纳与演绎、观察、类比、联想、实验等一般科学方法，都是数学中的常用方法。

3. 数学中的特有的方法

(1) 用字母表示数的思想方法

这是发展符号意识，进行量化刻画的基础，也是从常量研究过渡到变量研究的基础。从“用字母表示数”到用字母表示未知元，表示待定系数，表示函数 $y=f(x)$，表示字母变换等，是一整套的代数方法。代数思维的突出特征(凝聚)——从过程到对象，离不开用字母表示数的思想方法。具体解题中引进辅助元法、待定系数法、换元法等都体现了“用字母表示数”的作用。

(2) 集合与对应的思想方法

集合论是现代数学的基础，它为数学的公理化、结构化、形式化、统一化提供了语言基础与组织方式。集合是一种基本的数学语言和一种基本的数学工具，数学概念的描述（包括内涵、外延的表示），数学关系的表达，都可借助集合而获得清晰、准确和一致的刻画。具体解题中的分类讨论法、容斥原理都与集合的分拆或交并运算有关；集合之间的对应，则为研究相依关系、运动变化提供了工具，使得能方便地由一种状态确定地刻画另一种状态，由研究状态过渡到研究变化过程；数轴与坐标系的建立，函数概念的描述，RMI 原理的精神实质等，都体现着集合之间的对应。具体解题中的抽屉原理无非是说，两个有限集合之间如果元素不相等，就不能构成一一对应,必然存在一对多或多对一。可以认为,用字母表示数的思想方法、集合与对应的思想方法是中学数学的两大基石。函数与方程的思想方法则是这两大基石的衍生。

(3) 函数与方程的思想方法

方程是初中数学的一项主体内容,并在高中数学中延续;函数从初中就开始研究,并成为高中数学的主体内容(基本初等函数)。可以说,函数与方程是中学数学中最重要的组成部分。方程 $f(x)=g(x)$,可以表示两个不同事物具有相同的数量关系,也可以表示同一事物具有不同的表达方式。方程的本质是含有未知量的等式 $f(x)=g(x)$,在方程中,x 依等式而取值,依 x 的取值而决定是否成为等式。解方程就是确定取值 a,使代入 x 的位置时能使等式 $f(a)=g(a)$ 为真。这里有两个最基本的矛盾统一关系,其一是 $f(x)$,$g(x)$ 间形式与内容的矛盾统一,其二是 x 客观上已知与主观上未知的矛盾统一。从这一意义上说,解方程就是改变 $f(x)$,$g(x)$ 间形式的差异以取得内容上的统一,并使 x 从主观上的未知转化为已知。运用方程观点可以解决大量的应用(建模)、求值、曲线方程的确定及其位置关系的讨论等问题,函数的许多性质也可以通过方程来研究。函数概念是客观事物运动变化和相依关系在数学上的反映,本质上是集合间的对应(一种特殊的对应)。它是中学数学从常量到变量的一个认识上的飞跃。教材中关于式、方程、不等式、排列、组合与数列等重要内容都可以通过函数来表达、沟通与研究。具体解题中的构造函数法是构造法的重要内容。理解并掌握函数与方程的思想方法是学好中学数学的一个关键。

(4) 数形结合的思想方法

数学是研究空间形式和数量关系的一门科学,数与形是中学数学中被研究得最多的两个侧面,数形结合是一种极富数学特点的信息转换。它把代数方法与几何方法中的精华都集中了起来,既发挥代数方法的一般性,解题过程的程序化、机械化优势,又发挥了几何方法的形象直观特征,形成一把“双刃”的解题利剑,数轴和坐标系,函数及其图像,曲线及其方程,复数及其复平面,向量,以及坐标法、三角法、构造图形法等都是数形结合的辉煌成果。具体地解题中的数形结合,是指对问题既进行几何直观的呈现,又进行代数抽象的揭示,两方面相辅相成,而不是简单的代数问题用几何方法或几何问题用代数方法,这两方面都只是单流向的,信息沟通,唯双流向的信息沟通才是完整的数形结合。

(5) 数学模型的思想方法

数学这个领域已被称作模式的科学,数学所揭示的是人们从自然界和数学本身的抽象世界中所观察到的数学结构。各种数学概念和各个数学命题都具有超越特殊对象的普遍意义,它们都是一种模式。并且数学的问题和方法也是一种模式,数学思维方法,就是一些思维模式。如果把数学理解为由概念、命题、问题和方法等多种成分组成的复合体,那么,掌握模式的思想就有助于领悟数学的本质。如欧拉将“哥尼斯堡七桥问题”抽象为“一笔画”的讨论,清晰地展示了数学模型思想方法的应用过程:

① 选择有意义的实际问题;

② 把实际问题“构建”成数学模型(建模);

③ 寻找适当的数学工具解决问题;

④ 把数学上的结论拿到实际中去应用、检验。其中,“建模”是这种方法的关键。在具体解题中,构造“数学模型”的途径是非常宽广的,可以构造函数、方程、恒等式、图形、算法等。

(6) 转换化归的思想方法

由于数学结论呈现的公理化结构,使得数学上任何一个正确的结论都可以按照需要与可能而成为推断其他结论的依据,于是任何一个待解决的问题只需通过某种转化过程,归结到一类已经解决或比较容易解决的问题,即可解决原问题,这是一种极具数学特征的思想方法。它表现为由未知转化为已知、由复杂转化为简单、由困难转化为容易、由陌生转化为熟悉。模式识别、分类讨论、消元、降次等策略或方法,都明显体现了将所面临的问题化归为已解决问题的思想;RMI 原理则是化归思想的理论提炼;各种解题策略的运用(分合并用、进退互化、动静转换、数形结合等),都强调了通过“对立面”(简与繁、进与退、数与形、生与熟、正与反、倒与顺、分与合)的综合与相互转化来达到解决问题的目的。

4. 中学数学中的解题方法

中学数学解题方法,是解题策略的选择。这里我们叙述一些基本的原理和步骤。

第一步是判断问题的类型,找出问题的数学核心所在。面对一个问题,首先,要判断它属于哪一类型问题?其次,它所问的实质是什么?这些大方向的判断,需要平时数学思想方法具有运用积累。方向正确了,解题才能应付自如。

第二步是掌握一些基本的原则。其中包括:

(1) 模型化原则。

(2) 简单化原则。

(3) 等价变换的原则。

(4) 映射反演原则(RMI)。在一个领域内难以处理的问题,通过映射转移到另一个领域去处理,数形结合是通常使用的一种;

(5) 逐次逼近的原则,当一个问题的解答不能满足问题的所有要求的时候,可以先满足第一个要求,再满足第二个要求……逐步接受最后的解答。当然也包括求近似解,逼近到一定的程度,就算符合要求。

第三步是选择适当的技巧。包括因子分解方法,配方法,待定系数法,换元法,降维法,消元法,不等式的放大、缩小法,参数方法,枚举法,计数方法等等。

上述四个层次,从重大数学思想到具体数学技巧,各有特点和变化规律。

6.4.2 数学思想方法的教学

6.4.2.1 数学思想方法的教学功能

1. 数学思想方法是教材体系的灵魂

从教材的构成体系来看,整个中学数学教材所涉及的数学知识点汇成了数学结构体系的两条"河流"。一条是由具体的知识点构成的易于被发现的"明河流",它是构成数学教材的"骨架";另一条是由数学思想方法构成的具有潜在价值的"暗河流",它是构成数学教材的"血脉"灵魂。有了这样的数学思想方法作灵魂,各种具体的数学知识点不再是孤立的、零散的东西。因为数学思想方法能将"游离"状态的知识点(块)凝结成优化的知识结构,有了它,数学概念和命题才能活起来,做到相互紧扣,相互支持,以组成一个有机的整体。可见,数学思想方法是数学的内在形式,是学生获得数学知识、发展思维能力的动力和工具。教师在教学中如能抓住数学思想方法这一主线,便能高屋建瓴,提挈教材进行再创造,才能使教学见效快,收益大。

2. 数学思想方法是我们进行教学设计的指导思想

数学课堂教学设计应包括三个层次:宏观设计、微观设计和情境设计。无论在哪个层次上的设计,其目的都在于让学生"参与"到获得和发展真理性认识的数学活动过程中去。这种设计不能只是数学认识过程中的"还原",一定要有数学思想方法的飞跃和创造。这就是说,一个好的教学设计,应当是历史上数学思想方法发生、发展过程的模拟和创造。

3. 数学思想方法关系到课堂教学的最终质量

重视对数学思想方法的领悟能唤起数学学习者潜在的数学天赋,提高其数学素养,从而提高学习效益和质量。数学思想方法性高的教学设计,是高质量教学的基本保证。数学课堂教学质量本质上是学生思维活动的质和量,就是学生知识结构、思维方法形成的清晰程度和他们参与思维活动的深度和广度。在数学教学中,数学思想方法已经越来越多地得到人们的重视,特别是在数学教学中,如何使学生较快地理解和掌握数学思想方法,更是我们广大中学数学教师所关心的问题。数学教学不应成为静态的数学活动结果的教学,而应成为动态的数学活动(思维活动)过程的教学。

4. 数学思想方法的渗透和训练有利于提高教师的数学素质

数学思想方法的渗透和训练有助于教师行为的改善和教师素质的可持续发展,有助于教师理解数学专业结构中的目标领域,有助于提高教师的数学素养。一方面,要学会研究自己的所思所想所惑,进而把经验升华为思想。另一方面,教师要把握相关的科学依据,既包括教育科学的规律,也包括数学科学的内部特点。

5. 数学思想方法的渗透和训练有利于学生数学认知结构的发展

现代认知心理学认为,数学学习的过程是学生建立、扩大或重新组合数学认知结构的过程。因此,数学教学的根本任务就是促使学生的数学认知结构不断地得到优化和发展。所谓数学认知结构,就是学生头脑里的数学知识按照自己理解的深度、广度,结合自己的感觉、知觉、记忆、思维、联想等认知特点,组合成的一个具有内部规律的整体结构。由此可见,数学认知结构是数学知识结构在学生头脑中的反映,是学生在学习的过程中逐渐积累起来的数学观念系统。从数学认知结构的组成要素来看,主要是数学概念、定理、公式、法则等以及它们之间的联系方式,数学思想方法以及作为数学认知活动动力系统的非认知因素等。其中,数学的概念、定理、公式、法则及它们之间的联系方式是数学认知结构的硬件,是进行有效数学活动的物质基础,但它们本身并不具备能动性;数学思想方法作为数学认知结构中的一个主要成分,蕴涵在具体的数学知识之中,发挥着纽带作用,决定着知识之间的联结方式。学生一旦理解和掌握了数学思想方法,就会形成条件化的知识,这样,当学生面临问题时,便能迅速、准确地从头脑中检索、提取与任务相关的知识,形成问题与知识之间的丰富联结。可见,数学思想方法是数学认知结构中最积极、最活跃的因素。另外,从数学认知结构的形成过程来看,数学认知结构是以原有的认知结构为基础,通过同化或顺应转化而形成的。但无论是同化过程,还是顺应过程,本质上都是已有数学认知结构与新数学知识之间相互作用,实现从旧的平衡向新的平衡转化的过程,而转化正是数学思想方法的核心与精髓。因此,学生的数学认知结构能否优化和发展,与其对数学思想方法的掌握有很大的关系。数学思想方法决定着数学认知结构的状况,是学生形成良好数学认知结构的前提条件。

6. 数学思想方法是培养学生数学能力的根本途径和培养学生创新能力的关键

数学知识的积累为数学能力的形成创造了条件,但知识不能自动转化为能力,知识水平的高低不与能力大小成正比。因此,培养学生的数学能力必须寻找其他途径。长期以来的实践表明,通过让学生做大量习题,进行解题训练来培养学生的数学能力的教学并不成功,主要原因在于忽视了数学思想方法的作用。事实上,在学生具备了一定的知识之后,数学能力培养的关键是运用数学方法在数学活动中积累感性认识,随着感性认识的积累达到一定的程度,学生的认识便会发生飞跃,形成对一类数学活动的理性认识,即有关的数学思想,与之相伴随,学生的数学能力便逐渐形成。因此,数学思想方法是培养学生数学能力的根本途径,对学生数学能力的提高具有统摄作用。

进入新世纪以来,创新能力作为适应社会发展需要所必备的能力,受到越来越多的关注,已被确立为基础教育中必须着重培养的能力。数学作为基础教育的主要学科之一,又由于学科本身的特点,在创新能力的培养中发挥着独特的作用。教师应充分发挥创造性,依据学生的年龄特征和认知特点,设计具有探索性和开放性的数学问题,给学生提供自主探索的机会。让学生在观察、实验、猜测、归纳、分析和整理的过程中去理解一个数学问题是怎样提出来的,一个数学概念是如何形成的,一个结论是怎样探索和猜测到的以及结论是如何应用的。在这样的过程中,数学思想方法发挥着极其重要的作用,主要体现在它为学生提供了有关如何学习、如何思考的策略性知识。在数学学科里,这种策略性知识与事实性知识的结合是非常紧密的,它们相互渗透、相互融合,这就要求在数学教学中,教师应把这些策略性知识的传授与数学具体知识的学习运用结合起来,从而使学生一方面获得知识,另一方面体会到知识发生发展过程中的思想、方法。

7. 数学思想方法的渗透和训练能培养学生形成良好的数学思维品质

数学是研究数量关系和空间形式的科学,在现实生活中我们可以体会到,数学与人类的活动息息相关;在社会生产以及日常生活的各个方面数学都有着广泛的应用。数学研究问题的特点是对客观现象进行抽象概括。用概念和符号给予表达,然后通过计算或者逻辑推理得到结论,只要前提正确,数学形成的结论往往就是无懈可击的。

数学在培养直观抽象和逻辑思维方面的功能是别的学科无法替代的。比如,培养学生实事求是、一丝不苟的科学精神。因此,数学素养已经成为现代社会每一个公民必备的基本素养。数学思想方法的渗透和训练能培养学生形成良好的数学思维品质。

6.4.2.2 数学思想方法的教学原则

1. 目标性原则

既然数学思想方法被纳入数学基础知识的范畴,那么数学课堂教学应该有数学思想方法的教学目标,否则,数学思想方法的教学就得不到应有的保障,在数学课堂教学中亦无法落实。遵循数学思想方法教学的目标性原则,首先,要明晰教材中所有数学思想方法。其次,对某些重要的数学思想方法进行分解、细化,使之明朗化,具有层次性。最后,在具体的每一节课的教学中,数学思想方法教学目标应与课堂教学结构的各个重要环节相匹配,形成知识目标与思想方法目标的有机整合,使之具有可操作性。

2. 渗透性原则

数学思想方法教学依附于数学知识的教学,但又不同于数学知识教学。在数学思想方法教学中,应以数学知识为载体,挖掘教材中蕴涵的数学思想方法,进行恰当的、适时的“渗透性”教学。遵循渗透性教学原则需做到以下两点:

(1) 挖掘渗透内容,虽然数学思想方法纳入数学基础知识范畴,但数学思想方法是数学知识的精髓,它内隐于数学知识之中,需要从数学知识中挖掘、提炼。教师只有认真钻研教材,才能正确地挖掘出教材中所蕴涵的数学思想方法,这是课堂教学中渗透数学思想方法的前提。

(2) 把握渗透的方法,由于学生数学思想方法的形成和发展比数学知识的增长和积累需要更长的时间,花费更大的精力。因此,在教学中,有机地结合数学表层知识的传授,恰当地渗透其中的数学思想方法,让学生在“数学知识的再发现”过程中享受“创造”或“发现”的愉悦,孕育数学发现的精神品质,才是成功的渗透方法。

3. 层次性原则

数学思想方法的形成难于知识的理解和掌握,数学思想方法教学应与知识教学、学生认知水平相适应,数学思想方法教学应螺旋式上升,并遵循阶梯式的层次结构。

4. 概括性原则

所谓概括就是将蕴涵于数学知识体系中的思想方法归纳、提炼出来。在教学中,遵循概括性原则,将统摄知识的数学思想方法适时地概括出来,可以加强学生对数学思想方法的运用意识,也使其对运用数学思想方法解决问题的具体操作方式有更深入的了解,有利于活化所学知识,形成独立分析问题、解决问题的能力。

5. 实践性原则

学生数学思想方法的发展水平最终取决于自身参与数学活动的过程。数学思想方法的教学既源于知识教学,又高于知识教学。知识教学是认知结果的教学,是重记忆理解的静态型的教学,学生无独立思维活动过程,具有鲜明的个性特征的数学思想方法也就无法形成。因此,遵循实践性原则,就是在实际教学中,教师要特别注重营造教学氛围,要给学生提供思想活动的素材、时机,悉心引导学生积极主动地参与到数学知识的发生过程中,在亲自的实践活动中,接受熏陶,不断提炼思想方法,活化思想方法,形成用思想方法指导思维活动,探索问题解答策略的良好习惯。数学思想方法也只有在需要该种思想方法的教学活动中才能形成。

6.4.2.3 数学思想方法教学策略

1. 转变观念,提高认识

目前,在部分学校数学教学中存在的重结论、轻过程,重形式、轻内容,重技巧、轻思想，重解题、轻应用的弊端，严重影响了数学教学质量的提高，束缚了学生思维能力的发展，从而导致学生学习数学的兴趣不浓。为此，每一位数学教育工作者，要站在培养跨世纪人才的高度改进数学教学，用现代教学观指导教学，把数学思想和方法的教学提到应有的高度，通过数学知识这个载体循序渐进，有层次地培养学生的数学思想和方法，使数学教学踏上新的台阶，使数学知识和数学思想方法成为人的学习和工作不可缺少的文化素质。数学思想和数学方法，既可以理解为数学中深层次的基础知识，又可以理解为解决问题时的思维策略。教师应对其在学生的素质方面的作用有充分的认识，要将追求长远的学生发展作为教学的主要目的。这样一来，才能重视数学思想方法的教学。

2. 充分挖掘教材中的数学思想方法

数学思想方法是隐性的更本质的知识内容，因此教师必须深入钻研教材，充分挖掘有关的思想方法。如在进行函数概念教学时，教师应以数学建模的思想指导概念学习，将函数看成是由实际问题中抽象出来的数学模型。数学思想方法是数学的精髓，所以在教学中要将数学思想方法的教学体现出来。如在教指数函数的定义时，许多教师将注意力纠缠于为什么要规定指数函数 $y=a^x$ 的底数 $a>0,a\neq1$，而且对这一问题进行了许多解释。实际上，如果我们从数学思想方法的角度来理解，对这一问题是很好解释的。指数函数就是一个数学模型，模型的建立是为了对这一模型进行研究，从而解决与这一模型有关的问题，这就是数学的模型思想。而模型方法的原则之一就是简单化原则，如果不作出 $a>0,a\neq1$ 规定，将给这一模型的研究带来困难，甚至无法研究，也就无法解决问题了。如当 $a<0$ 时，并不是对于任意实数的 x，$y=a^x$ 都有意义，也就是说对自变量的取值便有限制，这就不能很方便地研究函数的性质，因此做这一规定的目的主要是使模型简单。这样的解释学生容易接受。这也是数学思想方法在教学中的运用。

3. 在知识发生过程中渗透数学思想方法

(1) 概念的教学要注重形成过程。数学概念既是数学思维的基础，又是数学思维的结果。所以概念教学要注重形成过程，应当引导学生感受或领悟隐含于概念形成之中的数学思想。

(2) 定理、公式教学应注重发现过程。数学定理、公式、法则等结论都是具体的判断，而判断则可视为压缩了的知识链。教学中要恰当地拉长这一知识链，引导学生参与结论的探索、发现、推导的过程，弄清每个结论的因果关系，探讨它与其他知识之间的关系，领悟引导思维活动的数学思想。例如，有理数加法法则的教学，我们通过设计若干问题，有意识地渗透或再现一些重要的数学思想方法。如根据同号、异号、加数或被加数出现零等不同情形的研究，可渗透分类思想；在寻找各种具体的有理数运算的结果的一般规律中，可渗透归纳、抽象概括思想；根据"两个相反数相加得零”,得出“异号两数相加”的法则,可渗透特殊与一般思想。

(3) 注重各知识点在数学整体结构中的内在联系,揭示思想方法在知识间互相联系、互相沟通中的纽带作用。如函数、方程、不等式的关系,当函数值等于、大于或小于一常数时,分别可得方程、不等式,联想函数图像可提供方程、不等式的解的几何意义,运用转化、数形结合的思想,这三块知识可相互为用。

4. 在思维教学活动过程中,揭示数学思想方法

数学课堂教学必须充分暴露思维过程,让学生参与教学实践活动,揭示其中隐含的数学思想,才能有效地发展学生的数学思想,提高学生的数学素养。如多边形内角和定理教学设计:

(1) 创设问题情境,激发探索欲望,蕴涵类比化归思想。教师可以提出以下问题:三角形和四边形的内角和分别为多少?四边形内角和是如何探求的?是转化为三角形,那么,五边形内角和,你会探求吗?六边形,七边形,…,n 边形内角和,又是多少呢?

(2) 鼓励学生大胆猜想,指导发现方法,渗透类比、归纳、猜想。教师可以提出以下问题:四边形内角和的探求方法,能给你什么启发呢?五边形如何化归为三角形?数目是多少?六边形……n 边形呢?你能否用列表的方式给出多边形内角和与它们边数、化归为三角形的个数之间的关系?从中你能发现什么规律?猜一猜 n 边形内角和有何结论?类比、归纳、猜想的含义和作用,你能理解和认识吗?

(3) 暴露思维过程,探索论证方法,揭示化归思想、分类方法。教师可以提出以下问题:我们如何验证或推断上面猜想的结论呢?既然多边形内角和可转化为三角形来处理,那么,化归方法是否唯一呢?把多边形分割成三角形,我们是这样划分的:在多边形顶点上选一点,再与其他顶点相连。进一步思考:如果这个点不选择顶点,能否证明成功呢?不难发现,如果这个点在多边形内部,也行。分类思想指导化归方法的探索,哪一种对获取证明最简洁?还有没有其他方法?

(4) 反思探索过程,优化思维方法,激活化归思想。教师可以提出以下问题:从上面的探索过程中,我们发现:化归思想有很大作用,但是,又是什么启发我们用这种思想指导解决问题呢?原来,我们是选择考察几个具体的多边形,如四边形、五边形等,发现特殊情形下的解决方法,这种方法具有一般性。我们再来考察一下式子:n 边形内角和 $=(n-2)\times180^\circ$,你能设计一个几何图形来解释吗?让学生亲自参与探索定理的结论及证明过程,大大激发了学生的求知兴趣,同时,他们也体验到“创造发明”的愉悦,数学思想在这一过程中得到了有效的发展。

5. 在问题解决方法的探索过程中激活数学思想方法

数学教学在使学生初步领悟了某些最高思想的基础上,还要积极引导学生参与数学问题的解决过程,通过主体主动的数学活动激活知识形态的数学思想,逐步形成用数学思想指导思维活动，探索数学问题的解决策略。用数学思想方法指导解题练习，在问题解决中运用数学思想方法，提高学生自觉运用数学思想方法的意识。

(1) 注意分析探求解题思路时数学思想方法的运用。解题的过程就是在数学思想的指导下，合理联想，提取相关知识，调用一定数学方法加工、处理题设条件及知识，逐步缩小题设与结论间的差异。

(2) 注意数学思想方法在解决典型问题中的运用。

(3) 以数学思想方法为指导，进行一题多解的练习。这种对习题灵活变通、推广引申的做法，能有效地培养学生思维的发散性、灵活性、深刻性和抽象性。

第一，建立良好的认知结构，理解和掌握数学思想方法。

第二，加强基本观点的教学，巩固和强化数学思想方法。

第三，关注逆向思维，深化教学思想方法。既教给学生以知识，又教会学生思考，既教演绎证明，又教归纳和直觉，不断促进数学思想方法的形成。

问题与讨论

1. 从概念逻辑基础角度，谈谈概念的教学。
2. 运用心理学概念的理论，谈谈概念的教学。
3. 运用建构主义的理论，谈谈概念的教学。
4. 从命题逻辑基础角度，谈谈命题的教学。

第7章 数学教育评价理论

数学教育评价是数学教育研究的重要组成部分，也是影响数学课程与教学改革的关键因素。由于社会政治、经济、文化和教育考试制度等因素的制约，我国数学教育评价环节相对薄弱。健全和完善数学教育评价体系是新时期数学教育改革的重要任务之一。

7.1 数学教育评价概述

教育评价是根据一定的教育目标或教育价值观，运用可行的科学手段，通过系统地收集信息资料和分析整理，对教育活动、教育过程和教育结果进行价值判断的过程。评价是一个复杂的教育现象，西方学者研究经历了测量、描述、判断和建构时期，形成了众多不同的教育评价观。如评价等同测验；评价是对课程与教学目标实际达成程度的描述；评价是为决策提供有用信息的过程；评价是作出价值判断的过程；评价是通过协商而形成的心理建构，等等。针对中小学数学基础教育，教育评价实际上可用一个简洁公式来概括，评价 = 测量（量的记述）或非测量（质的记述）+ 价值判断，这个等量公式指出了评价的基本方法和价值取向，基本概括了评价的本质属性。因此，简单地说，数学教育评价就是按照某种教育标准，以一定的方法、手段和途径，对数学教育的活动过程和结果等进行描述和价值判断的过程。

7.1.1 数学教育评价的功能

中小学教育评价的内容一般包括教师评价、学生评价、学校评价、课程评价、教学评价等。中学数学教育评价，核心内容是数学课堂教学评价和学生学业成就评价。

1. 数学课堂教学评价

数学课堂教学评价是对数学课堂教学效果，以及对构成课堂教学过程各要素（包括教师、学生、教学内容、教学方法和教学环境等）之间相互作用的分析与评价。数学课堂教学评价有两个基本特征:第一,形成性。课堂教学是师生交往互动、共同发展的过程,评价是在教学过程中形成的,反映教学过程中诸要素的作用关系。第二,诊断性。课堂教学通过学生在课堂上讨论、合作交流、思考等过程的行为表现,来评价课堂教学的效率。课堂教学评价目标包括课堂教学目标是否明确、适当,是否遵循课程标准和教学大纲的要求,是否关注学生的全面发展;教学内容是否围绕教学目标选取,是否符合学生的发展要求;教学方法是否遵循教学内容与学生的实际要求,是否提高学生的学习兴趣;教学效果是否有效,教学效率是否理想等。

2. 学生学业成就评价

学生学业成就评价是以国家课程标准所确立的教育教学目标为依据,运用质性或量性的方法、手段和途径,系统地收集一定时期或阶段内学生学习认知行为上发展变化的信息和数据,并对学生的知识、能力和情感等学业成就目标进行价值判断的过程。

针对数学学科而言,数学学业成就评价目标包括数学教育是否面向全体学生,体现中学数学课程的基础性、普及性和发展性;评价内容是否体现数学教育目标的整体性,是否重视数学思维发展、数学应用意识,是否关注在数学情感、态度与价值观等方面的评价;评价方式是否具有可操作性、层次性和多样性等。

数学教育评价主要有如下几个功能:

(1) 诊断功能。评价是对教学结果及其成因的分析过程,以了解教学问题,判断教学成效。教学评价是对教学情况进行的科学诊断,以便作出教学决策或改进教学工作。

(2) 激励功能。评价对教学过程有监督和控制作用,通过评价反映出教师的教学效果和学生的学习成绩,对教师和学生则是一种促进、强化和激励。

(3) 调控功能。评价的结果必然是一种反馈信息,这种信息可以使教师及时知道自己的教学情况,也可以使学生得到学习成功和失败的体验,从而为师生调整教与学的行为提供客观依据。

(4) 教学功能。评价本身也是一种教学活动。在这种活动中,学生的知识、技能将获得长进,甚至产生飞跃。如测验就是一种重要的学习经验,它要求学生事先对教材进行复习,巩固和整合已学到的知识技能,事后对试题进行分析,总结学习经验和教训。

新课程理念下,数学教育评价的功能强调发展性,以促进评价对象的发展为根本目的,不仅包括全面评价学生的数学学业成就和进步,改善学生对数学的态度、情感和价值观,提供反馈信息,促进学生的学习,而且包括收集有关资料,改善教师的教学,同时也包括为修改课程计划、教学计划等项目方案提供有效信息,进而促进教学和课程的不断更新。

7.1.2 数学教育评价观的认识

数学教育评价观,简单地说就是对数学教育评价的认识。数学教育评价具有时代性和发展性,也与一个时期一个国家的社会政治经济和文化教育体制密切相关。新课程改革背景下,数学教育评价存在两种不同的认识倾向:一种认为我国的数学教育评价已步入应试教育评价的歧途,考试评价制度是制约数学教育发展的瓶颈,数学素质教育难以推进;另一种认为我国的数学教育评价本质应从社会学角度和整体性的文化脉络去把握,数学教育评价与应对考试存在相容性。数学教育评价的两种认识现象是由我国特定的数学教育国情决定的。

7.1.2.1 数学教育评价的应试性

应试教育评价决定中国数学教育的实践走向。大多数人认为,高考是中国教育的死结,只要取消高考,应试教育问题即可迎刃而解,但现阶段取消并不现实。最主要的原因是由于中国社会政治、经济、文化等多种因素综合形成了强大的升学竞争压力,导致中国将中、高考成绩作为选拔学生进入高中、高校的标准,将升学率作为评价学校和教师工作绩效的标准,从而阻碍了数学课程改革和数学素质教育的实施。而且,应试教育教学模式是我国数学教育的基本现实。我国数学教育的传统教学模式根深蒂固,教师的教学方式和学生的学习方式也刻板僵化,虽在数学素质教育改革背景下对数学教学方式有所认识和改变,但整体上没有跳出传统课堂教学模式的"大圆圈",凯洛夫的"五段教学法"仍占据着课堂教学的主体地位。有学者总结了中国数学教学的五大特征:注重教学的具体目标;教学中长于由"旧知"引出"新知";注重对新知识的深入理解,强调解题;关注教学方法和学习技巧;重视及时巩固、课后练习,记忆有法①。不难看出,中国的数学教学十分注重应试性教育,教学方法重视解题和解题思路的探求,注重一题多解,一法多用;数学教学每课有练习,每节有习题,每章有复习题,课内有练习,课后有作业,单元有小考,学期有大考。而且,学生的数学学习强调记忆,基本理念是"趁热打铁,熟能生巧,拳不离手,曲不离口",这生动地描绘了中国数学课堂教学文化的全景式图景。

7.1.2.2 数学教育评价的社会文化性

有学者立足于中国当下数学教育评价与应试教育评价的关系,从认识论视角,对中国的数学教育评价作出了客观分析与评判,认为数学教育评价应试现象有其

① 涂荣豹.中国数学教学的若干特点[J].课程教材教法,2006(2):43～46.

社会根源和文化诱因。因为教育具有社会性和文化性。一方面,教育服务于社会,社会又决定着教育的发展与走向。数学教育也是如此,考试高压下的中国数学教育服从于中国特定的社会政治、经济和文化需求。换句话说,应试教育现象的产生有其深刻的社会文化背景,在中国大地上有生根的土壤。一个偌大的国度,数以亿计的中小学生,只有用考试才能体现社会公平性。考试作为一把水平尺,度量和选拔人才,其政策、制度和评价容易被社会接受,这是为什么新一轮数学课程评价改革具有渐进性的决定因素之一。另一方面,教育具有文化继承性。社会文化学认为:观念系统是文化的核心内容,它是文化特质最深刻的体现。考试高压下中国数学教育充满浓重的个人主义文化色彩,明显打上"功利主义"的文化烙印,"学而优则仕"是其深层的文化诱因。

再从中国数学教育教学的文化伦理来分析,其一,中国数学教育的基本特征是重视"基础",形成了中国数学教学的一大特色。数学基础知识和基本技能是发展数学能力的基本条件和重要因素,对于"双基"的重视,并非完全是为了应对考试,也是为进一步学习夯实基础;其二,中国数学学习目标是达到"理解学习","理解学习"是数学教育的一个重要教学目的观,数学教学中对于记忆和练习的强调,与追求知识的深层次理解相关联,为数学学习向"理解"的深层结构转化提供认知条件;其三,中国数学教学文化体现博大精深的古典文化,学生数学学习也并非处于完全的被动地位,教学方法蕴涵深刻的教育思想,如"不愤不启,不悱不发","温故知新","熟能生巧","举一反三"等朴素的学习与教学观被奉为"教学经典",具有深远的文化渊源。

概括地讲,数学教育应试现象反映了一个时期我国数学教育发展的社会文化基础,数学教育评价的本质最终可以归结到两个方面加以认识:

第一,文化继承性。以文化视角审视基础教育课程改革和数学教育评价,本质上应是文化变革与文化适应。课程改革的过程是"各种次级文化、利益团体和多元价值之间相互冲突、协商、适应和妥协的过程"①。我国基础教育数学课程改革,在文化层面上往往矫枉过正或滞后发展,未能协同,事实证明效果并不理想。随着课程改革的全面推进,数学教育改革进入了高原期,成绩、问题与矛盾共存。从文化角度来看,数学教育课程及其评价改革的诸多焦点与矛盾,是数学课程文化、教学文化以及学校文化的教育适应问题,是两种不同的数学教育观、数学知识观以及数学评价观的价值选择问题,实质是深层次的文化选择问题。针对新课程展开的种种质疑以及来自新课程的诸般辩护、反诘,本质上是素质教育新文化与强势的应试教育旧文化之间的冲突造成的。如,新课程倡导的学生自主探究、合作学习,实施

---

① 钟启泉.现代课程论[M].上海:上海教育出版社.2003:433.

过程中普遍存在形式主义倾向，主要原因之一是与当下的考试文化不能协同。又如“轻视知识”教育思潮的理论论争，某种程度上是基于“知识本位与能力本位”的文化立场之争。如此等等，不难归结：文化是影响和制约基础教育课程改革的深层原因。所以，从文化角度来看，转变数学教育教学新文化理念，转换教育文化体制，以适应数学课程文化、教学文化以及学校文化的进步与发展是解决数学教育及其评价改革固有矛盾的有效途径之一。

第二，社会发展性。数学教育及其评价观的文化争鸣应放在社会发展的大背景下进行考察。由于文化是影响和制约基础教育课程改革的深层原因，而文化机制受社会发展机制的根本性制约。我国是一个偌大的教育国度，教育、经济、文化发展不平衡，数以亿计的中小学生要解决上学、就业问题，教育与社会发展供求矛盾在一定时期会更加突出，根本问题是社会发展制约了教育发展。今天，追求教育考试制度的公平、公正和公开性，往往成为社会关注的焦点。人们只要追溯我国科举考试文化制度的历史，再看看今天高等学校招生制度的权威性和社会信誉，就会理解为什么严格的考试制度被认同和存在的理由。中国考试文化制度已经成为维护社会安定团结、政治文明和社会信誉的教育基础，它的血液里流淌着千百年来“科举哲学”所孕育和传承的历史文化基因。因此，从社会文化学角度来审视数学教育评价问题，不单是教育问题，而与一个国家的社会发展密切相关，社会发展是教育发展的根本前提和必要条件，简单地从教育体制内部去寻找数学教育评价机制的有效性是不够的，它是社会发展矛盾与数学教育内在发展矛盾的统一体，要从整个社会、经济和文化发展矛盾入手，要做到标本兼治，才能从根本上解决问题。当然，这是一个较长时期的渐进发展过程。

7.2 数学教育评价方法

7.2.1 数学教育评价的基本类型

教育评价类型按评价目标划分，可分为相对评价、绝对评价和个体内差异评价。

7.2.1.1 相对评价

相对评价是在评价对象的群体中，为了对每个个体在群体中所处的相对位置作出区分而进行的评价，又称常模参照评价。实施这种评价，需要从评价对象集合中选取一个对象(如考试中的平均分)作为基准,将余者与基准做比较,从而排出名次。该法可用图 7.1 表示。

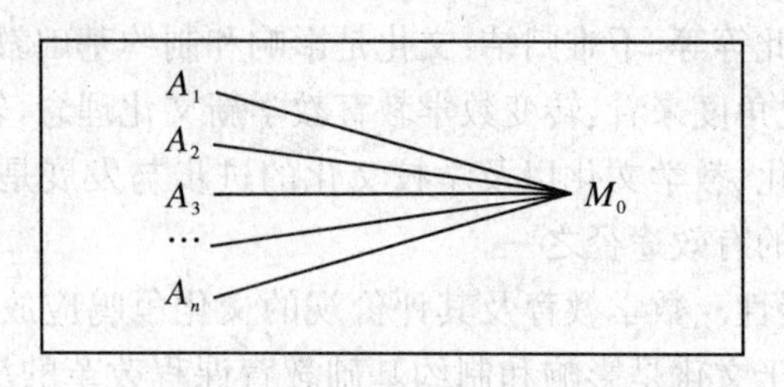

图 7.1

图中 $A_1, A_2, A_3, \cdots, A_n$ 也为单个评价对象,M_0 为选定基准,$A_1, A_2, A_3, \cdots, A_n$ 通过与 M_0 相比较,获得自身在集合中所处的相对位置。

在学生评价中,相对评价的群体可以是一个班级的学生,一所学校的学生,也可以是一个地区的学生或更大范围的学生。对学生实施这种评价时,要把学生个人的得分同群体其他成员的得分进行相对比较,从而明确自己在群体中的地位,达到评价学习成果的目的。目前在我国各中小学校广泛使用的标准分数就属于这种评价。

在教育实践中,这种评价主要有两大作用:一是它有利于在群体内作出横向比较,故常作为选拔和甄别的依据;二是它有利于学生在相互比较中判断自己的位置,激发学生的竞争意识,增强学习的动力。因此,这种评价方法一度成为教师评价学生的主要方法,按考试成绩对学生进行排队就是这一评价方法的典型代表。

然而,这种评价方法也存在明显的弊端:首先,由于评价对象所在集体的水平不一,评价结果只是产生于小范围的评价基础之上,不一定表示被评价者在更大集体中的实际水平,即优者未必优,劣者未必劣,这一班级的差生甚至优于另一班级的优生;其次,由于相对评价重在考查被评价者在集体中的相对位置,不注重是否完成既定的教育目标,故不仅难以确定教育目标的达成度,而且往往导致学生争分、争名次,忽略了自身素质的全面提高;再次,在这种评价中,无论被评价者如何努力,都要受"两头大,中间小"的等级分类限制,容易挫伤一部分学生的积极性。

因此,在学生评价中,相对评价法的使用应注意以下两点:一是比较要坚持等质的原则,否则即使勉强地进行比较评价,其价值也不大。例如,就学生的学业成绩而论,重点校的第一名同一般校的第一名之间、数学的第一名与语文的第一名之间都不具备等质的条件,都没有比较的价值。二是比较要力求实效,把评价的着眼点放在研究和改进教学上,不要把它作为惩治某些学生的手段。例如,有的班主任在家长会上把学生的成绩排队名单公布于众,给学习困难生的家长和学生本人造成很大的压力,这种做法就违背了促进学生发展的教育宗旨,应予以纠正。

7.2.1.2　绝对评价

绝对评价是在总结分析相对评价优劣的基础上提出来的。绝对评价是以教育目标为基准,对每一个评价对象达到目标的程度作出的判断,故也有人称之为教育目标参照评价。它一般是在评价对象的集合以外确定一个客观标准(如国家课程标准确定的教学目标),然后将每一个评价对象的发展状况与这一客观标准相比较,以判断其达到程度。该法可用图7.2表示。

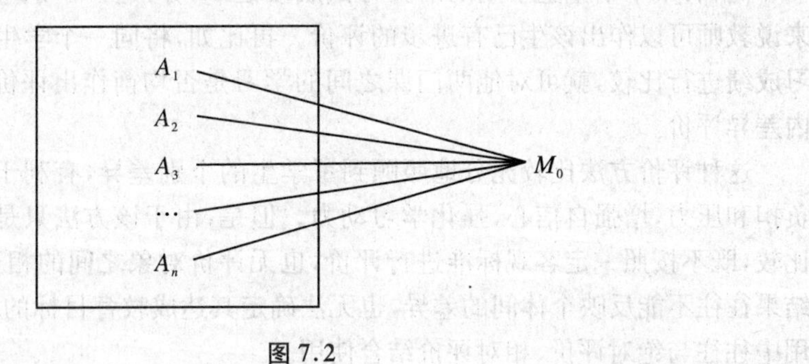

图7.2

图中 $A_1,A_2,A_3,\cdots,A_n$ 为单个评价对象,M_0 为客观标准,将 $A_1,A_2,A_3,\cdots,A_n$ 与 M_0 相比较,判定它们达到 M_0 的程度。

绝对评价最大的特点是有一个共同的客观的标准可以参照,它不受学生所在群体的发展状况的影响。因此通过绝对评价,可以明确学生发展状态与教育目标之间有无差距,差距有多大,从而把教师和学生的注意力吸引到实现教育目标上,避免学生之间、教师之间因为相互攀比而造成的无谓的时间和精力的浪费以及精神上的巨大压力。绝对评价在我国中小学应用较多。例如,各级学校的毕业考试,就是根据规定的标准要求,对学生达到标准与否做出判断,凡达到规定标准要求的,都视为合格的毕业生。这里的合格与不合格的标准,就是一个客观的绝对的标准。但是,由于实施绝对评价首要的问题是制订客观的标准,而对于学生评价来说,客观标准的制订又是非常困难的,往往难以做到真正的客观、公正、合理、有效。因此,目前对学生进行绝对评价还存在许多问题,往往由于评价标准的不统一而造成"公说公有理,婆说婆有理"的局面。

7.2.1.3　个体内差异评价

个体内差异评价是根据尊重个性、发展个性的观点提出来的,它是以评价对象自身状况为基准,就自身的发展情况进行纵向或横向比较而作出价值判断的过程。故也有人称之为个人发展参照评价。在这种评价方法中,评价对象只与自身的状况进行比较,包括自身现在与过去的纵向比较,也包括自身若干个不同侧面之间的横向比较。该法可用下图 7.3 表示。

$$\begin{array}{ccccc} A_1 & A_2 & A_3 & \cdots & A_n \\ \downarrow & \downarrow & \downarrow & \downarrow & \downarrow \\ A_1' & A_2' & A_3' & \cdots & A_n' \end{array}$$

图 7.3

图中 $A_1, A_2, A_3, \cdots, A_n$ 为单个评价对象，$A_1', A_2', A_3', \cdots, A_n'$ 为评价对象的自身评价基准。

例如：某个学生上学期的语文考试成绩是 60 分，这一学期增加到 80 分，一般来说教师可以作出该生已有进步的评价。再比如，将同一个学生的不同课程的学习成绩进行比较，就可对他两门课之间的学习是否均衡作出评价。这都属于个体内差异评价。

这种评价方法比较充分地照顾到了学生的个别差异，有利于减轻学生的心理负担和压力，增强自信心，强化学习动力。但是，由于该方法只是与自身状况进行比较，既不按照一定客观标准进行评价，也无评价对象之间的相互衡量，所以评价结果往往不能反映个体间的差异，也无法确定其达成教育目标的程度。因而，在使用中往往与绝对评价、相对评价结合使用。

教育评价方法按评价功能划分，可分为诊断性评价、形成性评价和终结性评价。

1. 诊断性评价

诊断性评价是在一学期开始或一个单元教学开始时对学生现有知识水平、能力发展的评价，旨在弄清学生已有的知识和能力发展情况，了解学生学习上的特点、优点与不足之处，以便更好地组织教育内容，选择教学方法，因材施教，故又称前测。

2. 形成性评价

形成性评价通常在教学过程中实施，是一种过程性测评，旨在及时了解教学过程情况。它包括在一节课或一个单元教学中对学生的口头提问或书面测验，使教师与学生都能及时获得反馈信息。其目的是更好地改进教学过程，提高教育教学质量。

3. 终结性评价

终结性评价是在一个学习阶段、一个学期或一门学科终结时对学生学习成绩的总评，其目的是评定学习成绩。

三种评价类型的比较如表 7.1 所示。

表7.1　三种评价类型的比较

类型	诊断性评价	形成性评价	终结性评价
评价要求	了解学习状况	检查学习效果	评定学习成绩
评价目的	作出教学准备	改进学习过程	确定学习水平
评价重点	素质	过程	结果
评价方法	前测	中测	后测
评价内容	预备性知识	单元知识目标	课程教学目标
评价标准	常模参照、目标参照	目标参照	常模参照
评价阶段	课程开始	课程进行中	课程结束

7.2.2　数学教育评价的基本方法

7.2.2.1　量性评价方法

量性评价方法是根据数学教育目标，通过编制试题、量表等对学生进行测试，并按照一定的标准对测试结果加以量化分析的一种评价方法。测验是一种量性评价方法，测验的设计、施测环境与过程、评分的原则与方法以及分数转换与解释都必须科学、严密、标准化，以保证测验结果的客观性和可靠性。但是任何一个测验都无法穷尽所有的行为测量项目，它所包含的只能是全部可能项目的一个样本。因此，测验题目的取样必须具有代表性，这样才能全面地反映学生学习目标的达成情况。

测验作为一种量性的评价方法，主要特点是其评价信息的处理可以运用一定的数学统计工具，评价结果是以一组数据的形式呈现的，它可以通过纸笔、操作、口头、电脑等多种方式进行，而其测试项目往往都可以赋予一定的分数，并存在标准的答案。测验法自身的这种特点决定了其功能的有限性，它主要适用于数学基础知识与基本技能的评价。也就是说它只能用于可以转化为分数的学生学习表现的评价，而那些无法简单地以数字加以衡量的学习目标。比如，学生的数学学习兴趣、数学学习特点、数学学习中的情感体验等，则难以用测验加以评价。

7.2.2.2　质性评价方法

质性评价方法的基本取向在于其对评价信息的收集、整理与评价结果的呈现都充分发挥教育主体自身的投入，并以非数字的形式呈现评价的内容与结果。这种取向的评价方法促使评价由外部转向内部，由被动转向主动，充分调动与发挥教师与学生的主动性，并使得评价的过程成为促进发展的过程。观察、访谈、自我反省等都是重要的质性评价方法。

1. 观察

观察法是一种描述性的搜集资料的方法，是评价主体通过感官或借助一定的科学设备在自然或人为创设的条件下考察教育活动的方法。观察法适用于对教师课堂教学和学生学习的评价。外部评价人员和专业教育研究人员可以通过观察了解教师的工作状况、课堂教学情况以及学生的学习状态；而且教师可以通过日常的、自然的观察获得学生数学学习状况和各方面发展的信息。因此，当教师有意识地运用观察来了解学生时，他就会在学生对数学的学习兴趣，学习态度，学生学习数学的信心，学生的意志力，学生发现问题、解决问题的能力等这些不容易量化的发展目标方面获得丰富的评价信息，从而更有针对性地对学生提供指导和帮助。

2. 访谈

访谈，就是评价者通过与被评者面对面地口头交谈的方式获取评价信息的方法。访谈有着明确的目的，是通过面对面的谈话了解被评者在工作、学习中的表现、感受和想法，了解存在的问题，探索问题产生的原因，这种目的是双方在谈话之前就明了的，并且谈话过程始终围绕着目的进行。谈话内容往往是根据评价的目的和谈话者的特点来设计的，但访谈可以根据当时当地的情况和谈话对象的特点以及谈话者的反应灵活地调整问题，具有较强的灵活性。

3. 自我评价

教师可以通过撰写教学札记、教学反思等方式对自己的课堂教学、师生关系、工作方式等方面进行必要的反思，明察自己的优缺点，寻找自己不断进步的生长点。学生要在教师的指导下，明确自己的学习目标，并参照学习目标对自己的学习进行经常性的总结与反省，既要看到自己的进步与成长，又要看到自己的不足和尚需改进之处，这样既有助于树立自己的自信心，又能不断地促使自己寻求新的进步。写数学日记就是一种很好的自我反省、自我评价的方式。

4. 表现性评价

表现性评价是通过学生完成实际任务来展现学习成就的评价方式。这种基于实际任务的评价，是通过向学生提供一个具有一定任务性的，具体的问题情境，在学生完成这一任务的过程中，考查学生各方面的表现。对学生表现的考察可以是多方面的，包括相关的知识与技能，对实际问题的理解水平，在完成任务时所采取的策略，表现出来的态度与信心，以及广泛利用各种知识解决问题的能力等。表现性评价的问题多是学生比较熟悉的问题情况，并且一般不具有唯一的答案。通过表现性评价，可以反映学生学习的不同水平，也可以分析学生解决问题的过程与策略，展示学生独特的方法和能力。

5. 成长记录袋

成长记录袋也可称为“档案袋评价”，就是根据课程与教学目标的要求，将能够反映学生成长与发展的各种作品收集起来，以全面地、动态地反映学生的学习与发展状况。建立数学学习档案，促使学生成为自己学习的主人。他们在教师的指导下，按照师生共同制定的标准去搜集、准备作品，并可以根据自己的兴趣对自己的作品进行个性化的设计。同时，伴随作品，学生要附上对自己作品以及某一阶段学习的自我反省与评价。通过档案袋这样一个制作过程，学生能够认识到自己是学习的主人，从而以更强的责任感投入自己的学习；同时，它能充分尊重学生个体差异，并充分发挥每个学生独有的优势和创造性，帮助学生树立学习数学的信心，并让学生自己看到自己的成长过程，从而获得学习数学的成功体验。

7.3　数学课堂教学评价

数学课堂教学评价是教学评价的一个重要组成部分，是根据一定的教育价值观或教育目标，运用适宜、可行的评价手段，通过系统的资料搜集和分析整理，对课堂教学过程及其效果作出的价值判断。数学教学评价一般是以一节数学课为评价内容，对教师的实际教学水平和教学效果进行定性和定量评价。

7.3.1　数学课堂评价指标体系

评价指标体系是由各级各项评价项目及其相应的指标权重和评价标准所构成的有机整体。其中，评价项目是评价目标的具体化，是构成目标的具体因素；指标权重表示评价项目在指标体系中所占的重要程度，并赋予相应的数值；评价标准是衡量评价对象达到评价项目要求的尺度，并把达到的程度用等级或量化分数加以表示。

构建评价指标体系要树立多元化、情境化的评价观。教学不是知识的传递，而是知识的处理和转换；教师不是知识的简单呈现者，而是学生学习的引导者和合作伙伴。要注重从外显到内隐、从行为到心理、从局部到整体，全面关注课堂学习质量。改变学生的学习方式是课堂教学评价的中心任务。从评价标准的内容上看，一般是把课堂教学分为教学目标、教学内容、教学方法、教学过程、教学基本功、教学效果等要素。建立数学课堂教学评价标准体系，通常采用要素分析方法，即把课堂教学分解为若干要素，设立各级指标，确定各部分的权重，把各要素量化。

1. 要素的分解

从系统的思想、整体的观念出发，课堂教学的质量结构是由多个要素所构成的，在制定评价标准时，首先要对构成系统的要素进行层层分解，直到分解成可测目标要素。这些可见可测的目标要素便是我们需要评价的指标。

2. 要素的筛选

在分解出的众多因素中，有的能反映教学质量的本质，有的不能反映；有的有因果关系，不能单独评价；有的相互矛盾；有的内涵一样，但表述形式不同。因此，要对分解的指标要素进行分析处理，把内涵相同的合并，把次要的、矛盾的、不能单独使用的删除。经过处理后，指标的条目精简、明确、集中，便于实施。要提高指标的质量，以保证评价的有效性。

筛选指标的方法目前有经验法、聚类分析法、因素分析法、层次分析法和调查统计法等。因为调查统计法是经验法、模糊评判法和统计法的综合运用，所以指标的筛选一般选用调查统计法。其优点是可以广泛吸收有经验的教育工作者、专家、教师的意见，有可靠的实践基础，能采用数理统计方法，有科学的理论依据。具体的做法是把初步拟定的指标制成问卷，发给有经验的教育工作者，请他们按要求对每项指标做出判断。根据收回的问卷统计每项指标的得分和评定重要程度的人数比例。按每项指标的得分高低或重要程度比例高低顺序排列，把低于某数值的指标删除，就得到经过筛选的指标。

3. 指标的检验

筛选后的指标是否符合质量要求，要进行信度和效度检验。信度是评价结果的稳定性和可靠性的标志，是检验评价指标质量的重要标志之一。采用半信度法、库里信度公式等均可检验指标的信度。效度是检验指标评价结果的有效程度，检验是否评价到了要评价的东西。可以用内容效度和效标关联效度进行检验。内容效度实际是“逻辑效度”，可用广泛征求意见的办法测定。效标关联效度分预测效度、同期效度。预测效度是先用评价指标评价一些课程，整理出评价结果，待一定时期后再用其他指标评价这些课程，计算两次评价结果的相关性，相关程度高说明第一次评价指标的效度高。

4. 指标的权重

评价指标的权重是每项指标相对重要程度的标志。只有赋予不同指标以应有的权重，才能使评价结果反映教学质量的真实情况。确定指标的权重可用调查统计法，也可用层次分析法等。调查统计法是经验法与统计法的结合，是定量与定性统一的一种方法，简便易行，信度高。具体做法是把确定下来的评价指标按级制成问卷，请有经验的教育工作者按重要程度对每项指标做出判断，统计每项指标的平均分。再按指标的隶属关系归一化处理，就得出每项指标的权重。

一种含有5个A级指标和15个B级指标的评价体系如表7.2所示。

表7.2 数学课堂评价指标体系

A级评价指标	权重	B级评价指标
A_1教学目标	0.10	B_1任务明确具体
A_2教学处理	0.25	B_2要求准确恰当
		B_3内容科学严谨
		B_4过程安排合理
		B_5重点难点处理得当
		B_6知识传授与能力培养有机结合
		B_7展现数学思维过程
A_3教学方法	0.25	B_8因课制宜选择教学方式
		B_9贯彻启发式教学原则
		B_{10}面向全体学生
A_4教学基本功	0.20	B_{11}教学态度严谨
		B_{12}语言表达准确
		B_{13}板书绘图规范
A_5教学效果	0.20	B_{14}学生群体参与程度高
		B_{15}教学目标达成度高

7.3.2 数学课堂教学评价模式

数学课堂教学评价的方法主要有三种模式，这就是专家评课法、分项评分法与综合评判法。

7.3.2.1 专家评课法

专家评课法是评价课堂教学的传统方法。所谓专家评课法，是通过学校领导、教育专家以及同行教师的听课和集体评议，分析教学的优点和缺点，并对教师的课堂教学做出整体评价的方法，其评价结果一般用等级法(例如优秀、良好、一般、较差、差)给出。

专家评课法简单易行，便于操作，能充分发挥专家和富有教学经验的教师的作用，不仅有利于分析课堂教学中各种复杂因素的变化及其关系，有一定的客观性，而且有利于传播教学经验,有利于促进教学改革的深入和教学研究的开展。正因为这样,无论过去还是现在,专家评课法都不失为评价课堂教学的一种重要方法。但是,这种方法易受评价者的经验和主观意识的影响,难以避免片面性。

7.3.2.2 分项评分法

分项评分法是根据数学课堂教学的评价标准(即表7.3所列评分指标体系)的不同指标和内容,分别对各项指标赋予一定的分值与权重,听课后由评价组对教师的数学课堂教学情况分项评定分数,然后汇总得出评价总分的方法。分项评分法中评定总分一般用百分制表示,如果规定90分以上为优秀,80~90分为良好,70~80分为一般,60~70分为较差,60分以下为差,则又可以给出评价等级。

如表7.3所指出的,分项评分法通常有两种形式,这就是汇总求和法与加权求和法。

表7.3 数学课堂教学评价量化表

评价项目	项目权重		评价要点	等级评价赋分				项目得分
				A	B	C	D	
教学目标 A_1	10	B_1	教学目标的确定符合课程标准、教材要求	4	3	2	1	
			注重三维目标的培养,发展学生的个性,培养学生的创新精神和实践能力	3	2	1	0	
			教学目标贯穿于教学的各环节,符合新课程教育的要求	3	2	1	0	
教学处理 A_2	25	B_2	教学设计新颖、有特点,具有时代感	4	3	2	1	
		B_3	教材内容的讲授准确、科学,注重系统性和知识间的内在联系	4	3	2	1	
		B_4	教学结构严谨、层次分明、思路清晰,环节衔接自然	3	2	1	0	
		B_5	教学重点突出,抓住关键,有效突破难点	4	3	2	1	
		B_6	教材内容的选择及处理符合学生的身心发展特点,注重培养能力	5	3	2	1	
		B_7	教学结构设计能反映教师的教学思想与意图,教学过程具有创造性	5	3	2	1	

续表

评价项目	项目权重	评价要点		等级评价赋分				项目得分
				A	B	C	D	
教学方法 A_3	25	B_8	正确处理教与学、主导与主体的关系,体现学法的指导,注重培养学生的自学、自创的能力,方法恰当	10	8	6	4	
		B_9	培养学生兴趣,善于启发诱导	5	4	3	2	
		B_{10}	面向全体学生,灵活多样,因材施教	5	4	3	2	
			体现情感教学,教学民主化,师生关系和谐	5	4	3	2	
教学基本功 A_4	20	B_{11}	在教学中善于发现问题,组织应变能力强,有驾驭调控课堂教学的能力	8	6	4	3	
		B_{12}	教态自然、仪表端正、举止文明	5	3	2	1	
			讲普通话,语言精练、富于感染力,具有启发性,讲解生动	4	3	2	1	
		B_{13}	能正确、合理运用现代化手段,板书规范	3	2	1	0	
教学效果 A_5	20	B_{14}	课堂气氛活跃,学生情绪饱满,自主投入地学习,参与意识强,师生关系和谐	10	8	6	4	
		B_{15}	能体现新课程的教学思想,教学方法实用、高效,完成教学目标,教学效果显著	10	8	6	4	
综合评语							总分	
							等级	
评价人:				年 月 日				
注:评定等级分优、良、一般。90~100 分为优,80~89 分为良,60~79 为一般。								

1. 汇总求和法

运用汇总求和法,评课组听课后要首先填写表 7.3,其中各项评价指标的满分值反映了该项指标的重要程度,分数的确定一般是用专家咨询法给出的。

如果班评价组对某位教师各项指标评定的均分为$\overline{x}_i$($i=1,2,3,4,5$),则汇总求和得评定总成绩为

$$s=\sum_{i=1}^{5}\overline{x}_i$$

2. 加权求和法

在汇总求和法中,各项评价指标的分值一般是不同的,这就为评价组的分项评分带来了一定的困难。为了评分方便,可令各项指标取得大体相等的分数,而对各项指标的重要程度分别赋予不同的权重(总和为 1),权重的确定可以由专家咨询法、调查统计法或层次分析法确定。这样评价组要首先填写表 7.3。

如果设计权重 ω_i 如表中所示,评价组对某老师各评价指标评定的均分为 $\overline{x}_i$,则加权求和评定的总成绩为

$$s=\sum_{i=1}^{15}\omega_i\overline{x}_i$$

7.3.2.3 综合评判法

综合评判法是运用矩阵的理论处理评价结果的方法,适用于定性评价结果的合成。运用综合评价法,一般要经过分项评定等级、建立评价矩阵、求评价等级矩阵、求评价分数与等级四个步骤。下面,以教学目标、教材处理、教学方法、教学基本功和教学效果构成的评价指标体系为例,说明综合评判的方法步骤。

1. 分项评定等级

首先要求评价组填表 7.4。

表 7.4 数学课堂教学综合评价表

	好	较好	一般	较差	差
教学目标					
教材处理					
教学方法					
教学基本功					
教学效果					

2. 建立评价矩阵

如果评价组由 10 位评委组成,其中有 2 人认定数学目标为“好”,则该等级所占百分比为 20%,即 0.2,统计各项评价指标的各等级人数的百分比,假定得到表 7.5。

表 7.5 数学课堂教学综合评价表

	好	较好	一般	较差	差
教学目标	0.2	0.4	0.1	0.2	0.1
教材处理	0	0.1	0.5	0.3	0.1
教学方法	0.1	0.3	0.3	0.2	0.1
教学基本功	0.1	0.4	0.4	0.1	0
教学效果	0.2	0.3	0.2	0.2	0.1

表 7.5 从量的方面给出了各项指标在各个等级中评委所占的百分数。例如，教材处理一项，有 50%的评委认为属于一般，有 30%的评委认为属于较差，由此可判定执教者对教材处理在 80%的水平上属于一般与偏下。表中各个数叫做隶属度，表明隶属于该等级的程度。

将表 7.5 中的隶属度取出并排成数表，就得到评价矩阵为

$$R=\begin{bmatrix}0.2 & 0.4 & 0.1 & 0.2 & 0.1\\ 0 & 0.1 & 0.5 & 0.1 & 0.1\\ 0.1 & 0.3 & 0.3 & 0.2 & 0.1\\ 0.1 & 0.4 & 0.4 & 0.1 & 0\\ 0.2 & 0.3 & 0.2 & 0.2 & 0.1\end{bmatrix}$$

3. 求评价等级矩阵

设各评价指标的权重矩阵为

$$A=[\,0.1\quad 0.3\quad 0.3\quad 0.2\quad 0.1\,]$$

按照普通矩阵的乘法运算，求得评价等级矩阵为

$$B=A\cdot R=[0.1\quad 0.3\quad 0.3\quad 0.2\quad 0.1]\begin{bmatrix}0.2 & 0.4 & 0.1 & 0.2 & 0.1\\ 0 & 0.1 & 0.5 & 0.1 & 0.1\\ 0.1 & 0.3 & 0.3 & 0.2 & 0.1\\ 0.1 & 0.4 & 0.4 & 0.1 & 0\\ 0.2 & 0.3 & 0.2 & 0.2 & 0.1\end{bmatrix}$$

$$=[0.09\quad 0.27\quad 0.35\quad 0.21\quad 0.08]$$

评价等级矩阵 B 表明：综合所有评委对五项评价指标的评定意见，认为属于“好”这一等级水平的为 9%，认为属于“较好”这一等级水平的为 27%，认为属于“一般”、“较差”、“差”的则分别为 35%、21%和 8%。

4. 求评价分数与等级

为了把上述定性评价结果量化，先对评价等级赋值。假定赋值结果为：“好”，为 90 到 100 分，即(90,100)；“较好”为(80,90)；“一般”为(70,80)；“较差”为(60,70)；“差”为 60 分以下。分别取各等级分数的中值 95,85,75,65,50 组成等级赋值矩阵

$$V=\begin{bmatrix}95\\ 85\\ 75\\ 65\\ 50\end{bmatrix}$$

则由矩阵乘法得评价总分为

$$M=B\cdot V=[0.09\quad 0.27\quad 0.35\quad 0.21\quad 0.08]\begin{bmatrix}95\\85\\75\\65\\50\end{bmatrix}=75.4\ (\text{分})$$

因为 75.4∈(70,80),所以评定等级为“一般”。综合评定法为人们提供了十分丰富的信息。运用矩阵 B 和 R 不仅可以对教学中的优缺点进行各种诊断,而且可以科学地分析优缺点形成的原因并给出改进教学的积极建议。以上介绍了数学课堂教学评价的三种方法。需要指出,综合评判法是近年来形成并逐渐完善的一种方法,具有较强的科学性和客观性。运用这种方法分项评定等级简便易行、便于操作,虽然合作评价结果计算较为复杂,但随着微机在中学的逐步普及,计算合成的问题必将得到圆满的解决。因此,人们普遍认为综合评价法在中学课堂教学评价中将会发挥更大的作用。

7.4 数学学业成就评价

学生的学业成就,是学生经过一定时期和阶段的学习,个体的学习进展和变化程度,是衡量学生学习和发展水平的重要指标,包括学生学习成绩、思想品德、个性发展等方面的成就。新课程标准理念下,对于学业评价的定性是“以学生的发展为本”,评价方法与手段重在强调认识与实践的统一,结果和过程的统一。课程改革背景下,学业评价的基本含义就是以国家课程标准所确立的教育教学目标为依据,运用质性或量性的方法、手段和途径,系统地收集一定时期或阶段内学生学习认知行为上发展变化的信息和数据,并对学生的知识、能力和情感等学业成就目标进行价值判断,实施有效指导与行为跟进的过程。从教育评价管理角度来看,“数学学业成就评价”有各级教育行政对学生数学学业成就的整体评价和教师对学生个体在一定时期或阶段的学业评价。本节主要从国家基础教育监测角度探讨我国数学学业成就评价体系建构的有关问题。

7.4.1 数学学业成就评价体系

数学学业评价体系的建立是新课程改革对我国基础教育质量监测提出的必然要求,也是世界上许多国家的通行做法。数学学业成就质量监测是适应数学课程改革,全面推进数学素质教育的需要,是改善学生学习、规范教学行为的迫切要求。我国数学课程改革正在有序推进,对数学课程标准的落实与评估、学生的学习状况和教学达标情况,需要进行"国家课程测验",迫切需要建立权威、科学的学生数学学习质量监测体系检验数学课程改革的成果。

数学学业评价体系建立的中心任务是研制数学学业评价标准,研发监测工具,建立测评体系等。它是基于国家数学课程标准,在专业化水准上建构的基础教育阶段学生数学学习质量评估系统,既包括评价目标、评价范畴、评价工具等内在要素,也包括评价实施的环节。一个完备的数学学业评价体系一般可划分为四大系统:目标系统、评估系统、报告系统和支持系统,且各个系统相互联系,相互补充,作为一个整体发挥学业评价体系的作用。

7.4.1.1　目标系统

目标指学生数学学习行为的测量目标,它包括两个方面:一是知识目标,通常在数学课程标准中,以分段目标或分类目标等形式列出的基础教育阶段学生具体的数学学习结果或学习目标,是反映学生需要掌握的知识内容标准;二是能力目标,描述的是学生学习行为的表现性水平,反映学生学习"多好才算好"的认知能力水平标准。

7.4.1.2　评估系统

评估系统是数学学业评价具体的操作测试系统,需要建立一个专业的测试程序:规定测试的年级、试题编制、抽样检测与数据分析等。

1. 年级

数学学业质量监测的目标定位是"国家课程测验",从各个国家的教育实践来看,国家课程测验的年级的选择也不完全一样。如,美国中小学生学业评价测量体系 NAEP(National Assessment of Educational Progress),每隔两年评估一次,对象是4、8和12年级的学生,评估科目是阅读、数学、科学和写作等。英国"资格与课程局"QCA(Qualifications and Curriculum Authority),负责国家课程测验,在学段末的2、6、9年级进行,评估科目是英语、数学和科学等。我国数学学业成就质量监测一般可以选择在第一、第二和第三学段的3、6、8年级等。

2. 试题编制

试题编制的范畴即是评测的范围结构,是整个评测体系建立的基本和关键要素,直接关系到评价的科学性和有效性。试题编制范畴的确定不仅和一个国家的课程标准有很大关联,而且与一个国家(地区)的教育实情、评价目标、评价对象、开发者的主客观理解水平等因素有很大关联,存在着多维度、多层面的评价结构模式。如上所述的NAEP、PISA、TIMSS等项目中试题的评价维度，因评价目标的倾向性和关注问题的着眼点不同而存在不同程度的差异。一般而言，开发评估文本应当基于学生的学习、认知及其表现水平三个维度。由此可见，试题编制的范畴具有差异性，不存在统一的标准。但开发试题编制范畴的一个基本原则是评价文本应与国家课程标准相匹配，它保证了学业评测的分数是基于课程标准的测查，从而保证评测结果与解释的有效推论。

试题编制的范畴具有多元性。基于我国国情，新课程改革尚处于大规模实验和逐步完善阶段，需要进行有效的检验；同时，我国学业评测在一定程度上还处在研究、开发和实验阶段，需要发挥检评测体系对数学教学实践的导向作用，以深化课程改革，推进素质教育。因此，国家层面上的数学学业评测试题编制的范畴更应与数学课程标准三维目标的要求相适应，具体细化为“数学内容”和“数学认知能力”两个基本维度，评价目标是在内容和认知能力的框架下，评测学生数学课程标准“三维目标”的达成程度。

(1) 数学学业评测试题编制的内容维度

数学内容所蕴涵的知识和技能是学业评测的中心轴线，是试题编制的主要依托。内容维度的开发基于课程标准，至少覆盖课程标准知识领域的核心概念和重要原理法则。就是说，数学内容测查应是具有良好结构的知识，应用性较强的概念和原理，能够体现学生的知识水平和理解能力，而不是偏重记忆、零散枝节的知识。我国《全日制义务教育数学课程标准(实验稿)》(以下简称《课标》)将义务教育各个学段数学内容划分为四个结构领域：数与代数、空间与图形、统计和概率、实践与综合应用。每一领域都规定了具体的核心内容要素，如第三学段的内容细目如表7.6所示。

表7.6 数学学业评测试题编制的内容维度细目(义务教育第三学段)

数与代数	空间与图形	统计和概率	实践与综合应用
实数、整式与分式、方程与方程组、不等式与不等式组、函数	组成图形的基本元素、平面图形、尺规作图、图形与变换、图形与坐标、图形与证明	数据统计活动、统计决策、概率	实践活动、知识应用

(2) 数学学业评测试题编制的认知维度

数学认知能力反映学生认识和理解数学、使用数学和从事数学活动的能力，以及个体在各种数学学习情境中，提出、阐明和解决数学问题，并有效地分析、推理、解释和判断的能力。

基于认知心理学，认知能力水平存在从低到高的多层次结构，划分标准也不唯一，研究成果也相当丰富。例如，对国内外教育实践有较大影响的分类体系有：布卢姆(B. S. BLoom)认知领域的教育目标分类、加涅(R. M. Gagne)的学习结果分类、安德森(L. W. Anderson)认知目标分类体系以及韦伯(N. L. Webb)认知目标分类体系等。其中韦伯(N. L. Webb)的研究具有新近性，他开发了四个层次的认知水平结构：回忆(包括回忆一个事实、信息或程序)；技能或概念(包括应用信息、概念化知识或程序)；策略方法(包括推理、拟定计划、解决较复杂性问题)；拓展思维(包括调查、开放性问题、非常规问题解决)等。赫曼和伯克(Herman & Baker)在韦伯研究的基础上，提出划分认知需求的四个层次：回忆；概念化理解；问题解决或图式思维；策略方法或迁移。2008年TIMSS发布的评价体系，从知道、应用、推理三个维度考察数学认知能力。

因此，我们不难看出，认知维度开发比较复杂，在研究者的主客观理解、概念表述、所要考察的认知结构维度等方面存在一些差异，但本质上都呈现从低到高的阶梯性结构性状。基于国家义务教育阶段数学课程的总体目标所提出的认知目标要求(了解、理解、掌握、灵活运用)，吸收国内外最新研究成果，将数学认知能力水平划分为：知道事实、应用规则、数学推理和非常规问题解决等四个层次比较符合我国数学教学实际，也是与国家数学课程标准设定的认知目标要求四个层次相一致的，其中所蕴含的子维度开发如表7.7所示。

表7.7　数学学业评测试题编制的认知维度细目表

知道事实	应用规则	数学推理	非常规问题解决
了解、回忆、再认	计算、公式模式化、程序选择	分析与推理、归纳与概括、证明	综合、评价、解释

3. 抽样及检测

数学学业成就质量监测评估可采用整群抽样方法，即使用多阶段随机抽样PPS (Probability Proportionate to Size)技术方法。具体可分步骤分段实施：① 对学生差异、学生分类和每套试卷最低测试人数估计出抽样总量；② 按照PPS系统在各县(市、区)抽取学校，学校抽样参数要考虑地域(城市/县镇/农村)分布；③ 根据学校学生人数比例分层抽取班级；④ 设定允许误差限度，在95%的置信度下，相对误差不超过0.1个标准差；⑤ 根据抽样确定的检测年级、科目，运用全国统一的试卷实施检测。

4. 数据分析

它包括对学生抽样基础数据、学生试卷和问卷做答信息、试卷考察的内容和能力水平、试卷及问卷项目的相关参数等的分析，并进行整体性的数据分析，形成数据库。

7.4.1.3　报告系统

报告系统是学业评价反馈系统，目的在于使基础教育质量监测信息透明化，保障公众对基础教育质量状况的知情权，同时接受社会监督，满足公众问责要求。报告对象包括学生、家长、教师、学校、各级教育行政部门、社会在内的所有参与者。

报告形式主要是应用网络媒体，通过设立教育网站，登载评估数据信息，公布测评结果以及学生、学校以及省（市、县）的教育质量的相对位次等。

国家性的学生数学学业成就测试分析报告一般应包含以下内容：① 数学学业成就质量监测的评价标准及测试框架说明；② 学生课程标准要求的基本达标状况和整体发展趋势；③ 学生数学学业成就发展的地区差异、个体差异、性别差异和文化差异等；④ 改进建议及教育决策等。

7.4.1.4 支持系统

支持系统是数学学业成就质量监测的保障系统。教育质量监测考试是一项十分复杂的实践活动，不仅是教育问题，也是社会发展问题，需要各级政府和相关部门的大力支持。支持系统主要表现在立法管理、服务支持和社会参与上。健全的考试法规是考试评价制度建立和正常运行的根本保障，服务支持是教育管理机构的基本职能，社会参与表现在评价监督机制上，是考试评价制度建设的一项重要工作。

7.4.2 数学学业成就评价标准

学业评价标准是对国家课程标准所要求的学生学习行为表现目标“测度”的具体量规，其范畴体系是一个与课程标准、内容标准和表现标准相匹配的综合评估系统。一个比较完备的学业评价标准实施方案应由评价目标、评价内容、评价范围要求和评价方法等要素组成。研制学业评价标准，需要考虑两大匹配因素：① 与国家、地方和校本课程的学习目标相一致；② 与国家基础教育质量监测目标所确立的学生发展水平相吻合。学业评价标准的建构需要制度立法，基本途径是解读国家课程标准，深入研究教材，并遵照国情，加强本土化研究，且需要根据地方和学校教育实际，制定多层面的评价标准，并在实践中反复修正。

学业评价标准的范畴体系是指标准的使用范围属性和内容结构系统，反映标准体系的功能作用形式和全部内容各部分整体架构的总体布局。学业评价标准具有什么样的属性范围和组成结构系统，从目前世界各国的研究实践来看，并没有一个统一的模式。但从学业评价标准的外在属性和内在属性来看，学业评价标准的范畴体系有匹配范畴和结构范畴之分。

7.4.2.1 学业评价标准的匹配范畴

学业评价标准的匹配范畴是标准的使用范围属性，是一种外在属性。从系统论的观点来看，学业评价标准并非一个独立的评估文本，在课程、教学与评价实践的具体运用中，一个显著的特点是学业评价标准呈现一个“标准体系”，它与课程标准、内容标准、表现标准构成一个综合匹配的评估系统。研究表明，学业评价标准基于课程标准，蕴涵内容标准和表现标准两大主体因素，是内容标准和表现标准的有机整合与统一，如图7.3所示。

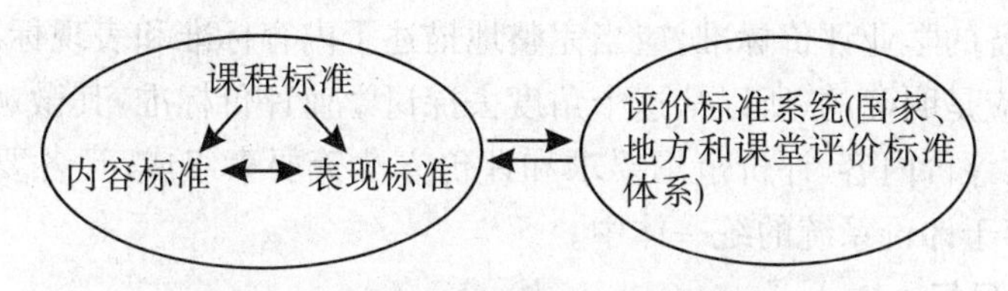

图7.3　学业评价标准的匹配范畴体系图

学业评价标准的匹配范畴反映了现代学业评价的复杂性，表现在诸标准的功能作用形式不同。但在这一系统结构中，学业评价的实践意义就是要追求评价与标准的一致性，学生评价标准与课程标准、内容标准、表现标准是一个匹配的体系。第一，课程标准是所有标准的基石。课程标准刚性地规定了内容标准和表现标准，内容标准和表现标准以课程标准为基础，不能超越课程标准。第二，内容标准与表现标准相互规约，共存于一个评价统一体中。内容标准的基本特征包含两个方面：一是陈述学生要知道的内容，二是陈述学生能做的事情。第二种陈述事实含有某种表现性的成分，但并不含有表现尺度(多好才算好)或表现尺度不够具体明确，它还不能为评价提供直接依据。就是说，内容标准包含表现标准的成分，表现标准以内容标准为载体。表现标准就是对内容标准的进一步分解、描述和刻画，描述的是学生对内容标准掌握的程度和质量水平，是学生要掌握知识的程度或学业成就水平的判别标准。表现标准不能离开内容标准而存在，否则失去表现标准的意义。第三，评价标准是内容标准和表现标准的有机整合，表现形式反映学生学习内容目标和认知能力表现目标的二维性，具体规定某一知识能力要素在何种认知水平上进行评价。

7.4.2.2　学业评价标准的结构范畴

学业评价标准的结构范畴反映标准的组成结构特征，是标准的内在属性。学业评价标准作为一个时期指导教学和评价活动的评估文本，其具体构成内容及结构范畴的确定不仅和一个国家的课程标准有很大关联，而且与一个国家(地区)的教育实情、评价目标、评价对象、开发者的主客观理解水平等因素有很大关联，存在着多维度、多层面的学业评价标准模式。学业评价标准研究受诸多因素制约，不存在统一的标准模式，主要是由于研究问题的视角和着眼点不同，结构划分存在一些差异,但开发学业评价标准的一个基本原则是基于国家课程标准以及能衡量出课程标准所期望的学生学习目标的评价。

学业评价标准根植于课程标准统摄下的内容标准和表现标准,其宏观结构主要包括内容标准和表现标准,并作为一个整体功能发挥评价系统的作用。这样说未免过于笼统,需要选择一个问题视域进一步整合与分解。从方法论的角度来看,一个比较完备的学业评价标准,应当完整地描述了内容标准和表现标准实施细则,其评价方案应是明确的,所以从这个角度去探讨学业评价标准,其微观结构可设置为评价目标、评价内容、评价范围要求和评价方法等要素组成,且各要素相互联系与制约,共存于评价系统的统一体中。

1. 评价目标

评价目标规定评价活动预期实现的目的和达到的要求,体现国家教育方针政策和课程目标,引导学生学业评价的方向。评价标准要使评价目标具体化,规范学生学习行为的测量目标,因而评价目标具有明确性、具体性和可测性特点。可测的学习目标依据课程目标的三维性来衡量:一是知识目标,通常在课程标准中,以分段目标或分类目标等形式列出的基础教育阶段学生具体的学习结果或学习目标,反映学生需要掌握的知识内容要求;二是能力目标,描述的是学生学习行为的表现性水平,反映学生学习的认知能力水平要求。三是情感目标,反映在整个学习过程中表现出来的与他人合作的态度、表达与交流的意识和实践探索的精神等层次上的学习目标要求。

2. 评价内容

评价内容是学业评价标准的核心内容和中心轴线,是评价实施的主要载体。评价内容整体呈现学生在一定时期和阶段内应完成的学习任务,具有系统性、科学性和逻辑性特征。实施评价的内容基于课程标准,至少覆盖课程标准知识领域的核心概念和重要原理法则,保证课程标准中所有的关键概念、原理、命题、公式法则和思想方法等在评价标准中得到全面的体现。

3. 评价范围要求

评价范围要求实质与评价目标是统一的,这里区分的目的是凸显“范围要求”的明确性,通常反映评价标准中表现标准的具体细则,是评价标准的重要组成部分。评价范围是学业评价标准的量和质的限度,反映学生学习目标表现水平的上限与下限,是实施评价活动的必要条件。因为只有当评价标准规定的内容领域具体、认知范围清晰时,评价的目标才有可能是清晰的,评价才能做到“有的放矢”。评价范围实质是对于特定的评价对象及确定的评价内容,学生的认知能力水平在什么限度范围内进行评价,它具体限定学生学习目标的达成程度。一般学业评价标准要规定每个年级每个学科的具体内容,并且对每个年级每个学科具体学习内容与目标的表现水平给予详尽的描述。

4. 评价方法

评价方法是学业评价标准的实施途径,是实施评价活动的基本手段。现代学业评价的方法具有多元化、多样化特征,主要实行量性评价和质性评价,形成性评价和终结性评价相结合的方法。例如,纸笔测验、表现评定、档案袋评价、案例分析评价、网络平台评价、日常观察等。评价方法要提供相应的评价作品案例,使教师、学生、家长通过作品表现描述、表现水平的划分以及作品范例说明等能够容易实现对学生表现任务的评分和解释。

7.4.2.3　学业评价标准研制的策略思考

学业评价标准建立基于内容标准和表现标准,研制的主要任务之一是制定中小学各年级内容标准、表现标准细则。

内容标准是评价标准的一个基本维度,反映课程标准所规定的课程领域的具体学习目标。内容标准是学习和教学系统的核心,规定着课程与教学的方向。我国中小学各科课程标准规定了课程性质、目标、基本理念、设计思路、内容标准以及实施建议等,其中"内容标准",是以学段、内容领域或模块(专题)等形式划分与设置的,规定一个时期或学段内具体学科课程领域学生学习的内容和目标要求。但我国课程标准规定的内容标准仍是一个较大的范围标准,弹性很大且不含有校本课程内容,更由于教材的多样化和差异性,各年级的内容标准界限比较模糊,评价缺乏统一的尺度,操作比较困难。因此,学业评价标准建构的一个重要任务是根据课程标准、教材和具体教育实际制定各年级学科的内容标准。一般内容标准研制应遵循如下基本原则:① 内容标准描述的是学生的学习目标,要与国家、地方和校本课程的学习目标相一致这是制定内容标准的必要条件。② 内容标准在分解过程中要反映课程标准所规定的学生学习目标的核心概念和基本思想方法,整体上呈现九年一贯系统,且各年级自成体系,知识系统科学,逻辑连贯,符合各年级学生的认知特点。③ 内容标准学习目标明确可测,具体适用,使学校、教师和学生容易理解与执行。④ 内容标准能够反映本地区的教育实情,并根据教学新信息的不断变化而适时加以修订。

表现标准是评价标准的另一个重要维度,是学生学习行为表现目标的具体规范。表现标准在我国中小学教育评价应用意识中还相当薄弱和生疏。不仅因为"表现标准"是一个舶来词汇,在我国使用较少,而且"表现标准"是一个比较复杂的概念。关于表现标准的研究,其称谓、格式和具体内容十分不一。一般地,表现标准体系由表现水平、表现描述、范例和分数线等要素组成。表现标准开发应遵循的基本原则:① 表现标准研制需要与国家基础教育质量监测目标所确立的学生发展水平相吻合,实施国家基础教育质量监测制度,基于表现标准的评价数据及其分析是评价学生、教师和学校的重要依据。② 表现标准的表现水平是明确的,能够清晰地区分每一级表现水平的等级。如,要了解"掌握"的表现水平指什么? 读了表现标准描述之后,能够清楚地知道该表现水平学生的学习目标是什么,相应的学生作品类别和样例是什么样的。③ 表现标准的表现描述是准确的,能够清晰地刻画每一级表现水平上所期望的学生表现任务,即能够清晰地刻画每一级表现水平的主要概念和基本技能的学习目标,并描述学生在不同发展阶段,反映各种不同类型学生学业成就的多种类型的作品和样例。④ 表现标准符合地方和学校的实际教育水平。

7.4.2.4 学业评价标准建构的基本途径

1. 政府的制度立法

学业评价标准的制定应是体现国家、地方和学校教育意志的政府行为,反映新的教育形态和新的教学管理形态下提高教育教学质量的教育行政责任目标,在管理层面上需要制度立法加以规范。为了确保学业评价标准的有效执行和功能发挥,学业评价标准应当纳入国家和地方的教育教学法规的范畴之内,需要在课程标准的框架之下,制定学业评价标准的有关制度条款,对学业评价标准的实施细则进行更为具体的规范。建构学业评价标准,需要广泛的社会支持,特别是各级政府的重视与领导。学业评价标准研究的组织机构通常是政府引领下的教育行政与科研部门,如,美国政府于 1994 年颁布了《美国 2000 年教育目标法》,着手建立国家教育标准和提高委员会(National Education Standards and Improvement Council),该机构的重要举措就是和非政府机构的研究部门合作,开发评价课程标准的标准。其研究组织一般是由美国的一些著名的、具有一定权威的非营利性研究机构,如美国教师联合会(American Federation of Teacher)、成就公司(Achieve Inc.)等。我国学业评价标准建设也需要一个强有力的社会支持体系,表现在政府立法管理、财政支持与社会参与上,其制度体系的建立需要政府行为决策,并体现地方教育意志。

2. 加强本土化研究

关于学业评价标准,近年来我国学者也多有研究,重点表现在"怎样将课程标准化为评价标准"的理论方法的探析、"表现标准"相关研究成果的评价以及研制评价标准的构想上等等,这些研究成果对我国学业评价标准研究步入科学化道路具有积极意义。但我国学业评价标准研究起步较晚,历史研究和实验研究薄弱,基本还停留在"技术理论化"阶段,"拿来"成分较多,还要进一步针对我国教育实情,加强学业评价标准研发的基础和实验研究。这就是说,我国学业评价标准研究在认识方法上还存在引进与吸收、继承和发展的问题。第一,学业评价标准研究首先在认识上要突破“外来移植”的思维局限,应当基于我国教育国情和民族文化的生长点。中西国情不同,文化有差异,话语体系意境相距甚远,这就要求我们在借鉴国外的相关研究成果的同时,必须加强本土化研究,要剥离西方教育劣质文化及其所根植的历史土壤成分,使学业评价标准能够真正有效地服务于我国基础教育质量监测,能够切实为中小学课程与教学评价提供评价指南。第二,学业评价标准研究在方法上应当是在专业化水准上建构的基础教育阶段学生学习质量评估标准,需要研究人员具有坚实的教学理论专业知识,从而克服经验行为的依赖性,防止研究发生偏向。学业评价标准作为一个教育评价项目,其计划、制定、执行和颁布,必须满足一个国家(地区)教育目标的现实需要和长远发展,至少应当满足两大匹配因素:① 与国家、地方和校本课程的学习目标相一致;② 与国家基础教育质量监测目标所确立的学生发展水平相吻合。只有这样,学业评价标准才有生根的土壤。

3. 建立多层面的评价标准体系

从世界众多国家的评价实践来看,无论教育体制是中央集权型还是地方分权型国家,学业评价标准既有国家指导方针的统一性,又有地方教育特征的差异性。我国是一个庞大的教育国度,社会经济、文化发展不平衡,地域差异性很大,基础教育存在明显的地区差异、文化差异、学生差异以及教学差异等,建立“大一统”的学业评价标准既是不可能的,也是不现实的。应当基于不同地区不同经济文化背景下的教育实际,形成国家、地方和学校等多层面的评价标准体系,在归属关系上,国家评价标准(抑或课程标准)是指导和统摄性的,地方和学校层面的评价标准必须包容和融入国家评价标准,且在实践中不断反复修正。

7.4.3　数学学业评价常用统计方法

在数学教育测试中,通常学业考试分为常模参考性测验与目标参考性测验两种。前者主要用来说明学生的相对等第(相对评分)在集体中所处的地位。后者主要用来说明教学目标达到的程度(绝对评分),它是与标准、教材所提出的目标进行比较的,例如,国家基础教育质量监测数学学业水平考试就是目标参考性考试。在日常教学的学业成就评价测试中,常常需要教师对常模参考测验所得的分数进行分析和处理。

7.4.3.1　数学学业评价中的常用统计量

1. 平均数与中位数

平均数是一组考分的平均值。中位数是一组考分中处于中间位置的数,如有一组考分为78、80、88、90、94。其平均数为86,中位数为88。

2. 标准差与方差

设有 n 个分数 $x_i(i=1,2,3,\cdots,n)$,则

$$S=\sqrt{\frac{1}{n}\sum_{i=1}^{n}(x_i-\overline{x})^2}$$

称为这 n 个分数的标准,而

$$S^2=\frac{1}{n}\sum_{i=1}^{n}(x_i-\overline{x})^2$$

称为这 n 个分数的方差。

3. 分数分布图

以上平均数与中位数、标准差与方差,分别表示测验成绩分布的平均水平与离散程度,它们是从两个不同的侧面反映分布的重要特征量。为直观地表示,可作出分数分布图。若高峰偏左属于正偏态分布,说明试题过难;若高峰偏右,属于负偏态分布,说明试题过易。

7.4.3.2 考试分数的项目分析

1. 难度

难度,是反映试题难易程度的数量指标。

(1) 试题的难度。数学试题,按照记分方法的不同,可分为二分法记分的试题和非二分法记分的试题两种类型。前者的记分只有"对"和"错"两种情况,其计算难度的公式是

$$p=\frac{n}{N}\times 100\%$$

式中 p 表示难度,N 为全体考生数,n 为答对该题的考生数。

例如,某班50名考生中,答对某题有26人,则该题的难度为0.52。

后者适用于计算题、证明题、作图题、叙述题等试题,只要答对一部分就给予一定的分数,其计算难度的公式是

$$p=\frac{\overline{x}}{x}\times 100\%$$

式中 p 表示难度,x 表示试题的满分,$\overline{x}$ 表示考生解答试题所得的平均分。

例如,某一试题满分为20分,学生解答试题的平均分为12分,则该题的难度为0.60。

实用上,为方便也可用高分组与低分组得分的平均数除以该题的满分数。

例如,上例50名考生中,对某一部分为20分的试题,高分组10人解答该题得180分,低分组10人解答该题得85分,则该题的难度为

$$p=\frac{1}{2}\left(\frac{180}{20\times10}+\frac{85}{20\times10}\right)=0.66$$

(2) 试卷的难度。将每一次试题的局部难度组合起来就得到该试卷的整体难度。试卷的整体难度也可用试题的平均难度来近似地表示。

需要说明的是，上述难度 p 的值越大，表明试题越容易；p 的值越小，表明试题越难，这和通常意义的“难度”正相反，因此，也有人主张用 $q=1-p$ 表示难度，这样 q 的值大，难度高（试题难）；q 的值小，难度低（试题易）。实际应用时，应注意难度 p 和 q 的意义，以免混淆。

难度的选取应与考试的目的与性质相适应，一般考试的难度选取以 0.6～0.8 为宜。

2. 区分度

区分度（鉴别度）是一种区别好生与差生的各试题回答程度的数量指标。区分度高，则表明学习情况好者得高分，学习情况差者得低分。

计算区分度的方法很多，其中主要有：

(1) 相关系数法

这适用于“二分变数”，即每一题均以答对或答错表示，而效标是连续变数的情况。其计算公式是

$$r_{pq}=\frac{x_p-x_q}{s}\sqrt{pq}$$

式中 r_{pq} 代表相关系数，x_p 和 x_q 分别代表答对和答错的受试者在效标上平均得分。p 与 q 分别代表答对或答错某一题的人数与受试者总数之比，S 代表全部受度者在效标上得分的标准差。

下面以 15 名学生解答某一题目的情况为例，如表 7.8 所示。

表 7.8　15 名学生解答某一题目的情况

学生	A	B	C	D	E	F	G	H	I	J	K	L	M	N	O
效标分（总分）	65	70	21	49	80	50	35	20	81	69	78	55	77	90	42
解答情况	错	对	错	对	对	错	对	错	错	对	对	错	对	对	错

这里答对者 8 人，答错者 7 人。

$$p=\frac{8}{15}=0.5333$$

$$q=1-0.5333=0.4667$$

$$x_p=\frac{548}{8}=68.50$$

$$x_q=\frac{334}{7}=47.71$$

$$\sum x_i = 882$$

$$\sum x_i^2 = 58936$$

$$S = \sqrt{\frac{1}{n}\sum_{i=1}^{n}(x_i - \bar{x})^2} = \sqrt{\frac{\sum x_i^2 - \frac{(\sum x_i)^2}{n}}{n}}$$

$$= \sqrt{\frac{58936 - \frac{(882)^2}{15}}{15}} = 21.72$$

$$r_{pq} = \frac{x_p - x_q}{s}\sqrt{pq} = \frac{68.50 - 47.71}{21.72} \times \sqrt{0.5333 \times 0.4667} = 0.478$$

再经检验,可得知区分度是否符合要求。

(2) 两端分组法

此法应用较普遍,计算也较方便,其计算方法是:考生中高分组答对人数比例 P_H 减去低分组(各占考生总数的 27%左右为宜)答对人数的比例 P_L,即区分度

$$D = P_H - P_L$$

其中 $0 \leqslant D \leqslant 1$,当 $D = 1$ 时,表示高分组全答对,低分组全答错;当 $D = 0$ 时,表示两组答对的百分比相同。

例如,某班 52 名考生中,某题高分组与低分组各 10 人,答对人数分别为 8 人与 3 人,则区分度为

$$\frac{8}{10} - \frac{3}{10} = 0.5$$

一般区分度以 0.4 左右为宜,但不宜低于 0.2。影响区分度低的原因,主要是试题难易缺乏层次,其解决办法如下:试题应分为基础题、小综合题、大综合题、提高题等类型,而提高题又应分为若干层次。

7.4.3.3 考试分数的整体分析

这里,我们先来介绍测试误差的概念。

凡测试皆有误差,中学数学教育测试也不例外,其误差分为系统误差与非系统误差两种类型。系统误差又称条件误差,是比较稳定出现的,是由与测验目的无关的变因所引起的误差。例如,考生的阅读能力、理解能力等影响其成绩,由这种变因引起的误差就是系统误差。非系统误差(又称随机误差、偶然误差或测试误差)是由偶发因素引起的误差。例如,考生注意力的转移,心情的变化和其他暂时性外因所引起的误差。

由于误差的存在,每一考生在一次测验中所得实际分数 x 与有效分数 x_0、系统误差 x_C、随机误差 x_E 之间具有了下列关系:

$$x = x_0 + x_C + x_E$$

在对考试分数进行整体分析时，还需要引进反映系统误差与非系统误差的所占比例大小的数量指标，这就是所谓信度和效度。

1. 信度

所谓信度，指实测值与真实值相差的程度，是一种反映试题的稳定性、可靠性的数量指标。它包含两层意思：① 当我们以同样的方式进行重复测验时，能否得到相同的结果，以保持测试的稳定性；② 减少随机误差的影响，以保持测试结果的精确性。在测验分数中，随机误差所占的比例小，就可以提高测验的信度。

2. 效度

所谓效度，是一种反映测试能否达到所欲测试的特征值或功能程度的数量指标，使其反映测验正确性的程度。效度也包括两层意思：① 效度具有特殊性，即任何一种测试只对某种特殊目的有效。例如，我们不能以语文或英语的测验来反映考生的数学水平，不能以代数知识的测验来反映考生的几何知识的水平；② 效度具有相对性，即任何一种测试仅是对所要测试的特性作间接的判断，只能达到某种程度的正确性。

在测验分数中，系统误差所占比例的大小，是衡量测验效度的重要标志，也就是说，与测验目标无关的因素越小，测验有效性就越高。影响效度的因素有很多，其中试题是否恰当尤为重要。例如：试题超纲，出偏题、怪题或题意不明等，往往效度就会降低。如能避免这些问题，效度会提高。

信度是效度的必要条件，一个测验如果无信度则必无效度，但若有信度，未必有效度。这就是说，测验的可靠性高，其正确性未必高，但若测验正确性高，其可靠性必然高。

7.4.3.4 标准分数

试卷经过评分所得的分数，叫做原始分数。原始分数不能科学地反映学生的学习情况，这就需要将原始分数转化为标准分数，其常用的转化方法有两种。

1. Z 分数

即通过公式

$$Z_i = \frac{x_i - \overline{x}}{S}$$

进行转换所得的分数。式中 x_i 为原始分数，$\overline{x}$ 为原始分数平均值，S 为标准差，当 Z 值为正时，说明该分数在平均成绩之上；当 Z 值为负时，说明该分数在平均成绩之下。

从正态分布表可以看出，$Z = -4$ 到 $Z = 4$ 之间几乎包括了全部的数据。因此，通常认为 -4 与 4 之间是标准分数的取值范围。

例如,初三某班一次考试的平均分数、标准差和两名学生的得分如表 7.9 所示。

表 7.9

	平均分	标准差	学生甲	学生乙
语文	80	8	70	80
数学	50	5	60	50

甲乙两生的语文、数学总分均为 130 分,难以加以比较,但将原始分数转化为标准分数时,即

甲:语文 −1.25,数学 2,总分 0.75。

乙:语文 0,数学 0,总分 0。

显然,甲比乙的成绩要好。

2. *T* 分数

即通过公式 $T=10Z+50$ 进行转换所得的分数。这是因为 Z 分数在$[-4,4]$内取值,往往带有小数,不便使用而进行转换的。

例如,某年级一次数学考试的平均分数为 60 分,标准差为 5,四名学生的原始分数转换为 Z 分数与 T 分数,如表 7.10 所示。

表 7.10

	甲	乙	丙	丁
原始分数	80	70	60	40
Z 分数	4	2	0	−4
T 分数	90	70	50	10

一般说来,原始分数(通常为百分制分数)可用来表示学生掌握知识和能力的数量及质量水平,检查教学质量的测验宜使用这种分数。Z 分数和 T 分数可用来表示学生在应考生中所处的地位,因此,选拔性考试宜使用这种分数。

问题与讨论

1. 谈谈你对数学教育评价观的认识。
2. 简述数学学业评价标准的含义及其建构的原则。
3. 试述效度、信度、难度和区分度的含义及作用。

第8章　数学教育研究与实践

职前教育是高师数学教育的一个重要环节，它是教师职业预期社会化的关键阶段，是学生在准备担任数学教师之前而正式接受的教师职业价值、职业规范和职业性格等的专业实践训练，对教师专业成长起着基础性作用。职前教育主要包括教育实习、数学说课、微格教学及数学教育论文写作等实践环节。

8.1　数学教育实习

数学教育实习是数学与应用数学专业数学教育方向教学计划的有机组成部分，是贯彻理论联系实际原则、培养合格师资的重要途径，也是提高教师教育、教学质量和管理水平的重要环节。对于师范类毕业生，教育实习对其教育教学实践知识的获得与应用具有重要意义。莱希等人对教师职业预期社会化为期4年的研究表明：实习阶段是教师职前进行职业社会化训练最有效的时期[①]。可见，数学教育实习是加强学生教育教学实践能力培养，强化师德修养，提高教师培养质量的一个很重要的环节。

8.1.1　数学教育实习的目的和任务

一般来说，数学教育实习的目的主要是通过教育实习的全过程，使学生了解并熟悉中小学数学教育的情况，学习和初步掌握中小学教育教学工作的规律，锻炼和培养他们独立从事数学教育教学工作的能力，并使学生在数学教育实习中受到忠诚人民教育事业、热爱数学教师工作的思想教育，锻炼和培养他们从事数学教育工作的事业心和责任感。

数学教育实习的任务主要包括实习数学课堂教学工作、实习班主任工作、教育

---

① 梅英.影响师范生之前社会化实效相关分析[J].安康师专学报，2006：(4).

调查工作以及实习学校课外科技文体活动的组织和辅导工作等，其中以实习数学课堂教学为主。

为完成数学教育实习的目的和任务，需要做好以下几个方面的工作。

8.1.1.1 建立规范的数学教育实习课程体系

在新课程改革日益推进和毕业生就业压力越来越大的新形势下，需要不断改革人才培养方式，培养实践能力，适应社会发展要求。基于传统数学教育实习的弊端，众多教育学者关注教育实习的课程与实践模式的改革，提出了很多改革方案与建议。如应增加我国数学教育实习时间①、改变单一的实习形式为系列实习②、"顶岗实习支教"③、美国的 PDS(Professional Development School)实习模式④等，都为我们适应新时代的教育实习提供了思路和案例。这些模式有两个共同特点：①分散实习时间。教育实习课程分布在从入学到毕业的整个大学阶段。② 拓展实习空间。教育实习地点有中小学校、大学、教育机构等。因此，数学教育实习需要根据学生教育实际，建立规范的教育实习课程体系(如表 8.1 所示)。

8.1.1.2 端正实习态度，认识数学教育实习的意义

数学教育实习是对教师专业素养形成和发展的一个特殊的教育过程，具有对专业理念的教育、专业素养的提升、专业技能的巩固、专业精神的养成和专业情意的熏陶等系列功能。在实习过程中，学生的教育理论素养、数学专业素养、社会文化素养等都面临着一次实习检验。只有端正学习态度，才会发现自己的诸多不足；只有正视自我，才会认识自己的问题所在；只有不断反思，才会有效推进自己的专业发展。

8.1.1.3 明确数学教育实习的目标和任务

通常意义的数学教育实习是指毕业前的集中实习。师范专业本科生通过教育实习的全过程，达到以下总体目标：了解和感悟中学数学教育现实，能初步综合地运用所学的基础理论、基本知识技能于教育实习中，掌握中学数学教学必需的基本技能，培养与中学数学教育相适应的专业理念、专业知识素养、专业技能、专业精神和专业情意。

---

① 张奠宙. 高等师范教育面向 21 世纪教学内容和课程体系改革成果丛书[M]. 北京：北京师范大学出版社，2001.

② 王工一，王跃红，杜一新. 数学教育专业教育实习改革研究[J]. 数学教育学报，2007(2).

③ 张春生. 高师数学专业教育实践体系探索[J]. 数学教育学报，2011(11).

④ 杨渭清. PDS 学校与高师数学系教育实习模式探微[J]. 数学教育学报，2008(6).

表 8.1　数学教育实习的系列课程及流程安排

课程名称	课程内容	实习时间（约13周）	地点
感悟教育	中学数学教育改革报告	第一学期,集中2天	本校内
	中学数学教育技术展示		
	优秀数学教师专业成长事迹报告		
	优质数学课堂教学录像观展		
技能训练	训练学生课堂教学常见的十大技能	第三学期,分散10天	微格教室
教育见习	参观教育机构:学校、教育基地、教育研究机构	第二学期,1天 第五学期,3天	在实习学校或其他地方
	观察教师的日常活动和言行举止		
	观察教师教学全过程（听课:教学的基本环节、时间分配过程中的提问、讲解和辅导学生的方式与方法）		
	观察教师开展活动:班会课、课外活动及其他教学活动的环节与过程		
	观察学生:注意了解学生的心理与学习困难,并尝试辅导学生;在指导教师的指导下开展作业批改		
模拟实习	上课课案设计和试教	第五学期,4天	在校内
	说课课案设计和说课	第六学期,4天	
	评上课和说课	第五、六学期各1天	
教育实习	课堂教学实习	第七学期,6～8周	在实习学校
	班主任实习		
	其他实习活动		
研究专题	教育调查	第四、六学期各3天	校内或校外
	教育实践活动的专题研讨	第七学期,1周	
	教育热点问题探究		

注:每项课程（活动）做到有计划、重过程、有总结,作为个人教育实习资料保存。

数学教育实习的具体目标是:

(1) 采用不同的方式方法在实践中运用所学的教育学、心理学、数学学科教学论及专业课的理论知识;

(2) 独立地计划和进行中学数学教学和教育工作及社会辅助教育工作，在对学生进行思想品德教育时表现出创新性、主动精神和责任感；

(3) 善于组织开展少先队、共青团活动以及组织辅导中学生的课外活动，学会做家访工作；

(4) 正确处理教师主导与学生自我管理的关系，鼓励和发展学生的个性特点和独立解决问题的能力；

(5) 协调学校领导和教师之间、教师与教师之间的关系，观察、分析和总结该校教师集体所积累的经验。

(6) 在上述基础上，加深和巩固在大学学到的理论知识，激发对教育科学研究的兴趣，为撰写课程论文和毕业论文收集资料，进行研究。

数学教育实习的具体内容有：

(1) 了解并熟悉实习学校教育、教学工作的基本情况，包括学校的一般情况(如学生数，班级分布，教学组织和共青团、少先队及学生课外活动组织工作情况)、环境设备、规章制度、劳动纪律和实习学校当前教育和教学工作的中心任务、对实习生的要求以及实习课程的教学大纲和进度等。

(2) 观摩课堂教学和课外活动。观摩见习所实习学科的示范课和由所在实习班级原班主任主持进行的教育、辅导活动，一般不少于一周。观摩后要举行学习讨论会。

(3) 实习课堂教学。实习课堂教学的课时可因实习学校的具体情况不同有所差别，但一般不得少于 8 个课时。实习生必须认真备课、编写教案和试讲，教案应于上课前送实习学校的指导教师审阅签字。同组实习生之间要相互听课，每人听课不得少于 10 节。实习生的课堂教学要及时组织评议。每个实习生正式实习上课的第 1、2 节课均在课后由指导教师主持评议，同组的实习生必须参加；其余的课由指导教师在课后个别指导。实习生要认真布置作业，并认真、及时、全部批改学生的作业，同时应进行课外辅导。在可能的情况下，实习生应力求多听其他年段的课程，了解不同年段的教学内容与特点。在实习期间的最后两至三周内，组织教学比武活动，原则上每个实习生都应该参加，并对成绩优秀的实习生给予奖励。

(4) 实习班主任工作。在原班主任指导下，了解班主任工作的内容和方法，担任一定的班主任日常工作，独立组织和辅导班级、小组或团队活动；至少主持 1 次主题班会，访问学生家长 1～2 名；深入调查了解 1～2 名不同类型的学生各方面发展情况，写出报告并有针对性地做好思想教育。

(5) 教育调查。为培养应用所学的教育理论观察、分析教育问题的兴趣和能力，实习生实习期间均应结合实习学校的特点，围绕调查题目，深入了解中学教育状况，学习中学教育经验，注意收集教材，认真分析和综合整理，至少形成一份调查报告。调查的内容也可以结合毕业论文的选题进行。

(6) 组织课外活动。根据需要和可能，实习期间实习生应积极组织、辅导实习学校的课外科技、文艺、体育等活动，以锻炼自己的组织能力。

(7) 写好实习日志和实习总结。实习期间实习生应写好实习日志，实习结束后应写出一篇实习总结。

8.1.2 数学教育实习的基本环节

数学教育实习的基本环节通常有感悟教育、教学技能培训、教育见习和教育实习等环节。

1. 感悟教育环节

通过听报告、观看展览等感悟教育活动，让学生在刚刚结束的高中学习基础上，回顾高中学习经历，拓展自己的学习视野和文化视野，再次从较大的范围和专业的角度初步确立自己的发展方向，并较好感知自己的角色变换，增强大学阶段学习的方向和紧迫感，同时缩短大学学习与中学学习的距离。

2. 教学技能培训环节

指针对某一教学技能环节通过微格教学有针对性地加以训练。传授知识是一项具有创造性的艺术活动，需要许多的知识储备和基本能力，其中教学技能是一项基本的教学能力素养，需长期不懈地训练。教育部(原国家教委)在1994年下发的《高等师范学校学生的教师职业技能训练大纲》中，把教学技能分为五类：教学设计技能、使用教学媒体技能、课堂教学技能、组织和指导课外活动技能、教学研究技能。在课堂教学技能中又分设了九项基本技能，即：导入技能、板书板画技能、演示技能、讲解技能、提问技能、反馈和强化技能、结束技能、组织教学技能、变化技能。刘幸东就高师数学教学技能训练提出较好的训练系统，并指出教学技能训练的四阶段：教学技能的预备阶段、教学技能训练的尝试阶段、教学技能训练的实践阶段和教学技能训练的提高阶段①。可见，数学教师除了包括普通话和“三字”(粉笔字，钢笔字，毛笔字)等教学技能，一方面需要结合相关课程学习培训，另一方面进行专门的集中训练。

3. 教育见习环节

指在集中实习前的见习活动。教育见习是培养学生实践技能的重要环节，是一件与学生个人发展密切相关的事情。教育见习的目的之一是使学生能从一个新

---

① 刘幸东，张占亮，王兴志. 高师数学教学技能训练体系的构建与实践[J]. 数学教育学报，2011(4).

的角度系统地观察中学教育、教学，获得对中学教育、教学一些新的感知，为自己的本科阶段学习寻找更明确的目标。教育实习的另一目的是使学生在这一环节中寻找自主学习、自主工作的方式、方法，为学生后阶段的教育实习和就业铺设一个阶梯。

开展教育见习的目标包括：感受教师的生活，初步体会教师职业的专业性与艺术性；了解教学的基本环节，对教学有初步的认识；了解班主任工作的内容与基本环节，对教育工作有初步的认识；通过各种途径，初步了解学生的心理特点与学习困难等。

师范生在见习期间需要完成以下任务：指导教师的数学课至少听3节以上，最好是概念课、习题课与复习课各1节；完成1份教学心得体会，字数500字以上；班主任的班会课至少听1节以上，参加1次见习学校组织的集体活动，完成1份班主任工作心得体会，字数300字以上；参加批改数学作业和辅导学生各至少1次，完成1份辅导学生的心得体会，字数300字以上。

4. 教育实习环节

指准备进入实习学校的集中实习。在理论上和思想上都做好充分的准备后，即可进入实习阶段。实习一般可分为四个环节。

第一，实习准备环节。一般为进入实习学校前的两至三周。主要任务是复习及巩固专业基础知识与基本理论，明确实习的目的与任务，熟悉教学实习内容和要求。具体要完成的工作项目主要包括：制订教育实习计划，解答与教学实习内容相关联的课本上全部的习题，撰写教学观摩笔记，编写教案并分组进行试教训练，在指导老师帮助下修改完善教案设计、教学方法，熟练掌握语言表达、教具(模型)运用与板书技能。

第二，见习环节。一般为进入实习学校后的第一周。教育见习，简单来说，就是观摩教学活动、教育活动的组织及开展。见习阶段的实习目标是：了解和熟悉中学数学教学环境和班级管理工作环境，进一步确定实习的具体计划，为数学教学、班级管理的全面实践继续做准备。主要任务是了解及熟悉数学教学环境及班级管理工作的条件和现状，确定实习方案。具体要完成的工作项目主要包括：制订数学教学实习计划，制订班主任工作实习计划，观摩原科任教师讲课及原班主任工作；通过与原科任教师、原班主任座谈，查阅资料，协助开展班级工作，下班与学生谈心、召开班委会等方法了解和熟悉实习班级学生的学习和思想状况；集体备课，预讲，在原科任教师指导下把第一、第二个教案定稿。

第三，实习环节。一般为见习结束后的一至四周，是教育实习的重要环节。

实习阶段的主要目的是：全面实践数学教育及班级管理工作，初步适应从“学生”到“教师”角色身份的转变。通过本阶段的实习，培养和锻炼实习生分析掌握数学教材的能力，了解分析学生心理和思想状态的能力，教育、教学组织管理能力，口头表达能力以及评价能力等。

实习阶段的重点：正式实践中学数学课堂教学和班级管理工作的各个环节。

实习阶段的难点：做好心理调控，适应从“学生”到“教师”角色身份的转变。

主要任务是全面实践数学教学及班级管理工作。具体要完成的工作项目主要包括：备课、数学课试教、作业批改、课外辅导、教学及班主任工作评议，撰写教学后记，观摩同级实习生的课堂教学，集体活动组织、个体教育及班级常规管理工作。

第四，实习总结与教育研究环节。一般为在实习学校的最后一周至离开实习学校后的前两周。教育实习总结及教育研究的目的是：进行数学教学、班级管理实习的评价总结和教育研究工作，培养和锻炼教育评议与教育研究的能力。本环节的工作一般可以分为两个部分。一部分是最后一周的实习日常工作，此时，各个实习点的试教课基本结束，一般只剩下复习、批改作业、测验及测验卷讲评工作。在这一段时间，实习生可根据实际情况，组织对原任教师的教学观摩以及教育研究（包括：开展对教育、教学个案的调查研究，教育、教学论文资料的搜集、整理等）工作，举行对实习学校的答谢会、与实习学校师生话别联欢会等。另一部分为实习总结工作，包括：实习评议，实习情况统计调查，撰写实习鉴定、实习总结、教育实习论文等。主要任务是开始对实习阶段的数学教学、班级管理实习进行评议及总结，由感性认识上升为理性认识，掌握自我评估的基本方法，并完成教育研究、教学论文撰写工作。

8.2　数学说课

8.2.1　数学说课的基本问题

“说课”是一种新型的教学研讨形式。在我国数学教育界，早在20世纪50年代的“集体备课”可谓是说课的雏形；20世纪70年代的集体听课，然后由执教老师带有指导意义的述说可谓是课后说课的形式；20世纪80年代，为大面积提高课堂教学质量，有针对性解决许多教学中的实际问题，说课进入了正常化，登上了教育研究的大雅之堂。

8.2.1.1　“说课”的含义

什么是说课？目前有以下几种解释：第一种，说课指授课教师在备课的基础上，面对同行、专家或领导，系统而概括地解说自己对具体课程的理解、所做教学设计及其理论依据，然后由大家评说。第二种，说课是授课教师对教学课题的设计和分析，即运用系统的观点和方法，在一定场合说说某一课题，打算怎样进行教学设计，以及进行这样做的原因。第三种，说课是授课教师就某一观点、问题，口头表达其教学设想和理论依据。由此可见，说课可以理解为教师以语言为主要表达工具，在备课的基础上，面对同行、专家，系统而概括地解说自己对具体课程的理解，阐述自己的教学观点，表达具体执教时的教学设想、方法、策略以及组织教学的理论依据等，然后由大家评说①。

"说课"一般有备说、解说、评说三个环节，这与教学工作中的备课、上课、检查评定三个环节是相对应的。"说课"构成的主要要素是说课者、听说课者及说课的内容(教材)，在此说课者是主体，是整个说课过程的主要人物；听课者作为说课者一方为完成一定任务而存在的，对整个说课过程具有针对性的反馈、评价、检查和抉择等功能；教材是说课的载体，同时又是说课内容的核心。在这三要素中，教材好比是烹调的原料，说课者相当于掌勺的大师，而听课者就是品味专家。

"说课"不同于"上课"。两者区别在于：① 对象不同，前者面对同行，后者面对学生。② 任务不同，前者目的在于交流提高，不仅要说清本节课"怎么教"，更要说明"为什么这样教"；后者只需将教学方案实施，以师生共同完成教学目标为主要任务。③ 时间不同，前者时间大约为15分钟，用精炼、浓缩的语言说完全部内容；后者用一节课时间。④ 各环节要求不同：上课解决"教什么"、"怎么教"，说课在此基础上必须回答"为什么"问题。即教师不仅要"知其然"，而且要"知其所以然"②。

8.2.1.2 "说课"的内容

一般说来，说课的主要内容包括以下方面：说教材、说教法、说学法、说教学过程。

1. 说教材

教材是课程及教学内容的主要载体，包括：上位资料课程标准、同位资料教科书和辅佐资料教学参考书、习题册、教学音像资料等。说教材主要是说明教材位置、教材内容、教学目标、教学重点和难点、习题处理。具体内容为：

① 所学教材在数学课程标准中的位置及要求，所授课题在本册中所处位置、要求及相互联系、编排意图。

② 说清教材内容是什么，包括哪些知识点，如何精选教材内容，并合理地扩展或加工教材内容使之转化为教学内容。

---

① 刘影，程晓亮. 数学教学实践：高中分册[M]. 北京：北京大学出版社，2010.

② 沈红辉. 中学数学教育实习教程[M]. 广州：广州高等教育出版社，2002.

③ 说明如何根据教材内容(结合课程标准和学生)来确定本节教学目标或任务。课时教学目标是备课时规划的课时结束时要实现的目标。课时目标要具体明确,制定时要从知识和技能、数学思考、解决问题和情感态度四方面加以说明;

④ 说清本节课重点、难点是什么,以及为什么;

⑤ 说明本节课习题是什么,如何安排以及理由。

2. 说教法

说教法应说明教的办法及这样教的依据。实践表明,教学有法,教无定法。具体要做到以下几点:

① 说出本节课所采用的最基本的或最主要的教法及其所依据的教学原理或原则。

② 说出本节课所选择的一组教学方法、手段,对它们的优化组合及其依据。无论以哪种教法为主,都是结合学校的设备条件以及教师本人的特长而定的,要注意实效,不要生搬硬套某一种教学方法;要注意多种方法的有机结合,提倡教学方法的百花齐放。

③ 说明教师的教法与学生采用的学法之间的联系。

④ 重点说说突出重点、突破难点的方法。

3. 说学法

针对教学内容,根据学生认知规律和数学知识本身的生成规律,灵活运用心理学、教育学、学科教学论相关知识,来指导学生较顺利地学习、接受、探索知识,提高学生的学习效率和教学效率。包括:学习方法的选择,学习方法的指导,良好学习习惯的培养等。说学法要突出地说明:学法指导的重点和依据,学法指导的具体安排及实施途径,教给学生哪些具体的学习方法,如何培养学生的学习兴趣和调动学生学习的积极性。在这一过程中老师主要引导和培养的是学生学会学习的能力。

4. 说教学过程

说教学过程是说课的重点部分,因为通过这一过程的分析才能看到说课者独具匠心的教学安排,它反映着说课者的教学思想、教学个性与教学风格,也只有通过对教学过程设计的阐述,才能看到其教学安排是否合理、科学,是否具有艺术性。说教学过程要求做到:

(1) 说总体结构设计,即"起始—过程—结束"的内容安排;完整的教学过程主要是怎样铺垫,如何导入,怎样进行新课,如何设计练习,如何小结,如何支配时间,如何通过多媒体教学加大课堂教学内容的密度,强化认知效果。

(2) 说清楚所设计的基本环节,每个环节安排的基本思路及其理论依据,做到前呼后应,使教学内容、教学方法和学习方法的设计落到实处。

(3) 在介绍教学过程时不仅要讲清教学内容的安排,还要讲清为什么这样教的理论依据(包括课程标准依据、教学法依据、教育学和心理学依据等)。

(4) 重点说明教材展开的逻辑顺序、主要环节、过渡衔接及时间安排,说明如何针对课型特点及教学法要求,在不同教学阶段,师与生、教与学、讲与练是怎样协调统一的,教学过程中双边活动的组织及调控反馈措施,教学方法、教学技术手段的运用以及学法指导的落实。

(5) 如何突出重点、突破难点以及实现各项教学目标。

(6) 要对教学过程做出动态性预测,考虑到可能发生的变化及其调整对策,还要扼要说明作业布置和板书设计。

8.2.1.3 如何说好课

数学说课应遵循的原则:

1. 科学性

所说内容是科学的。即说课者所反映的教学理念、教学指导思想、所要传授的知识、运用的方法、引用的教育教学理论都必须是科学的,客观的。如果所说内容有悖于科学,说得再好,也无济于事。

2. 目的性

说课时,课题的选择,目标的确立,重难点的安排,教学方法的采用,教学过程各环节的设计,教学手段的运用,板书设计等,皆为实现一定的目的,受到目的性制约。

3. 实用性

说课中所确定的教学目标,所设计的教学程序应具有实用性。

4. 系统性

课标、教材、教法、学法、教学设计、理论依据等都是说课需要说到的基本内容,体现较好的逻辑性。在遵循以上原则基础上,做到以下几点:

① 精心准备,做好"备说"。"备说"时的案头材料包括:课程标准、教科书、教学参考书、有关的习题、例题及变式训练题、教具、模型、实物或课件等,因为材料越充分,越能写出较好的说课课案。

编写课案,按说课要求逐项进行:课题、教材分析(教学目标、教学重点、教学难点)、学法分析(学情分析、学法选择、学法指导)、教法分析(教法选择、教学设计、突出重点、突破难点)、教学过程(复习导入、讲解新课、应用举例、反馈练习、归纳小结,附板书设计)。

② 反复实践,进行"试说"。"试说"过程依次注意以下问题:保证内容准确,力求说理透彻,训练语言规范,关注说课节奏(时间),讲究简约板书。

③ 掌握要领,坦然"说课"。"说课"过程除上述注意外,还要注意以下问题:

第一,突出"说"字。不能照课案宣读,抓住一节课的基本环节去说,说思路、说方法、说过程、说内容、说学生等。第二,讲清"理"字。说"为什么"远比说"是什么"更重要。可分项讲理或分层讲理,做到事粗理细,应重点说出如何实施教学过程,如何引导学生理解概念、掌握规律,说出培养学生学习能力与提高教学效果的途径等。第三,体现"范"字。即要讲究规范,语言要准确、精炼,行为要自然、得体,精神要饱满、热情,思路要清晰、连贯,过渡要紧凑、顺畅。第四,把握"说"法。即说课的方法。一要把握"说"的顺序,要做到先后有序,心中有数;二要把握"说"的详略,不要面面俱到,达到"说主不说次,说精不说粗";三要联系学科的内容,应该因人制宜,因教材施说。总的原则是一定要沿着教学法思路这一主线说。第五,展示风格。教学过程是集科学性与艺术性于一体的认知和情感多项多维交流过程。风格在某种程度上是教学个性化的一种表现。语言风趣、推理严谨、有效引入、自然过渡、张弛有度等都体现说课者良好的教学风格。

④ 接受指导,修正研讨。在查说阶段实事求是面对自己的说课现状,接受意见或建议,反思自己的说课过程,列出优缺点清单,进行针对性的专门训练。

总之,要说好一堂课需要端正态度,方法得当,循序渐进。

8.2.1.4 "说课"的评价

表 8.2 选自安徽省近几年的师范生教学技能大赛的说课评分标准(总分 70 分,时间约 15 分钟)。

8.2.2 数学说课案例分析

以下是案例"相似三角形的性质(第一课时)"教学设计①。

8.2.2.1 学情分析

九年级学生已经经历了一些平面图形的认识和探究,尤其是全等三角形性质的探究等活动,让学生积累了一定的合情推理经验和能力。由于从全等到相似,是一个从特殊到一般的过程,也是学生认识上的一个飞跃,所以还有待于进一步培养自学、分析和总结能力。

8.2.2.2 教材分析

1. 教材的地位与作用

"相似三角形的性质"是九年级数学上册第 24 章"相似形"的重点内容之一,在

① 李文竹. 首届安徽省师范生教学技能大赛一等奖说课案.

表 8.2 说课评分标准

<table>
<tr><td rowspan="16">说课</td><td rowspan="4">说教材</td><td rowspan="4">20</td><td>1. 说明教材前后联系;说清本节内容在教材体系中的地位和作用</td><td>5</td><td></td></tr>
<tr><td>2. 准确、全面表述教学目标,符合课程标准要求和学生实际水平</td><td>5</td><td></td></tr>
<tr><td>3. 说教学重点、难点及确定依据</td><td>5</td><td></td></tr>
<tr><td>4. 说教材的处理</td><td>5</td><td></td></tr>
<tr><td rowspan="4">说教法学法</td><td rowspan="4">10</td><td>1. 本课时的教法选择及理论依据解说清晰,科学严密、逻辑完整</td><td>3</td><td></td></tr>
<tr><td>2. 注重互动,充分调动学生学习的主动性、积极性</td><td>2</td><td></td></tr>
<tr><td>3. 重视学习兴趣和道德情感培养</td><td>2</td><td></td></tr>
<tr><td>4. 重视学习方法的指导、学习习惯的培养和学习能力的提高</td><td>3</td><td></td></tr>
<tr><td rowspan="4">说教学程序</td><td rowspan="4">20</td><td>1. 整体设计结构合理,层次清楚,衔接紧凑</td><td>5</td><td></td></tr>
<tr><td>2. 容量适当;时间分配合理</td><td>5</td><td></td></tr>
<tr><td>3. 突出重点,抓住关键,突破难点</td><td>5</td><td></td></tr>
<tr><td>4. 说明各环节安排的道理</td><td>5</td><td></td></tr>
<tr><td rowspan="3">教师素养</td><td rowspan="3">10</td><td>1. 普通话标准,语言规范流畅,逻辑性强</td><td>5</td><td></td></tr>
<tr><td>2. 教态自然大方,仪表端庄,举止得体</td><td>3</td><td></td></tr>
<tr><td>3. 媒体演示操作熟练;板书图示工整规范</td><td>2</td><td></td></tr>
<tr><td>现场答辩</td><td>10</td><td>回答评委提问,反应敏捷,观点正确,理由充分</td><td>10</td><td></td></tr>
</table>

学完相似三角形的定义及判定的基础上,进一步研究相似三角形的特性,以完成对相似三角形的全面研究。从知识的前后联系来看,相似三角形的性质是全等三角形性质的进一步拓展研究,另外它还是研究相似多边形性质的基础,也是今后研究圆中线段关系的有效工具,所以本节内容是承前启后的重要一章。

2. 教材处理

本节课内容相对来说比较简单,教材中没有设置相应的例题,所以本节课教学中把课本上的练习作为探究活动,还补充了一些例题及相关练习,旨在加深学生对定理 1 的理解。

8.2.2.3　教学目标

1. 知识与技能

掌握相似三角形的性质定理1的内容以及证明，并综合运用相似三角形的判定定理和性质定理1来解决问题。

2. 过程与方法

经历感受、观察、说理、交流等过程，进一步发展学生的推理论证能力以及条理的表达能力。

3. 情感态度与价值观

通过全等三角形和相似三角形的类比学习，树立学生从特殊到一般的认知规律，让学生在探求知识的活动过程中体会成功的喜悦，从而增强学好数学的信心。

8.2.2.4　教学重点和难点

教学重点：相似三角形的性质定理1。

教学难点：相似三角形的性质定理1的证明。

8.2.2.5　教学方法和手段

本节课采用探究式教学法并贯彻启发式教学原则，充分调动学生学习的自觉性和积极性。

为提高课堂效率和学生的学习效果，本节课采用多媒体辅助教学。

8.2.2.6　学法分析

为了培养学生的分析和总结能力，本节课采用提出问题、探究解决、总结归纳的学习方法，使学生进一步理解观察、类比、分析、归纳等数学方法，达到“不但使学生学会，而且使学生会学”的目的。

8.2.2.7　教学过程

1. 教学流程及时间安排

① 复习回顾，导入新课（约4分钟）；② 学生探究，构建新知（约18分钟）；③ 教师讲解，确认新知（约10分钟）；④ 巩固练习，强化新知（约10分钟）；⑤ 总结归纳，布置作业（约3分钟）。

2. 教学情境

(1) 复习回顾，导入新课

在学生已学过相似三角形的定义，相似比等概念的基础上提问：

问题1　什么叫相似比？

问题2　当两个三角形的相似比为1时，这两个三角形有何特殊关系？

问题3　全等三角形除了它们的对应角相等、对应边相等外，三条主要线段：对应高、对应中线、对应角平分线有何关系？

导入　相似比 $k\neq 1$ 的相似三角形的对应高、对应中线、对应角平分线又有哪些性质呢？

(2) 学生探究，构建新知

活动1　分别作出两对相似三角形的对应边上的高，用刻度尺测量它们的长度，并计算它们的比值。如图8.1所示。

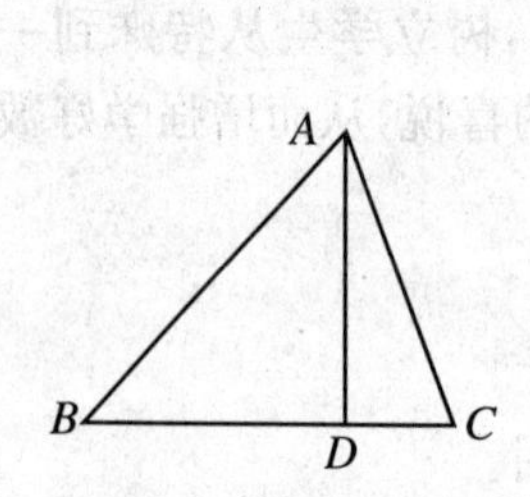

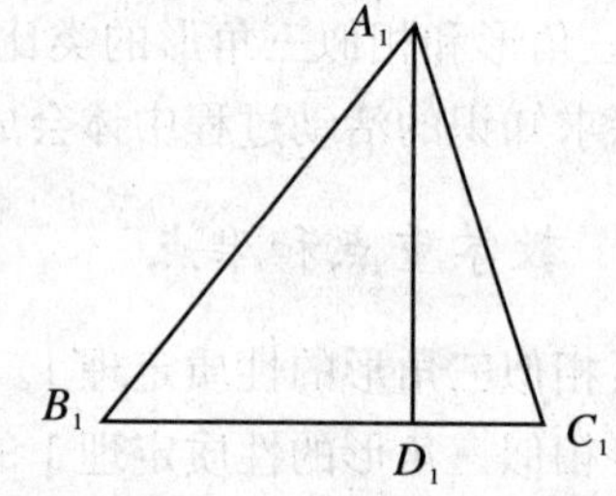

图 8.1

将对应高的比值和相似比相比较，发现有什么特殊关系？学生通过计算后画出表格、比较答案、猜想结论。如表8.3所示。

表 8.3　相似三角形的对应边上的高及其比值

	高 AD(单位:cm)	高 A_1D_1(单位:cm)	$AD:A_1D_1$	$AB:A_1B_1$
第一组	1.5	3	1:2	1:2
第二组	2	3	2:3	2:3

结论　相似三角形对应高的比等于相似比

活动2　将刚刚由特殊条件下的结论运用到一般的三角形中：

如图8.1，$\triangle ABC\sim\triangle A_1B_1C_1$，其相似比为 k，AD、A_1D_1 是对应高。求证：$\frac{AD}{A_1D_1}=\frac{AB}{A_1B_1}=k$

证明：因为

$$\triangle ABC\backsim\triangle A_1B_1C_1$$

所以

$$\angle B=\angle B_1$$

又因为

$$\angle BDA=\angle B_1D_1A_1=90^\circ$$

所以

$$\mathrm{Rt}\triangle ABD \backsim \mathrm{Rt}\triangle A_1B_1D_1$$

师生共同探讨本题的证明方法，然后教师分析证题思路，这里需要指出：在寻找判定两三角形相似所欠缺的条件时，是根据相似三角形的性质得到的。向学生讲清楚综合运用相似三角形的判定和性质的思维方法。

鼓励学生自己写出证明过程，对照板书，寻找异同。

活动3　进一步探究相似三角形对应中线、对应角平分线的比和相似比有什么关系，学生分小组讨论，每组派一名代表板演证明过程。师生共同规范证明书写过程。

此环节主要为了培养学生对问题的分析、推导能力，并规范学生的证明书写过程，使之简洁、准确、有序。

(3) 教师讲解，确认新知。

教师指出上述活动中得到的结论可以归纳在一起，作为相似三角形的一个性质定理：相似三角形对应高的比、对应中线的比和对应角平分线的比都等于相似比。

例1　在两个相似三角形中：① 高的比等于相似比；② 角平分线的比等于相似比；③ 中线之比等于相似比，其中正确的有(　　)。

A. ①　　B. ②　　C. ③　　D. 以上都不对

学情预设：学生乍一看，这些命题刚好符合性质定理1，于是选C.

教师引导：这里是否缺少条件？仔细想一想，缺少“对应”这个条件。教师总结提醒，运用相似三角形的性质处理问题，要把边、角的对应关系放在第一位，千万不可忽视。

例2　$\triangle ABC \sim \triangle DEF$，$BM$，$EN$ 分别是$\angle ABC$，$\angle DEF$ 的角平分线，AG 与 DH 分别是BC，EF 上的高，若$\dfrac{AG}{DH}=\dfrac{6}{5}$，$BM=18$ cm，求 EN 的长。

学情预设：此题难度并不大，但是这里没有给出图像，学生往往因为画不出图像而不能解题。

教师引导：和学生一起把此题的文字语言转化为数字语言，画出图像并根据图像解决问题。

例3　如图8.2，已知梯形 $EBCD$ 两边长分别为$ED=3$，$BC=8$，高 $GH=3$，求它的两腰延长线的相交点 A 到BC 的距离。

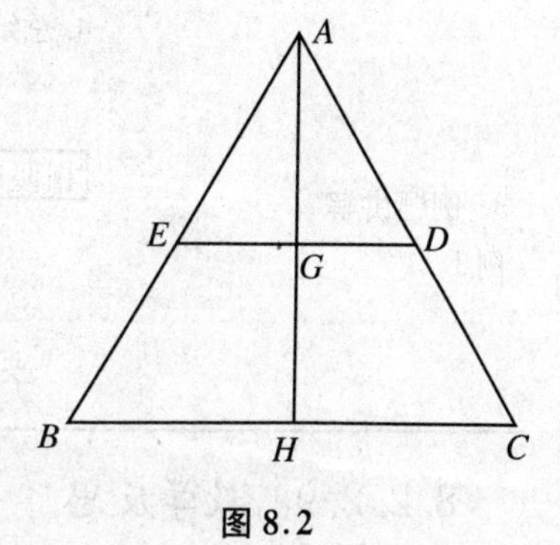

图8.2

此例题是针对学生整体水平较高的班级预备的，例1和例2对他们来说相对容易接受，之后补充此例,此例是前两例的拓展,解决的关键是由梯形的延长线挖掘出三角形相似的隐含条件,再利用相似三角形的性质解决问题。

(4) 巩固练习,强化新知

为了反馈学生掌握所学知识的程度,由浅入深设计了一组习题。

① 如果两相似三角形的对应边上的角平分线的比为 1∶3,那么对应边上的高的比是________,对应中线的比是________。

② $\triangle ABC \backsim \triangle A_1B_1C_1$, $BC=3.6\text{ cm}$, $B_1C_1=6\text{ cm}$, AE 和 A_1E_1 是对应中线, $AE=2.4\text{ cm}$,则 $A_1E_1=$________。

③ AD 是 $\mathrm{Rt}\triangle ABC$ 的斜边上的高,且 $AC=60$, $AB=45$,求 AD, BD, CD。

(学生独立思考,认真解答,教师巡视,并给与对应的指导。学生回答后,教师再次强调定理 1 的特点,加深学生对定理 1 的理解。)

(5) 总结归纳,布置作业

以提问的方式来进行小结,整理所学知识,以形成技能。

作业 1. P63 练习第 1 题。

2. 思考:相似三角形周长的比和面积的比分别和相似比有什么关系?

8.2.2.8 板书设计

如表 8.4 所示。

表 8.4 "相似三角形的性质"板书设计

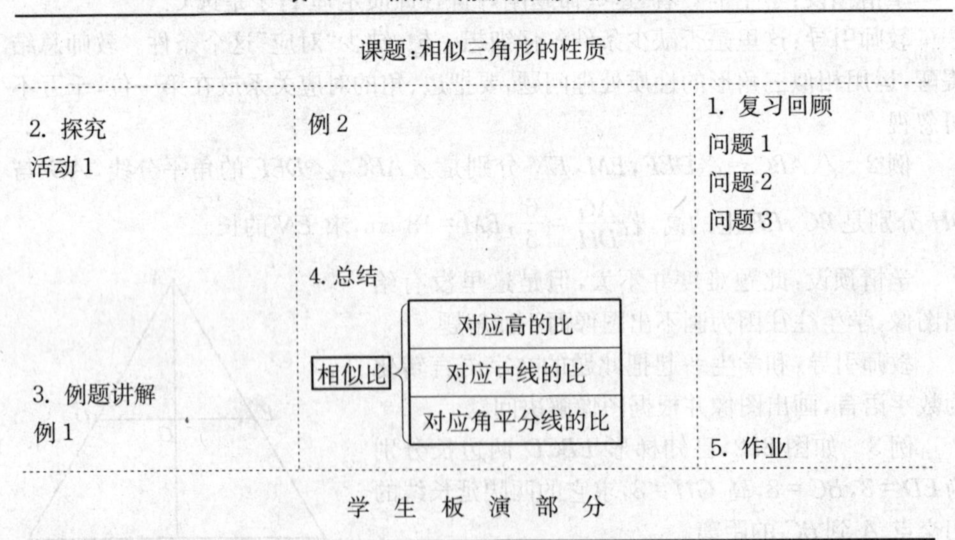

8.2.2.9 教学反思

这节课,我把传授知识与培养能力有机地结合起来,主要表现在:

(1) 针对初中数学的特点,结合本节课的内容,制定明确的教学目标。

(2) 在教法上,没有像教科书那样直接地给出定理,而是运用类比的方法,由全等三角形的性质对应地引入到相似三角形的有关性质的研究上来。

(3) 教学过程的设计,充分体现了教师主导,学生为主体的教学原则。同时,注意解题书写方法的规范性。

8.3 微格教学

8.3.1 微格教学简介

微格教学(Microteaching),又被译为微型教学、微观教学、小型教学等。微格教学的创始人之一爱伦(W. Allen)说它是“一个有控制的实习系统,它使师范生有可能集中解决某一特定的教学行为,或在控制的条件下进行学习”。英国的布朗(G. Brown)说:“它是一个简化了的、细分的教学,从而使学生易于掌握。”我们认为,微格教学是一个有控制的教学实验系统,它是运用现代教学理论和电教技术,系统地训练师范生和在职教师掌握与提高教学技能的一种培训方法。即将科学方法论和现代技术应用于教学技能训练实践的理论和方法。将实践中的教学经验在教学活动的层次上进行概括,以系统论、控制论的方法,设计训练的程序和实施训练时的各种控制措施并研究现代信息技术应用和评价等,形成一套有控制的、可操作的教学技能模式和科学的训练程序。它是对教育学、心理学和专业教材教法对学科教学宏观指导下的一种具体的实践补充。

对师范生的教学技能及实践能力的培养方式,人们在较早时间就进行探索研究,可以说它伴随在整个教育过程中。美国早在进行“新数学运动”的课程教育改革的同时,就把重点放在理论与实际的统一过程和教师的各种能力训练上。1963年,斯坦福大学借助录像、录音设备和电教技术,对“角色扮演”(相当于我国师范教育实习前的试讲)进行改造,使之完善,形成了微格教学课程。在英国,微格教学被安排在四年的教育学士课程内:在第四学年的第一学期介绍微格教学概念和课堂交流技能的理论与实践;第二学期教授课堂交流与相互作用分析。后来,亚洲许多国家和地区也开始了微格教学的培训与研究。香港中文大学教育学院从1973年开始采用微格教学的方法来训练学生。从1986年开始,上海教育学院、北京教育学院、首都师范大学等院校也开设了微格教学课程。20世纪90年代以后,全国各师范院校陆续建立起了微格教学实验室,并将微格教学列为学生的必修课;还成立了全国微格教学研究会,开展了课题研究和教学经验交流活动。

微格教学训练和实施的核心是教学技能。它的理念是尊重学生,尊重科学,它的目的是提高课堂教学效率。

微格教学是模拟课堂教学的教学实验,又是一门实践性较强的课程,所以它有许多特点或者说是优点。

(1) 理论联系实际。微格教学中的示范、备课、角色扮演、反馈和讨论等一系列活动,使教育教学理论得到具体的贯彻和体现。

(2) 目的明确。由于一次试教训练所用时间短,学生人数少,只集中训练几个教学技能,所以训练目的可以制定得更加明确具体。

(3) 重点突出。被培训者在较短时间内训练一两个教学技能,他们可以把精力集中放在要突出掌握的重点上。

(4) 易于控制。特殊的教学环境为实现培训目标提供了有利的条件。

(5) 反馈及时。当一节微型课结束后,被培训者可以通过放录像及时进行自我分析和相互讨论评价,找出教学中的优点和不足。如果需要,可以把有争议的片断用暂停、重放等方法把"毛病"找出来。

(6) 自我教育。由于使用录音和录像这一新的记录技术,被培训者可以作为"第三者"来观察自己的教学活动,自己认识自己的不足之处。

(7) 心理压力小。教师的角色扮演者不必因为试教失败产生不良影响而担心。这将为他们下一步的教育实习打下良好的基础,增强自信心。

8.3.2 微格教学的基本程序

8.3.2.1 微格教学的基本环节

微格教学经过多年的研究和实践,已基本形成一定的程序模式,一般包括以下几个步骤。

1. 试教前的学习和研究

微格教学是在现代教育理论指导下的实践活动。因此,在进行微格教学的试教前进行教育理论的学习和研究是非常必要的。学习的内容主要有:教学设计、教学目标分类、教材分析、教学技能分类、课堂教学观察方法、教学评价和学习者的特点等。

2. 确定训练技能和编写教案

微格教学是把课堂教学分为不同的单项教学技能分别进行训练,每次只集中培训两三个技能,以便容易掌握。如英国的特洛特(A. Trott)提出六种教学技能,即变化、导入、强化、提问、例证、说明等。当培训技能确定后，被培训者就要选择恰当的教学内容，根据所设定的教学目标和技能进行教学设计，并编写出较为详细的教案。微格教学的教案具有不同于一般教案的特点，它要详细说明教师的教学行为（即所应用的技能）和学生的学习行为（包括预想的反应）。

3. 提供示范

在正式训练前，为了使被培训者明确训练的目标和要求，通常利用录像或实际角色扮演的方法对所要训练的技能进行示范。示范的内容可以是一节课的全过程，也可以是课堂教学的片断。示范可以是正面典型，也可以是反面典型，两种示范可以对照使用。

4. 微格教学实践

微格教学实践也称为试教，具体分为以下三个步骤：① 组成微型课堂。微型课堂一般由教师角色（师范生或在职教师）、学生角色（被培训者的同学或真实的学生）、教学评价人员（被培训者的同学或指导教师）等组成。② 角色扮演。在微型课堂上被培训者试讲一节课的一部分，练习两三种技能，所用时间为15～20分钟。③ 准确记录。在进行角色扮演时，一般用录像的方法对教师的行为和学生的行为进行记录，以便及时准确地进行反馈。

5. 反馈评价

反馈评价分三步进行：① 重放录像。为了使被培训者及时地获得反馈信息，当角色扮演完成后要重放录像。有关人员一起观看，进一步观察被培训者达到培训目标的程度。② 自我分析。看过录像后，教师角色要进行自我分析，检查试教过程是否达到了自己所设定的目标，所培训的教学技能是否被掌握。③ 讨论评价。作为学生角色、评价人员要从各自的立场来评价试教过程，讨论所存在的问题，指出努力的方向。评价的方法主要有三种：一种是漫谈讨论评价；一种是制作评价表量化评价；一种是把角色行为范畴化，然后输入计算机进行评价。

6. 修改教案

被培训者根据自我分析和讨论评价中所指出的问题修改教案，准备进行微格教学的再循环，或进入教学实习阶段。

上述程序模式即试教前的学习和研究、确定训练技能和编写教案、提供示范、微格教学实践（微型课堂、角色扮演、准确记录）、反馈评价（自我分析、讨论评价）、修改教案、教学实习等环节。

8.3.2.2　微格教学的设计

1. 微格教学的程序设计

微格教学授课内容少，课时短，加涅称一小阶段的教学训练为一个“学习事件”。这个教学事件过程又可分为若干阶段,每一个阶段是一个信息加工过程(信息输入—加工—输出过程),信息加工是学习关键,教师必须懂得如何为信息内部加工创造良好的外部条件,促进学习者内部因素发挥作用。

从微格教学的表面上看,它是使培训的教师掌握教学技能,如讲解、提问、导入等,但它的实质是培训教师学会运用教学技能,激发学生的学习兴趣,促进学生思维及掌握知识,从而提高教学质量。

微格教学的设计所遵循的理论、采取的方法和步骤不尽相同,但主要因素一般有三个方面:

教学目标:是期望学生在完成学习任务后达到的程度;表述应该明确、具体。

教学过程:为达到特定的教学目标,针对学生的学习兴趣、知识基础、技能基础、认知特点和智力水平等特点,针对教学环境条件,选择适当的教学媒体,采取经验设计,程序设计,系统设计,主要以系统设计为主,是分层的、观察实践的、分组探讨的、由具体到抽象的教学步骤和教学策略。

教学评价:在组织教学时,教师的教学行为和学生的学习行为要有机结合起来。

设计程序如图 8.3 所示。

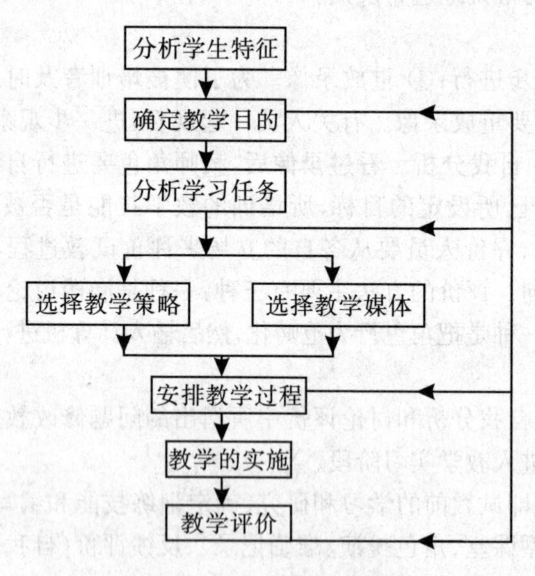

图 8.3 微格教学程序设计

教学设计格式:

课题:________________

设计者:________________ 日期:________________

重点技能：________________

教学目标：________________

学习任务：________________

教学策略：________________

教学媒体：________________

教学过程：________________

2. 微格教学的教案设计

按一般微格课堂教学的要求，微格教学课教案设计应包括如下内容：

(1) 教学目标。这是微格教学课教案的首项内容。教学目标的制定是备课的前提，制定教学目标要紧紧围绕微格课的教材内容进行。在制定目标时易出现两个毛病：① 目标定得大，制定目标抄参考书，不顾课堂实际情况；② 制定教学目标不细致，含糊，笼统。

(2) 教师的教学行为。教师在授课过程中的行为包括板书、演示、讲授、提问等若干活动，这都要在教案中写清楚。

(3) 学生的行为。它是教师备课中预想的学生行为。学生的课堂行为主要有观察、回忆、回答、操作、活动等。

(4) 教师应掌握的技能要素。在教学进行过程中教师的教学技能设计应具体、明确。在一节复杂的课堂教学中，教师的教学行为表现是多方面的，单就使用的教学技能来说也有若干种类，在教案中应注明微型课中应用到的技能要素。比如提问技能，就要注明教学过程中提问各个类型的使用以及提问构成要素。这样，从教案中就可以了解教师提问的思路以及是否掌握了各种提问类型以及提问是否流畅。课后就可以针对存在的问题进行客观科学的评价和指导，从而保证上课质量，做到防患于未然。

(5) 需要准备的视听教材。它要求在教案中把自己将使用的视听材料注明，以便课前准备，课中使用。板书也应在这栏中注明。

(6) 时间分配。微格教学是由零分零秒开始计时，严格控制教学过程的每一个环节，忌拖堂，受训者必须明确这一点。

微型教学教案设计如表 8.5 所示。

8.3.2.3 微格教学评价

微格教学评价是针对某一技能训练作出的定性或定量评价，通常要制作微格教学评价表，一般需要确定评价指标、确定打分标准、确定权重大小等。

表 8.5　微型教学教案格式

科目		主讲人		单位		日期	年　月　日
课题							
教学目的							
时间分配	教师的教学行为（讲授、提问等内容）	应用的教学技能 如：数学教学语言技能①	学生的学习行为（预想的思考，回答等）	教学媒体			

1. 确定评价指标

评价指标可以分解到二级指标或三级指标，应当具体、可观察和易操作，但又具有相对的独立性。评价指标不宜过细过多，以免在评价时难以区别和打分，也不宜过于简略笼统，以免在评价时难以把握和判断。

2. 确定打分标准

评价标准可以分为定量的评价标准与定性的评价标准。定量的评价标准一般要求评价者给出分数，如 5 分、4 分、3 分、2 分、1 分或 100 分、90 分、80 分、70 分、60 分、50 分等。定性的评价标准又被称为描述性的评价标准，由评价者在若干描述性的评价标准，如在“优、良、中、差”中作出选择。也可以把定性的评价标准划分成若干等级，并规定每一等级的分值，譬如，90～100 分为“优秀”，75～89 分为“良好”，60～74 分为“中等”，40～59 分为“较差”等。

3. 确定权重大小

所谓权重，就是某一项评价指标在整个评价指标体系中的重要程序。通常，采用权重系数表示权重的大小，核心评价指标的权重大一些，非核心评价指标的权重小一些。所有评价指标的权重之和必须等于 100％或 1。

4. 制作评价表

评价表包括评价对象（执教教师）的姓名、评价者的姓名、科目、时间、评价标准、打分标准、权重大小等内容。如图 8.6 至表 8.13 所示。

①　应用的教学技能：导入技能、讲解技能、提问技能、板书技能、变化技能、强化技能、结束技能等。

表8.6 数学教学语言技能评价表

评价内容	评价等级				
	优	良	中	差	权重
1. 普通话标准，音量、声速、节奏恰当					0.1
2. 语言通顺，有情感，有韵律					0.1
3. 语言表达的数学内容准确、规范，逻辑性强，目的明确					0.2
4. 目光表情动作与语言配合恰当，对语言有强化作用					0.2
5. 各种教学语言使用、配合得当					0.2
6. 语言能引起学生数学思维，能调动学生积极性					0.2

表8.7 导入技能评价表

评价内容	评价等级				
	优	良	中	差	权重
1. 导入能引起学生兴趣和进一步探索的积极性					2
2. 导入部分与课题衔接自然、恰当					1.5
3. 导入目的明确，与新知识联系密切					2
4. 教师情感充沛，语言明确、清晰					1
5. 导入确实能将学生引入数学思维情境					2
6. 导入时间掌握得当、紧凑					1.5

表8.8 讲解技能评价

评价内容	评价等级				
	优	良	中	差	权重
1. 讲解语言流畅，对学生有吸引力、感染力					0.1
2. 讲解的深度、速度，使学生有思考的时间和余地					0.15
3. 讲解重点在主要内容、数学思想和方法上					0.2
4. 分析性讲解有利于学生数学能力的提高，逻辑讲解清楚					0.2
5. 讲解的例子和方法与所论问题相关性强，使学生易于理解					0.15
6. 讲解中，注意观察学生的反馈，对策恰当					0.1
7. 每段内容的强调性和总结性讲解具体明确					0.1

表 8.9 提问技能评价表

评价内容	评价等级				
	优	良	中	差	权重
1. 主问题集中在本节重点、关键的数学问题上，问题内容明确					0.15
2. 所提问题符合学生的认知水平，语言表达明确					0.15
3. 问题的设计合理，新旧知识联系紧密					0.1
4. 教师提问措辞准确，表达清晰流畅，提问方式的变化有助于学生积极的思维活动					0.1
5. 问题设计包括多种水平要求，提问面广，照顾到各类学生					0.15
6. 提问后能适当停顿，给学生思考时间，且能组织好全班同学认真听取同学的回答					0.1
7. 帮助学生形成自己的答案，能确认分析答案，使多数人明确					0.15
8. 通过提问，打开学生思路，引导学生思考更进一步的问题					0.1

表 8.10 板书技能评价表

评价内容	评价等级				
	优	良	中	差	权重
1. 板书设计能突出数学教学的主要内容					1.5
2. 板书的数学逻辑结构清楚、简洁					1.5
3. 文字规范整洁，数学符号书写规范					1.5
4. 数学图形、示意图画的规范能引发学生的学习兴趣与思考，图形大小得体，能突出数学内容的关键					1.5
5. 板书与教学语言等技能配合恰当，有助于学生对数学知识和方法的认识。					2
6. 强化信息的关键内容，能用不同的板书形式使之醒目，达到强化记忆、理解的目的。					1
7. 板书的速度有利于学生的思考和记录。					1

表8.11 变化技能评价表

评价内容	评价等级				
	优	良	中	差	权重
1. 音量音调和语速的变化能促使学生有意注意					0.1
2. 表情、手势、头部、身体位置及目光的变化自然与其他教学技能配合恰当,能促进学生的数学思维					0.2
3. 停顿时间和部位,有利于学生对数学知识的理解、记忆等					0.1
4. 不同的教学媒体使用及变换能促进学生对数学知识的理解					0.1
5. 教师不同方式的教学、学生操作、讨论及学生发言交替使用					0.2
6. 师生能采用不同形式进行数学知识及思维方法的交流					0.1
7. 为使学生深入理解某一数学问题,教师能变换数学表述及变换教学技能,促进学生对数学知识的理解					0.2

表8.12 强化技能评价表

评价内容	评价等级				
	优	良	中	差	权重
1. 教师使用强化技能目的明确,学生理解教师意图					0.3
2. 强化引起了学生的注意力,促进了学生主动参与教学活动					0.2
3. 在教学的重点、关键处运用了强化技能,标志明显					0.15
4. 教师在使用强化技能时,情感真诚,可信、有效					0.2
5. 教学过程中,教师采用了多种强化技能类型,灵活多样,促进教学自然、流畅					0.15

表8.13 结束技能评价表

评价内容	评价等级				
	优	良	中	差	权重
1. 结束部分的目的明确					1
2. 结束部分安排了学生活动(练习、提问、小结、分析等)					1.5
3. 教师对知识的概括简练、明确,具体表达清楚					1.5
4. 总结内容确是本节课的重点内容					1.5

续表

评价内容	评价等级				
	优	良	中	差	权重
5. 结束部分有利于学生数学思维的发展，达到对数学思维的强化					1.5
6. 能激发学生学习兴趣，能给学生留下进一步思考的内容					1
7. 布置作业，每个学生都能记下					1
8. 结束时间紧凑，不拖堂					1

8.4 数学教育论文的写作

数学教育论文的写作，是数学教育研究的继续，通常要求上升到理论的高度进行分析和研究。从事数学教育研究，常常需要将自己的研究成果通过数学教育学术论文的形式总结并发表出来。

8.4.1 数学教育教学论文的格式

数学教育教学论文由标题、作者姓名和单位、摘要、关键词、前言、正文、结论与讨论、参考文献、致谢、作者介绍等部分组成。目前，在学报上发表的数学教育学术论文，对结构的要求比较严格，大致应具备上述各个项目。在各中学数学教育杂志上发表的文章，往往采取简化的结构，只保留标题、作者姓名、正文和参考文献四个项目。

1. 标题

即论文的总题目，应能反映论文的主要内容，引人注目，用词要求确切、恰当、鲜明、简洁，便于读记、摘录，一般不超过20个字。

2. 署名

论文署名是对作者劳动成果的肯定，也是作者拥有著作权的声明和表示文责自负的承诺。署名一般置于标题下方，同时附有作者工作单位名称和邮政编码。

3. 摘要

是对论文内容准确概括而不加注释和评论的简短陈述。它一般包括课题研究意义、目的、方法、成果和结论等。摘要应具有独立性，简明扼要，引人入胜，一般不超过300个字。摘要有时还需要译成英文摘要。

4. 关键词

论文中的关键词语,通常是从论文的标题、摘要和正文中抽取出来的,是对表述论文主题内容具有实际意义的词汇,一般以3～8个字为宜。

5. 前言

也称引言,是为了向读者交代研究课题的来龙去脉,唤起读者的注意,使读者对论文先有一个总体的了解。一般包括研究课题的背景和起点、研究方法、过程及成果的价值。

6. 正文

是论文的主体和核心,论文的论点、论据和论证都在这里阐述,它体现论文的质量和学术水平的高低,因此它占主要篇幅。正文应做到概念清晰、论点明确、论证严密、论据充分、数据准确、层次分明。应具备科学性和严谨性,同时要条理清楚,文字通俗简明,通顺流畅。

7. 结论

又称结束语,是在理论分析和实验论证的基础上,通过严密的逻辑推理,概述课题的研究成果和价值,对成果的局限性和尚未解决的问题也应交代。有的论文叙述后,感到还有些问题需要与读者讨论交流,可用讨论式结尾。讨论式结尾没有固定格式。

8. 参考文献

一般指已发表在正式出版物上的文献或公开出版的书籍,是为撰写和编辑论著而引用的有关图书资料。参考文献的著录方式如下:

书籍:作者姓名、书名、版本、出版地、出版社、出版时间、引文所在的起始或起止页码。

期刊:作者姓名、标题、刊物名称、年份、期次(或卷、期)、引文所在的起始或起止页码。

9. 致谢

对参与或支持本课题研究工作的人或单位的鸣谢,一般作为第一页的脚注,或写在参考文献之前。

10. 作者介绍

作者简历和主要学术著作。如是国家或省级资金项目,可在论文的首页下面标注。

8.4.2　数学教育论文的写作

一篇论文从构思到修改完成,最终定稿,其撰写过程大致可以分为以下几个步骤。

8.4.2.1 确定题目

选题是十分重要的问题，它既是写论文的起点，又是论文成败的关键。为了做好选题工作，需要遵循如下原则：

1. 价值性

选题首先要考虑是否有研究价值。即能否为贯彻党的教育方针，全面推进素质教育服务；能否对创立或发展数学教育理论有所贡献；能否用来指导数学教学实践，提高教学质量；观点、思想与方法是否容易被广大的同仁借鉴和采纳。

2. 新颖性

选题应有创新意义，不落俗套。这就是说，课题本身应该是新颖的，是前人没有研究的课题，或是前人所没有解决，或尚未完全解决的问题；对前人研究过的问题，又有新的发展或突破。

3. 针对性

选题必须切中当前数学教育改革的主要问题和迫切问题。论文所涉及的内容是理论研究方面还是教法探讨方面，是解题技巧方面还是教学经验方面，是教学改革实验总结还是研究报告，应该有明确的针对性。

4. 可行性

就是要根据实际具备的和经过努力可以具备的条件来选择课题。确定课题要从主、客观所具备的条件出发，充分估计对研究课题能否驾驭，各方面条件是否成熟，以及可能产生的困难，认真进行课题研究者的可行性分析。

数学教育教学论文的选题策略：

1. 宜小

论文题目一般不宜过大，即切口要小。小题的素材容易集中、层次结构简单、立意清晰，易于创新。

2. 观点创新

写论文必须刻意求新，没有新意，人云亦云，这样的作品不能称为论文。

3. 内容求实

选题要避免陌生、缺乏基础、体会不深的内容。课题应在自己的实践基础上产生。

4. 课题宜重不宜轻

应选择那些有基本重要性、有全局意义的课题。一个有重大意义的数学教育课题的解决，可以对数学教育理论的发展产生巨大的推力，同时也可以促使数学教学质量的提高。

8.4.2.2　拟定提纲

题目确定之后，就要根据题意，拟定写作提纲，对论文的基本框架和总体布局进行设计、安排。因此，提纲实际上是论文写作设计蓝图。

提纲一般可分为简单提纲和详细提纲两种。初写论文者，应尽可能地把提纲列得详细些，以便写作时较为顺手。一份好的论文写作提纲，一般要求能做到三点：

1. 安排好全文的布局

如主要论点与次要论点的排列，论证的逻辑展开等，使论文各部分结构严密，条理清晰，推理合乎逻辑。

2. 安排好材料的使用

如基本材料和副次材料的排列，各部分、各个论点下需要枚举的材料等。使研究过程中搜集和积累下来的大量材料组成一个层次清楚的有机结合体，提供具有充分说服力的论据和事实。

3. 安排好论文的篇幅

如全文大约多少字，各部分大约多少字。有了这个安排，写作时就可以更有计划，避免东拉西扯，离题太远。至于一篇论文到底以多长篇幅为好，这并无规定。评价一篇论文的水平优劣和质量高低并不是看字数的多少，而是根据论文的科学性、学术性、理论与应用价值等等。因此，论文的篇幅应该根据题目的大小，掌握资料的多少而定。一般说来，篇幅过短，难以把问题分析得深刻、透彻。同样，洋洋数万言的论文也不容易写好，很容易变成资料的堆砌，杂乱无章。从当前教育科研的实际情况来看，一篇论文的篇幅一般以四千到八千字左右为好，这也比较符合阅读者的心理。

8.4.2.3　论文写作

拟定了提纲后，就可以按提纲进行写作。由于研究的内容不一样，研究者的写作水平、习惯等也不一样，因此论文写作过程往往因人而异。但下述四点是写作中具有共性的问题，应加以注意。

1. 注意立论、推论和表述的科学性

论文是科学研究的结晶，丧失了科学性，论文就不称其为论文了。因此，在写作中，提出论点，运用概念，进行推论时都应该充分注意是否科学、严谨，任何夸大其词的表述都会降低论文的质量。

2. 注意论点、论据和论述的逻辑性

一篇好的论文，必须论点明确，论据确凿，论述严密，形成三者间的逻辑统一。

因此，只有观点，没有材料，固然会使人觉得空洞无物，缺乏说服力；但不加取舍，大量堆砌材料，同样也会使一篇论文不得要领，缺乏深度；而有了论点、论据，却缺乏合理、严谨的论述，仍然会使人感到杂乱无序，理不出头绪。因此，在写作过程中，研究者应该对搜集到的大量材料进行提炼、取舍，精选出最有价值的论据，来支撑论点。同时，在论证过程中，层层论述，以便论点、论据、论述三者间形成严密的逻辑关系。

3. 注意数据和文字表述的有机统一

为了科学、准确地表述研究成果，在一篇论文中必须提供数据，尤其是观察报告、调查报告、实验报告以及测量报告等以直接研究、获取第一手资料为主撰写的论文，更要十分重视数据。但是，有的初学论文写作者，便因此认为只要有数据，就可以证明研究的成功，从而在论文中大量罗列数据。其实，这种观点是片面的，在一篇论文中，数据只是供作分析的素材，主要的部分还是文字表述。缺乏数据固然会削弱说服力，只有数据则会混同于统计报表。因此，在论文写作中，应该有选择地提供具有代表性的数据，同时，也应该重视对数据的逐层分析，展开充分论述，才能使论文具有较高的可信度和理论深度。

4. 注意典型分析和一般分析的结合

以往，我们比较重视典型分析，通过对典型事例的解剖和分析，来论证某个观点。近年来，在教育科研中，随着计量研究的兴起，人们又转而重视对总体、一般的分析。其实，两者各有长处，典型分析较为生动、丰富，但往往缺乏普遍意义。而一般分析正好与之相反。因此，在论文撰写中，应该注意两者的结合使用，才能更具有说服力。

8.4.2.4 推敲修改

论文写完后，不仅对文章的立论、结构要进行认真推敲，而且对每个句子、字词，甚至标点都要细加斟酌。在论文修改时，最容易出现的情况就是作者对自己的文章难以割爱，明知是多余的，却总不想删去。鲁迅先生曾说："写完后至少看两遍，竭力将可有可无的字、句、段删去，毫不可惜。"因此，从一定意义上说，文章的修改就是删削。通过删芜去繁，使论点更为突出，论证更为有力，文字更为精炼。要作严格的自我审阅，自我修改。对此，最好先把稿子放一段时间，头脑冷一冷后，再用第三者的眼光，跟文章保持一定的距离，较客观地进行阅读，这样可能更容易发现问题。总之，在写作时，要能钻进去；在修改时，要能跳出来。俗话说，好文章是磨出来的。一篇高质量的学术论文正是在不断的推敲修改基础上形成的。

问题与讨论

1. 谈谈你对教育实习的认识。
2. 自选课题写一篇说课稿。
3. 简述微格教学及其应用。
4. 写一篇数学教育学术论文。

参考文献

[1] 李俨.中国古代数学史料[M].北京:科学技术出版社,1956.
[2] 马忠林,王鸿钧.数学教育史简编[M].南宁:广西教育出版社,1991.
[3] 李文林.数学史教程[M].北京:高等教育出版社,2000.
[4] G·波利亚.怎样解题[M].涂泓,冯承天,译.上海:上海科技教育出版社,2002.
[5] 刘云章,赵雄辉.数学解题思维策略:波利亚著作选讲[M].长沙:湖南教育出版社,1999.
[6] 罗增儒.数学解题学引论[M].西安:陕西师范大学出版社,2008.
[7] 弗赖登塔尔.作为教育任务的数学[M].陈昌平、唐瑞芬,译,上海:上海教育出版社,1992.
[8] 丁尔升.现代数学课程论[M].南京:江苏教育出版社,1997.
[9] 朱维宗,唐敏.聚焦数学教育[M].昆明:云南民族出版社,2005.
[10] 唐瑞芬.数学教学理论选讲[M].上海:华东师范大学出版社,2001.
[11] D·A·格劳斯.数学教与学研究手册[M].陈昌平,等,译.上海:上海教育出版社,1999.
[12] 张奠宙,宋乃庆.数学教育概论[M].北京:高等教育出版社,2004.
[13] 王甦,汪安圣.认知心理学[M].北京:北京大学出版社,1992.
[14] 皮亚杰.发生认识论原理[M].北京:商务印书馆,1981.
[15] 钟启泉,黄志成.美国教学论流派[M].西安:陕西教育出版社,1996.
[16] 张奠宙.数学双基教学的理论与实践[M].广西:广西教育出版社,2008.
[17] 张奠宙.中国数学双基教学[M].上海:上海教育出版社,2006.
[18] 李润泉,陈宏伯,蔡上鹤,等.中小学数学教材五十年:1950～2000[M].北京:人民教育出版社,2008.
[19] 孔企平.课程标准与教学大纲对比研究[M].长春:东北师范大学出版社,2003.
[20] 邓金.培格曼最新国际教师百科全书[M].北京:学苑出版社,1989.
[21] 王本陆.课程与教学论[M].北京:高等教育出版社,2000.
[22] 施良方.学习论[M].北京:人民教育出版社,2005.
[23] 黄济,王策三.现代教育论[M].北京:人民教育出版社,2006.
[24] 王策三.教学认识论[M].北京:北京师范大学出版社,2002.
[25] 顾明远.教育大辞典:第一卷[M].上海:上海教育出版社,1990.
[26] 曹才翰,章建跃.中学数学教学概论[M].北京:北京师范大学出版社,2008.
[27] 曹才翰,章建跃.数学教育心理学[M].北京:北京师范大学出版社,2008.
[28] 綦春霞.数学比较教育[M].南宁:广西教育出版社,2006.
[29] 数学课程标准研制组.全日制义务教育数学课程标准(实验稿)解读[M].北京:北京师范大学出版社,2002.
[30] 数学课程标准研制组编写.普通高中数学课程标准(实验)解读[M].南京:江苏教育出版

社,2004.
[31] 钟启泉.为了中华民族的复兴,为了每位学生的发展:《基础教育课程改革纲要(试行)》解读[M].上海:华东师范大学出版社,2001.
[32] 郑君文,张恩华.数学学习论[M].南宁:广西教育出版社,2007.
[33] 樊恺,王兴宇.中学数学教学导论[M].武汉:华中理工大学出版社,1999.
[34] 徐斌艳.数学教育展望[M].上海:华东师范大学出版社,2001.
[35] 李伯春,侯峻梅,崇金凤.数学教育学[M].合肥:安徽大学出版社,2004.
[36] 马复,綦春霞.新课程理念下的数学学习评价[M].北京:高等教育出版社,2004.
[37] 课程教材研究所.20世纪中国中小学课程标准·教学大纲汇编:数学卷[M].北京:人民教育出版社,2001.
[38] 任勇.数学学习指导与教学艺术[M].北京:人民教育出版社,2004.
[39] 沈红辉.中学数学教育实习教程[M].广州:广州高等教育出版社,2002.
[40] 崔克忍.中学数学教学论[M].北京:北京师范大学出版社,2010.
[41] 代钦,斯钦孟克.数学教学论[M].西安:陕西师范大学出版社,2009.
[42] 冯国平.数学教学论[M].兰州:甘肃教育出版社,2009.
[43] 刘影,程晓亮.数学教学论[M].北京:北京大学出版社,2009.
[44] 曹一鸣.数学教学论[M].北京:高等教育出版社,2008.
[45] 刘咏梅.数学教学论[M].北京:高等教育出版社,2008.
[46] 傅岳新,等.数学教学论[M].南京:江苏人民出版社,2008.
[47] 郭要红.数学教学论[M].合肥:安徽人民出版社,2007.
[48] 叶立军,方均斌,林永伟.现代数学教学论[M].杭州:浙江大学出版社,2006.
[49] 樊晓明,王志刚,王智.数学教学论[M].哈尔滨:哈尔滨地图出版社,2007.
[50] 罗增儒,李文铭.数学教学论[M].西安:陕西师范大学出版社,2006.
[51] 喻平.数学教育心理学[M].广西:广西教育出版社,2004.
[52] 十三院校.中学数学教材教法[M].北京:高等教育出版社,1985.
[53] 钱珮玲,邵光华.数学思想方法与中学数学[M].北京:北京师范大学出版社,1999.
[54] 管延禄.中学数学教育教学论[M].北京:科学出版社,2007.
[55] 奥苏贝尔,等.教育心理学:认知观点[M].佘星南,等,译.北京:人民教育出版社,1994.
[56] 鲍曼.中学数学方法论[M].哈尔滨:哈尔滨工业大学出版社,2002.
[57] 涂荣豹,季素月.数学课程与教学论新编[M].南京:江苏教育出版社,2007.
[58] 周学海.数学教育学概论[M].长春:东北师范大学出版社,1996.
[59] 孙名符,等.数学教育学原理[M].北京:科学出版社,1996.
[60] 张雄.数学教育学概论[M].西安:陕西科学技术出版社,2001.
[61] 章士藻.中学数学教育学[M].北京:高等教育出版社,2007.
[62] 刘影,程晓亮.数学教学论[M].北京:北京大学出版社,2009.
[63] 冯国平.数学教学论[M].兰州:甘肃教育出版社,2009.
[64] 范良火.教师数学知识发展研究[M].上海:华东师大出版社,2003.
[65] 冯克诚.实用课堂教学模式与方法改革全书[M].北京:中央编译出版社,1997.

[66] 罗新兵,罗增儒. 数学教育学导论[M]. 西安:陕西师范大学出版社,2008.
[67] 齐建华,王红蔚. 数学教育学[M]. 郑州:郑州大学出版社,2006.
[68] 蔡亲鹏,陈建花. 数学教育学[M]. 杭州:浙江大学出版社,2008.
[69] 王子兴. 数学教育学导论[M]. 桂林:广西师范大学出版社,1996.
[70] 田万海. 数学教育学[M]. 杭州:浙江教育出版社,1992.
[71] 曾峥,李劲. 中学数学教育学概论[M]. 郑州:郑州大学出版社,2007.
[72] 佐藤正夫. 教学原理[M]. 钟启泉,译. 北京:教育科学出版社,2001.
[73] 涂荣豹. 数学教学认识论[M]. 南京:南京师范大学出版社,2003.
[74] 阿达玛,陈植荫. 数学领域中的发明心理学[M]. 肖奚安,译. 大连:大连理工大学出版社,2008:43.
[75] 陈在瑞,路碧澄. 数学教育心理学[M]. 北京:中国人民大学出版社,1996.
[76] 奚定华. 数学教学设计[M]. 上海:华东师范大学出版社,2002.
[77] 余英时. 中国思想传统的现代诊释[M]. 南京:江苏人民出版社,1998.
[78] 郑毓信,梁贯成. 认知科学建构主义与数学教育[M]. 上海:上海教育出版社,2002.
[79] 宋乃庆. 数学课程导论[M]. 北京:北京师范大学出版社,2011.
[80] 孙连众. 中学数学微格教学教程[M]. 北京:科学出版社,2000.